W0259963

Michael Christ
Gernold P. Frank
Burkhard Herold

E-Learning mit Business TV

Business Computing

Bücher und neue Medien aus der Reihe Business Computing verknüpfen aktuelles Wissen aus der Informationstechnologie mit Fragestellungen aus dem Management. Sie richten sich insbesondere an IT-Verantwortliche in Unternehmen und Organisationen sowie an Berater und IT-Dozenten.

In der Reihe sind bisher erschienen:

SAP, Arbeit, Management
von AFOS

Steigerung der Performance von Informatikprozessen
von Martin Brogli

Qualitätssoftware durch Kundenorientierung
von Georg Herzwurm, Sixten Schockert und Werner Mellis

Modernes Projektmanagement
von Erik Wischnewski

Projektmanagement für das Bauwesen
von Erik Wischnewski

Projektmanagement interaktiv
von Gerda M. Süß und Dieter Eschlbeck

Elektronische Kundenintegration
von André R. Probst und Dieter Wenger

Moderne Organisationskonzeptionen
von Helmut Wittlage

SAP® R/3® im Mittelstand
von Olaf Jacob und Hans-Jürgen Uhink

Unternehmenserfolg im Internet
von Frank Lampe

Electronic Commerce
von Markus Deutsch

Client/Server
von Wolfhard von Thienen

Computer Based Marketing
von Hajo Hippner, Matthias Meyer und Klaus D. Wilde (Hrsg.)

Dispositionsparameter von SAP® R/3-PP®
von Jörg Dittrich, Peter Mertens und Michael Hau

Marketing und Electronic Commerce
von Frank Lampe

Projektkompass SAP®
von AFOS und Andreas Blume

Projektleitfaden Internetpraxis
von Michael E. Sträubig

Telemarketing
von Dirk Bauer

Existenzgründung im Internet
von Christoph Ludewig

Joint Requirements Engineering
von Georg Herzwurm

Controlling von Projekten mit SAP R/3®
von Stefan Röger, Frank Morelli und Antonio del Mondo

Silicon Valley – Made in Germany
von Christoph Ludewig, Dirk Buschmann und Nicolai Oliver Herbrand

Data Mining im praktischen Einsatz
von Paul Alpar und Joachim Niedereichholz (Hrsg.)

Die E-Commerce Studie
von Karsten Gareis, Werner Korte und Markus Deutsch

E-Learning mit Business TV
von Michael Christ, Gernold P. Frank und Burkhard Herold

Vieweg

Michael Christ
Gernold P. Frank
Burkhard Herold

E-Learning mit Business TV

Strategie, Kosten/Nutzen, Controlling und Fallbeispiele für die erfolgreiche Integration von Kommunikation und Lernen im Unternehmen

Die Deutsche Bibliothek – CIP-Einheitsaufnahme
Ein Titeldatensatz für diese Publikation ist bei
Der Deutschen Bibliothek erhältlich.

1. Auflage November 2000

Der Verlag Vieweg ist ein Unternehmen der Fachverlagsgruppe BertelsmannSpringer.

www.vieweg.de

Höchste inhaltliche und technische Qualität unserer Produkte ist unser Ziel. Bei der Produktion und Auslieferung unserer Bücher wollen wir die Umwelt schonen: Dieses Buch ist auf säurefreiem und chlorfrei gebleichtem Papier gedruckt. Die Einschweißfolie besteht aus Polyäthylen und damit aus organischen Grundstoffen, die weder bei der Herstellung noch bei der Verbrennung Schadstoffe freisetzen.

Konzeption und Layout des Umschlags: Ulrike Weigel, www.CorporateDesignGroup.de
Druck und buchbinderische Verarbeitung: Hubert & Co., Göttingen

ISBN-13: 978-3-322-84903-8 e-ISBN-13: 978-3-322-84902-1
DOI: 10.1007/ 978-3-322-84902-1

Vorwort

Die betriebliche Weiterbildung hat als essentielle Aufgabe, die Mitarbeiterinnen und Mitarbeiter* eines Unternehmens so zu qualifizieren, daß das Unternehmensziel nachhaltig gestärkt wird. Neben dieser vorrangigen Zielsetzung aus Unternehmenssicht, gibt es zwei weitere Zieldimensionen, die für die Gesamteinschätzung nicht unbedeutend sind: (1) die Mitarbeiter haben an die betriebliche Weiterbildung u.a. die Zielvorstellung, eine betriebliche Aufgabe sachkompetent zu lösen und sich gleichzeitig eine Form der Arbeitsfähigkeit - employability - zu erhalten oder zu erzielen; (2) die Gesamtgesellschaft hat ebenfalls ein Interesse an betrieblicher Weiterbildung, weil damit die gesamte Volkswirtschaft einen Zuwachs an Leistungsfähigkeit erhält.

Für die betriebliche Weiterbildung steht jedoch seit einiger Zeit die Frage im Vordergrund, inwieweit mit Hilfe neuer Medien eine Effizienzsteigerung - additiv zu den bestehenden Alternativen - möglich ist. Dies ist u.a. auch Aufgabe eines entsprechend ausgestalteten Bildungscontrolling. Kernpunkt ist allerdings nicht der vollständige Ersatz traditioneller Formen der betrieblichen Weiterbildung, sondern das Zusammenspiel mehrerer Medien: Der Lern- bzw. Medienmix. Eine entsprechende Entscheidung kann und muß aber auf Aussagen zur Effizienz basieren, d.h. es muß mit Hilfe einer eigenständigen Evaluation nicht nur geprüft werden, was in eine entsprechende Weiterbildungsalternative `hineingesteckt´ wird, sondern auch und besonders, ob das zuvor festgelegte Lernziel erreicht und der Transfer sichergestellt wird: Optimierung des Lernmix unter Beachtung betriebswirtschaftlicher, lerntheoretischer und transfersichernden Anforderungen.

Bei diesen Überlegungen spielt jedoch zunehmend die Überlegung mit ein, wann es sich noch um Information und wann bereits um Qualifizierung handelt. Gerade im Bereich der betrieblichen Weiterbildung wird diese Trennung von Unternehmen zunehmend als fehlerhaft erkannt: aus der Vergangenheit - als man an klare Trennungen glaubte - heraus hat sich eine zumeist im Personalbereich oder/und den Fachbereichen angesiedelte betriebliche Weiterbildung etabliert und parallel wurde - hier zumeist unter Federführung der Öffentlichkeitsarbeit oder Unternehmenskommunikation - die Informationspolitik angesiedelt. Nicht zuletzt die derzeit neu und verstärkt aufkommende Diskussion zur Lernkultur wird über kurz oder lang zu neuen Organisationsformen führen müssen, da die Existenz dieser „Grauzone" nicht nur unter Lerngesichtspunkten ineffizient ist.

Gerade Business-TV ist in dieser „Grauzone" angesiedelt. Ziel des Buches ist deshalb, Entscheider in Unternehmen – vor allem im Personalbereich, jedoch auch im Bereich der Öffentlichkeitsarbeit – über die Möglichkeiten eines Einsatzes von Business-TV (BTV) als Instrument der Kommunikation und der Weiterbildung zu informieren. Insbesondere soll eine Entscheidungsvorbereitung über den Einsatz von BTV unterstützt werden - und zwar unabhängig von der technischen Umsetzungsform, z.B. als virtuelle Lern- und Erlebniswelt oder als eher eigenständiges web-tv.

---

* Im Folgenden wird aus Lesbarkeitsaspekten heraus nur von Mitarbeitern gesprochen; gemeint sind jeweils Mitarbeiterinnen und Mitarbeiter.

Im Einzelnen bedeutet das:

- Aspekte zur Technik (state of the art) sollen so verdeutlicht werden, daß die Leser – als Nicht -Techniker! – konkrete Vorstellungen zu den technischen Möglichkeiten und Restriktionen erhalten;
- Integration von BTV in Kommunikation und Weiterbildung soll anhand konkreter Umsetzungen aufgezeigt werden;
- Betrachtung der Faktoren, die
    - bei den Lernenden die Fähigkeit - und auch das Wollen - zum Lernen mit BTV beeinflussen
    - bei Unternehmen als Anforderungen und Voraussetzungen gelten;
- Darstellung der betriebswirtschaftlichen Aspekte und der Rolle der Effizienz im Vergleich zu traditionellen Methoden der Kommunikation oder der Wissensvermittlung.

Im ersten Teil werden übergeordnete, auch theoretische Sichten zusammengeführt und das Ergebnis einer breiten Analyse zum Einsatz von Business-TV in Deutschland vorgenommen. Herausgestellt wird dabei die Notwendigkeit entsprechender Evaluationen, um dem Leitgedanken einer Effizienzsteigerung auch hinreichende Grundlage zu geben. Die Anwenderbeiträge im zweiten Teil sollen unternehmensspezifische Ansätze hinsichtlich technischer und/oder organisatorischer Voraussetzungen, Kommunikationsziele, Weiterbildungsinhalten/-ziele und betriebswirtschaftliche Aspekte herausstellen; wichtig sind hierbei vor allem die mit der jeweiligen Lösung verbundenen technischen, finanziellen und organisatorischen Überlegungen; in verschiedenen Beiträgen finden sich Konkretisierungen für sachadäquate Evaluationen.

Ein Herausforderung hat sich für uns gestellt: in der Ursprungsplanung waren wir von einem Erscheinen des Buches zu anfang 2000 ausgegangen; demzufolge datieren einige Beiträge auf Ergebnissen des zweiten Halbjahres 1999. Die Befragung zum Einsatz von Business-TV wurde anfang 2000 abgeschlossen. Die Focussierung auf das Thema Business-TV im Rahmen der Learntec 2000 unter Federführung eines Herausgebers hat jedoch dazu geführt, daß wir den Zeitpunkt des Erscheinens bewußt verzögert haben, um aktuelle Entwicklungen noch einbeziehen zu können.

Nochmals bedanken möchten wir uns an dieser Stelle bei allen Autoren für ihre Beiträge und auch bei den Teilnehmern unserer Umfrage.

Im Juni 2000

Michael Christ   Gernold P. Frank   Burkhard Herold

Inhaltsverzeichnis

II Anwendungen

Lernwelt in Bewegung: Kommunikation ist Lernen

von Gernold P. Frank*

Inhalt

* Dr. Gernold P. Frank ist Professor für Allg. BWL insbesondere Personal und Organisation an der FH Technik und Wirtschaft in Berlin sowie Lehrbeauftragter am FB Wirtschaftswissenschaften der Johann Wolfgang Goethe-Universität Frankfurt am Main.

1. Ausgangssituation

Die Wirtschaft Deutschlands befindet sich eigentlich seit ihrer Gründung nach dem zweiten Weltkrieg in einem permanenten Veränderungsprozeß; viele sprechen jedoch davon, daß sich das Tempo des Strukturwandels gerade in letzten Jahren deutlich verstärkt hat. Indikatoren dafür sind die nur noch rudimentär vorhandenen Anteile des Sektors eins - Land- und Forstwirtschaft - sowie der sinkende Anteil des Sektors zwei - produzierendes und verarbeitendes Gewerbe - sowohl an der Entstehung des Sozialproduktes wie auch - in noch deutlich stärkerem Umfang - bei den Erwerbstätigen zugunsten des dritten Sektors Dienstleistungen. Wesentliche Treiber dieser Entwicklungen sind die Entwicklung und Einführung neuer Technologien in allen Bereichen unserer Wirtschaft und die in den letzen Jahren deutlich zunehmende Tendenz zu Globalisierungen und Fusionen.

Die Anforderungen, die während solcher Veränderungsprozesse an die Mitarbeiter und das Management gestellt werden sind äußerst vielfältig und gleichermaßen situationsbezogen. Wesentliche Rahmenbedingungen bei diesen Veränderungsprozessen für die Unternehmen sind die in den Unternehmen jeweils herrschenden Strukturen sowie Anzahl und Qualifikation der zur Verfügung stehenden Mitarbeiter. Als externer Faktor muß der jeweilige Arbeitsmarkt betrachtet werden, hinsichtlich der Möglichkeit, entsprechende Qualifikationen in ausreichender Menge bereit zu stellen.

Bereits in der Vergangenheit gab es entsprechende Antworten der Wissenschaft, um diesen Herausforderungen zu begegnen: exemplarisch seien Modelle wie Geschäftsprozessoptimierung oder Business-Reengineering genannt. Das derzeit am häufigsten genannte Konzept, um ein systemisches, soziotechnisches Gestaltungskonzept für ein Unternehmen zu entwerfen, heißt lernende Organisation. Dieses Gestaltungsprinzip soll eine Reihe von Bedingungen erfüllen (vgl. z. B. Sattelberger, Die lernende Organisation, Gabler Wiesbaden 1991):

- die Gestaltung der neuen Unternehmenskultur wird bewußt als Lernprozeß strukturiert
- die Mitarbeiter der jeweiligen Organisation sind nicht nur Betroffene, sondern sie werden aktiv zu Beteiligten gemacht
- es werden Konzepte des Wissensmanagements aufgebaut, um einen Know-How-Zugewinn zu realisieren
- alle Beteiligten im Unternehmen werden umfangreich informiert und es wird bewußt eine Rückkopplung der Informationsprozesse aufgebaut, um permanent Lernprozesse zu fördern.

Der letztgenannte Bedingungskomplex verdeutlicht den untrennbaren Zusammenhang zwischen Information und Lernen. Die Informationspolitik eines Unternehmens ist Bestandteil der allgemeinen Kommunikationspolitik, die damit Teil des unternehmerischen Lernprozesses wird. Nicht zuletzt stellt dieses Zusammenführen von unternehmerischer Kommunikationspolitik, die zumeist im Bereich der Öffentlichkeitsarbeit angesiedelt ist, und der unternehmerischen Bildungspolitik, die in aller Regel im Personalbereich angesiedelt ist, eine eigenständige Herausforderung für jedes Unternehmen im Veränderungsprozeß dar.

2. Kommunikation als Erfolgsfaktor

Dave Ulrich weißt darauf hin, daß die einzig sichere und verläßliche Wettbewerbswaffe der Zukunft die jeweilige Organisation des Unternehmens ist – allerdings nicht im Hinblick auf aufbauorganisatorische Aspekte, sondern als flexible Ausgestaltung von Netzwerken. Dabei wird deutlich, daß die im Unternehmen tätigen Menschen der Ansatzpunkt sind um Produktivität zu erhöhen oder - einfacher - erfolgreich die Zukunft zu gestalten. Untersuchungen, die diesen Faktor explizit betrachten, kommen fast unisono zum Ergebnis, daß die unternehmensinterne Kommunikation insofern eine Schlüsselrolle spielt, als sie einerseits die künftigen Ziele und Grundwerte des Unternehmens vermitteln kann, andererseits mit aktuellen und authentischen Informationen eine schnelle Anpassung des Wissensstandes der Belegschaft ermöglichen.

Hier zeigt sich dann auch ein gravierender Unterschied zur Vergangenheit: im Vordergrund von unternehmerischen Veränderungsprozessen standen insbesondere Workshops, die auf unterschiedlichen Ebenen und in Form von unterschiedlich ausgestalteten Kaskaden die neuen Aspekte und Gedanken in das Unternehmen hineintragen sollten. Diese Workshops – ein Erfolgsgarant der Vergangenheit – haben aber einen entscheidenden Nachteil: sie sind zu langsam. Alle Untersuchungen unternehmerischer Fusionen kommen zu einem zentralen Erfolgsaspekt: der Schnelligkeit (`Speed.Speed.Speed´). Auch wenn man sicherlich eine genauere Evaluation wünschen würde, da es wie so häufig in der Wirtschaft wohl auch hier eine Art von Grenzertragsverlauf geben wird, wonach zu viel `Speed.Speed.Speed´ eher sogar negative Auswirkungen haben könnte, so ist dennoch nachzuvollziehen, daß in großen Organisationen ein Herunterbrechen der neuen Ziele und Werte über entsprechende Workshop-Kaskaden zu langsam ist, um beispielsweise einen neuen, gemeinsamen Marktauftritt zu vermitteln oder neue Produkte zur Marktreife zu bringen (`time to market´).

3. Kommunikation ist Lernen – Lernen heißt Kommunizieren

Im Beitrag von Fernengel/Frank wird aufgezeigt, wie sich das neue Lernen entwikkeln wird. Zentraler Aspekt dabei ist der Wandel zum konstruktivistischen Lernen, bei dem Lernen- und Anwendungsituation möglichst realitätsnah verbunden werden. Diese Ansätze werden einerseits dadurch unterstützt, daß in den jeweiligen Lernprozessen sowohl das soziale Umfeld einbezogen wird, wie auch das Gespräch, der Austausch miteinander als Einfluß größer beachtet wird. Hier gilt somit schon, daß Kommunikation ein Teil eines erfolgreichen Lernprozesses ist.

In den Unternehmen sind diese Übergänge jedoch fließend und können nur selten konkreten Situation zugeordnet werden. Hinzu kommt, daß eine Herausforderung für erfolgreiche Organisationen die Einführung neuer Lernkulturen darstellt.

Die Abbildung 1 zeigt den deutlichen Trend vom Organisieren und fremdbestimmten Lernen hin zum selbst organisierten und selbstbestimmten Lernen. Begleitet wird diese Veränderung in der Lernkultur von der in den Unternehmen sich künftig verändernden Vertragssituation, die einen Rückgang der Mitarbeiter mit einem sogenannten Normarbeitsvertrag zugunsten von alternierenden Telearbeitern und Freelancerstrukturen erkennen läßt.

Abbildung: Herausforderung Lernkultur

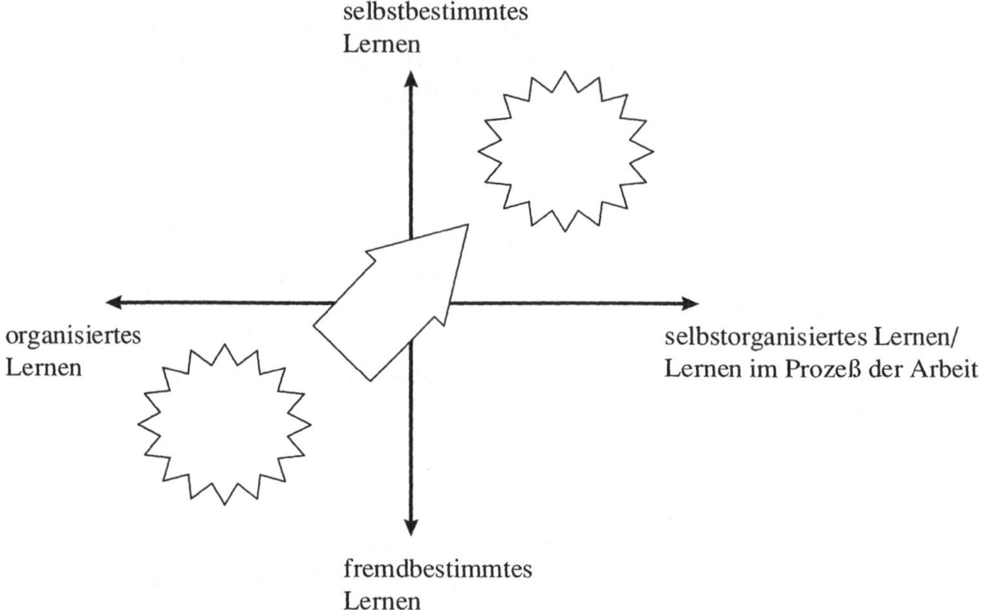

4. Business-TV in der Kommunikation

Im Rahmen einer MBF–Arbeitsgruppe[1] wurden die Aufgaben und Zielsetzungen von Business-TV analysiert. Als vorrangige Zielsetzung ergab sich die arbeitsrelevante Aufbereitung der in nahezu allen Unternehmen überborstenden Informationsflut. Dem Business-TV kommt dabei die Rolle eines Leitmediums im Medienmix zu. Dies gilt sowohl für die reine Information wie auch für den Bereich der Weiterbildung. Besondere Beachtung muß folgenden Aspekten gewidmet werden[2]:

- Aktualität
- Neuigkeitsgrad
- Priorisierung der Information

[1] 1MBF: Münchener Bildungsforum; Projektgruppe 1/2000"BTV"-Kommunikation und Information zur Businessvermittlung

[2] Vgl. hierzu auch die Ausführungen im Beitrag Otto/Dürr in diesem Band.

- Fehlerfreiheit (oder besser: Fehlergleichheit)
- Verlustfreiheit
- Zeitgleichheit
- Emotionalisierung.

Unter Beachtung der jeweiligen Kommunikationskultur eines Unternehmens bietet der Einsatz von Business-TV folgende Vorteile:

- **Synchronität**
  hierunter wird vor allem die Gleichheit und die Gleichzeitigkeit zur Vermeidung von Informationsprivilegien verstanden; Ziel ist es, ein großes Gemeinschaftsgefühl zu erzeugen;
- **Authentizität**
  hierbei steht die unverfälschte Dokumentation der Information über alle Hierarchiebarrieren hinweg im Vordergrund; zugleich bietet das Medium den Vorteil, Personen und deren „Art" zu präsentieren;
- **Schnelligkeit**
  im Gegensatz zu einem E-Mail-Verteiler können hier wichtige Dinge life erlebbar gestaltet werden; zudem ist es möglich durch eine ausführlichere und andere Formate (z. B. Diskussion) nutzende Darstellung ein Gegensteuern zu Falschmeldungen oder auch eine Intensivierung eigener Informationen zu bieten;
- **Exklusivität**
  Das Medium Business-TV bietet die große Chance allen Mitarbeitern gleichzeitig eine wichtige Information priorisiert darzustellen oder aber durch eine entsprechende Adressierung der Empfänger eine Exklusivität hinsichtlich der Zielgruppe zu gestalten.

Die bei der Auflistung der Vorteile beschriebenen Inhalte zeigen deutlich den Zusammenhang zwischen der Information und der Wissensvermittlung. Sehr deutlich beschrieben wird dies im Beitrag von Hinterberger, der den Einsatz von Business-TV bei Schwäbisch Hall gerade im Zusammenhang mit einer Produktschulung skizziert. Darüber hinaus ist Business-TV auch einsetzbar unmittelbar im Bereich der Weiterbildung – hier insbesondere durch Möglichkeiten der Interaktivität, die derzeit vor allem über eine Rückkanaltechnik via Telefonkabel genutzt werden. Derzeit zeichnen sich hier jedoch neue technologische Möglichkeiten (Rückkanal via Satellit) ab bzw. die Integration von Business-TV in die entsprechenden (Intra)Netze der Unternehmen.

5. Perspektiven

Das Zusammenwachsen von Kommunikation und Lernen in Verbindung mit der Adressierung exklusiver Teilnehmergruppen zeigt Nutzungsperspektiven für Business-TV in weiteren Dimensionen auf[1]:

- **Community-TV**
  Hierunter wird das Ansprechen bestimmter Gruppen beispielsweise auch regionaler Bereiche verstanden, so daß unternehmerische Aktivitäten gezielt ins Umfeld hineingeführt werden können. Das Business-TV-Konzept der Kaufhof AG bietet hier beispielsweise die Integration von Product Placements und entsprechenden Werbesendungen vermischt mit Regionalsendungen als eigenständigen Zugang. Hierunter fallen ebenfalls Spartenkanäle, die bestimmte Sachverhalte oder Inhalte gezielten Benutzergruppen intensiv bzw. exklusiv vermitteln.
- **Mittelstands-TV**
  Die Bemühungen, eine gemeinsam nutzbare Plattform für mehrere Mittelständler zu finden sind bereits länger in vollem Gange[2]. Aufgrund der an sich relativ hohen Zugangskosten (Fixkostenproblematik) bietet sich eine solche gemeinsame Nutzung gerade für mittelgroße und große Mittelständler mit entsprechenden Vertriebsnetzen insbesondere an.
- **Kongreß-TV**
  Die Berichterstattung von größeren Kongressen in der Form von Pay-TV-Ansätzen wird künftig möglich sein und bald auch ein eigenes Geschäftsfeld werden; sie ergänzt somit die bereits bei der derzeitigen Digitalisierung erkennbaren Tendenzen zum pay-per-view.

Die skizzierten Einsatzfelder lassen erkennen, daß Business-TV in weite Bereich unserer Wirtschaft und unserer Gesellschaft vordringen wird. Dies wird allerdings nicht ausschließlich in der Form von TV über Satelliten erfolgen, sondern es werden parallele Entwicklungen stattfinden, die neben der zuvor genannten Vertriebsschiene eine via Netze vorsehen. Die hierfür notwendigen technischen Voraussetzungen werden derzeit mit Hochdruck zur Marktreife entwickelt, um die derzeitigen Restriktionen gegenüber dem breitbandigen Übermitteln der Vergangenheit zuzurechnen.

---

[1] Vgl. hierzu auch die nachfolgende Replik zur Learntec 2000 (Langosch).
[2] Vgl. hierzu die Ausführungen von Törg/Schäfer in diesem Band.

Business TV - ein bunt schillerndes Tool der Multimedia-Business-Communication - Replik auf den Business TV-Tag der Learntec 2000

von Katrin Langosch*

Inhalt

* Katrin Langosch ist freie Journalistin und seit einigen Jahren selbständige Beraterin im Medienbereich.

1. Medienmix als "Zauberformel"

Alle sind sich einig: Business TV als reine TV-Anwendung (one-way oder interaktiv) darf der Kommunikations-Struktur eines Unternehmen keinesfalls einfach "aufgepfropft" werden. Anders,als bei der euphorischen Aufbruchstimmung Ende der 80er Jahre, als für die ersten BTV-Projekte der Startschuss fiel und viele glaubten, mit Business TV das absolute Instrument gefunden zu haben, um die Informationsflut zu kanalisieren und die Schulungssequenzen kostengünstig zu intensivieren, ist heute eindeutig, dass BTV lediglich ein Baustein in der multimedialen Welt der Unternehmens-Kommunikation sein kann. Optimaler Medienmix heißt die Zauberformel.

Zwei Strömungen sind dafür maßgebend. Zum einen erfordert die stetig und rasant steigende Informationsflut, die rapider werdende Halbwertzeit des Wissens, das Tempo und die Fülle an Wissenselementen, die den Mitarbeitern zugänglich gemacht werden müssen eine Selektion. Damit ist keinesfalls eine Zensur gemeint. Im Gegenteil. Natürlich muss ein Mitarbeiter sich auch Informationen/ Wissen aneignen können, die/ das nicht unbedingt für ihn und seine Arbeit wichtig sind/ ist. Sein persönliches Weiterbildungsbestreben soll in keinerlei Schranken gewiesen werden. Selektion bedeutet im Zusammenhang, Informationen und Wissen zu managen

einfach, dass der Mitarbeiter eine übersichtliche Struktur vorfindet, die es ihm erleichtert, die für seine Bedürfnisse adäquaten Informationen schnell und medial optimal aufbereitet zu finden.

Zum zweiten lässt die schnell fortschreitende, technische Entwicklung der Medien viel Spielraum für Kreativität. Speziell zugeschnitten auf den Inhalt und auf die Intention einer Nachricht oder eines Schulungselementes kann inwischen auf eine breit gefächerte Palette von medialen Aufbereitungsstandards zurückgegriffen und diese über die unterschiedlichsten technischen Plattformen verbreitet werden.

So ist Business TV auch niemals als Stand-alone-Lösung zu sehen, sondern als eine Möglichkeit, bestimmte Informationen und Wissenselemente zu übermitteln, die für ein TV Format geeignet sind.

2. Trend zu technischen Allianzen

Die Verschmelzung von Computern/ Internet und Fernsehen, wie sie auch beim Free-TV zu beobachten sind, forciert auch im Bereich der Unternehmens-Kommunikation den Trend zu technischen Allianzen. Die Vorteile von Business TV und dem Computer-Based-Training (CBT) können zum Beispiel beim Web-Based-Training zusammengeführt werden. Beim Web-Based-Training (WBT) werden sowohl die Live-Elemente und die Vorzüge der audiovisuellen Direkt-Kommunikation

von BTV ausgeschöpft, als auch die Vorteile des CBTs, Hintergrund-Informationen parallel abrufen zu können und das Gelernte zeitgleich zur "Sendung" in einer Übung umzusetzen und zu erproben. Dabei kann der Trainer jederzeit auf einzelne PC-Schirme seiner Teilnehmer schalten und individuell Hilfestellung leisten.

Das virtuelle Klassenzimmer ist somit in nahe Zukunft gerückt. Jeder Seminarteilnehmer bleibt an seinem Arbeitsplatz (sofern dieser mit einem PC und Internet-Anschluss ausgestattet ist), nimmt an kleinen kompakten multimedial gestalteten Seminaren teil, wird nur kurzfristig von seiner Arbeit "abgehalten", ist in der Lage das Gelernte auch zu "verdauen" und sofort in seinem Arbeitsalltag einzusetzen. Freilich bleibt offen, inwieweit ein Lernen am unmittelbaren Arbeitsplatz überhaupt möglich und sinnvoll ist - die Renaissance arbeitsplatznaher Kommunikations- und Lerninseln zeichnet sich ab.

Über das Web/ Intranet sind Informationszugriff und Schulung somit jederzeit und ortsunabhängig möglich. Informationen können zu dem Zeitpunkt und dem Umfang abgerufen werden, wie sie real benötigt werden. Damit wird ein kontinuierlicher Informationsfluss gewährleistet, der das Level des Wissens von Mitarbeitern auf einem relativ gleichen bzw. ihren Tätigkeitsfeldern angepasste Niveau hält.

Nur die Optimierung und Verdichtung des multimedialen Kommunikations-Netzes wird Firmen befähigen, sich im Wettbewerb der zukünftigen Wissensgesellschaft behaupten zu können. "In Zukunft steht also Wissen, ob in Form von Markenzeichen oder Patenten, als strategisches Wissen über Wettbewerber, Zielgruppen oder Marktsegmente, als noch schlummernde Idee in den Köpfen der Mitarbeiter oder als technologisches Know-how im Zentrum der Wertschöpfung. Schon heute bildet dieses Wissen in den meisten Unternehmen ein immateriellen Vermögenswert, dessen Bedeutung mit dem finanziellen Vermögen mindestens gleichzusetzen ist, auch wenn es von industriellen Buchhaltern gar nicht oder lediglich als Goodwill bilanziert wird."[1]

Wissensmanagement ist das Schlagwort. Dahinter verbirgt sich die Forderung nach zentraler Generierung und Verteilung von Wissen. Ein Konzept, das dem Kommunikationsprozess und Informationsstreaming einen Rahmen gibt. Die Forderung "die Mitarbeiter müssen mehr informiert werden" treibt seltsame Blüten. Die technischen Möglichkeiten der Kommunikations-Medien werden allzu überschwenglich eingesetzt. Mitarbeiter werden mit Informationen überflutet, die zu einem hohen Prozentsatz für ihn und seine Arbeit nur von peripherer Bedeutung, lediglich als "nice to have" zu kategorisieren sind. Aus diesem "Wust" muss er dann die für ihn bedeutsamen Informationsfragmente herausfiltern.

3. LEARNTEC 2000 in Karlsruhe

Während der LEARNTEC 2000 (8. - 11. Februar 2000 in Karlsruhe) wurden verschiedene Szenarien des "Lernens der Zukunft" sowie das Handling von Schulung und Informationsstreaming bzw. Wissensmanagement präsentiert. Auch hier wurde auf die Verschmelzung von Lern- und Informationsflüssen hingewiesen.[2] "Die organisatorischen Grenzen zwischen Lernen und Informieren sind aufgehoben." Die Wis-

[1] Kutzke, Christian in: Aftabruyan, Hassan: "Das Neue Lernen im 21. Jahrhundert", Pressemitteilung vom 13.10.1998

[2] Prantl, Hermann: "Vom Business TV zur Business-Kommunikation", Vortrag auf der LEARNTEC 2000 in Karlsruhe

sensaneignung erfolge immer stärker prozess- und problemorientiert. Lern-, Wissens-, und Informationsinhalte müssen "just in time", "on-demand" vefügbar sein.

Die digitale Revolution ermöglichte und ermöglicht immer neue technische Plattformen, die die "alten" Anwendungen wie TV, CBT etc. wie bereits erwähnt veränden, ergänzen oder einbinden. Allerdings stellt man immer wieder fest, dass die Euphorie bei technischen Innovationen zuerst einmal eine Technikverliebtheit erzeugt. Die Faszination Technik, ist zwar oftmals schon Initialzündung (allerdings mit wechselhaftem Erfolg) für die Einführung innovativer Kommunikations-Technologien gewesen, doch darf sie den allerwichtigsten Punkt nicht in den Hintergrund drängen: den Content. Denn nur wenn die Medien auf den Inhalt zugeschnitten sind und nicht umgekehrt (content drives technik), werden die zu übermittelnden Fakten und Wissenselemente in der Zielgruppe aufgenommen und "weiterverarbeitet" werden können.

3.1 Wettbewerb zwischen Unternehmenskommunikation und Weiterbildung

Dabei bedarf es einer noch intensiveren Zusammenarbeit der verschiedenen Abteilungen, die für die Unternehmens-Kommunikation und für die Aus- und Weiterbildung zuständig sind. Häufig laufen die Aktivitäten dieser Abteilung relativ "unberührt" nebeneinander her. Konkurrenz statt Kooperation bestimmt nicht selten die Aktivitäten. Forderungen werden laut, die Kernkompetenzen Lernen und Wissensmanagement gänzlich den Abteilungen Aus- und Weiterbildung zu entziehen und sie unternehmerisch denkenden Köpfen anzuvertrauen und zentral zu lenken.[1] "Business TV ist ein strategisches Instrument und deshalb in erster Linie Chefsache![2] Dies bestätigte auch Peter Kerckhoff (CLT UFA), der in seinem Referat auf der LEARNTEC 2000 zahlreiche BTV-Projektrisiken aufzeigte. Nicht aus einer untergeordneten Abteilung dürfe die Implementierung von für Business TV vorgenommen werden, sondern das "Go" müsste von oberster Stelle kommen.[3]

Während der LEARNTEC 2000 versammelten sich zur Veranstaltungssektion "Business TV" Experten, die zu diesem Thema referierten und sich der Diskussion mit dem Publikum stellten. Die Ansatzpunkte waren vielschichtig. Offensichtlich war, dass der Begriff Business TV sehr dehnbar ist und recht weit ausgelegt wird.

Business TV im klassischen Sinne Ullrich Bellieno von der CLT UFA stellte in Karlsruhe ein Projekt der klassischen Variante von Business TV vor: Auto-Teile-Unger (A.T.U.-tv). Anhand dieses Beispiels ließen sich sehr klar die Vorzüge von Business TV erkennen. Eine einmal wöchendlich ausgestrahlte Magazin-Sendung,

die die Mitarbeiter in allen über 270 (es werden kontinuierlich mehr) Dependancen ungefiltert, aktuell mit den wichtigsten Informationen aus der Zentrale versorgt: Verkaufstrategien, Produkte, Marketingmaßnahmen, Unternehmenszahlen etc. Infor-

---

[1] siehe Fußnote (1)

[2] Amberger, S., Geiger, Th. Jancker, B.: "Business TV, Strategie und Umsetzung im Medien-Mix. F.A.Z., Frankfurt am Main 1999, S. 19

[3] Kerckhoff, Peter: "Effizientes Projektmanagement mit Business-TV", Vortrag auf der LEARNTEC 2000 in Karlsruhe

mationen "just in time" liefern und damit auch das objektive und subjektive Informationsgefühl der Mitarbeiter zu steigern, Einführung von fachlichen und organisatorischen Neuheiten zu unterstützen, Fehlervermeidung und Schluss endlich ein Imagegewinn bei den Mitarbeitern (Motivationssteigerung) zu erzielen - so lautet das Anforderungsprofil von A.T.U.-tv. Im Bereich der Fehlervermeidung konnte bereits viel Geld eingespart werden, da z.B. mittels A.T.U.-tv die kniffelige und ungewöhnliche Montageanleitung eines Ersatzteiles schnell und flächendeckend verbreitet wurde und so immense Folgekosten, die durch unsachgemäße Handgriffe entstanden wären, vermieden werden konnten. Der Erfolg dieses Projektes hing stark mit den firmeninternen Entscheidungsprozessen zusammen. Der Inhaber war von BTV überzeugt und forcierte die Implementierung. Bei A.T.U. war BTV eindeutig Chefsache.

3.2 Business TV im weitesten Sinne

Neben den klassischen BTV-Anwendungen (siehe auch Beispiele in diesem Buch) existieren aber noch eine Vielzahl von Projekten, die sich im weitesten Sinne als Business TV klassifizieren lassen. Sobald es sich allerdings nicht mehr um einen geschlossenen Benutzerkreis (firmenintern) handelt, sondern die Sendungen der Allgemeinheit zugänglich sind, unterliegen solche Business TV-Anwendungen den Richtlinien der Landesmedienanstalten. Wobei je nach Fall entschieden wird, ob es sich bei der entsprechenden Anwendung um Rundfunk oder einen Mediendienst handelt.

3.2.1 Eventbezogenes Business TV

Einige Firmen übertragen große Veranstaltungen wie Aktionärsversammlungen, Messen, Kongresse, Tagungen etc. via Satellit in anschlossene Stationen.

Infomercials Beispiele: Deutsche Telekom, Jenoptik, Deutsche Post, VW, Commerzbank - diese Firmen verbreiten über den Free-TV-Sender ntv sogenannte Infomercials. Informationssendungen, die sich sowohl an Mitarbeiter, Kunden als auch Aktionäre richten. So können erklärungsbedürftige Produkte oder Dienstleistungen der breiten Öffentlichkeit präsentiert werden, strätegische

Unternehmenseintscheidungen publiziert oder zu Ereignissen Stellung bezogen und kommentiert werden.[1] Infomercials unterliegen den Werberichtlinien der Landesmedienanstalten.

[1] Seibold, Hans-Jörg, "Eventbezogene Business-TV-Konzepte", in: Jäger, Wolfgang (Hrsg.) "Unternehmenskommunikation durch Business TV", Gabler, Wiesbaden 1999 S. 105

3.2.2 Firmen TV (Bildungs TV)

Über den Lokalsender RNF plus wird jede dritte Woche des Monats eine 30minütige Sendung der BASF ausgestrahlt. Inhalt sind sowohl betriebsinterne als auch arbeitsmarktpolitische- sowie Personality-Themen, Talk und Comedy. Die Sendungen richten sich an die Mitarbeiter und ihre Familien aber auch an die interessierte Allgemeinheit. DaimlerChrysler geht ebenfalls ungewöhnliche Wege, um auf neue Ausbildungsmöglichkeiten in ihrem Unternehmen aufmerksam zu machen und interessierte Lehrstellenanwärter zu informieren. In Kooperation mit dem Lokalsender R.TV wurde ein dreiteiliger Beitrag über den neuen Ausbildungsberuf des Fertigungsmechaniker gesendet.[1]

3.2.3 Kunden TV

Über Empfangsgeräte, die in den Räumlichkeiten der jeweiligen Unternehmen aufgestellt sind, werden Sendungen ausgestrahlt. Beispiele: Hypo Vereinsbank, Schlekker-TV.

4. Begriffe und Zuordnungen neu positionieren

4.1 Technikbedeutung zurückdrängen

Alle diese sehr unterschiedlichen Business TV-Anwendungen haben nur eines gemeinsam: die technische Plattform, mittels derer die Inhalte transportiert werden.

Dieses stößt auch bei Rechts-Experten auf Unbehagen: "Unter dem Begriff Business TV werden derzeit vielfältige Erscheinungsformen der modernen Unternehmenskommunikation diskutiert und praktiziert. Eine allgemein verbindliche Zuordnung ist kaum möglich. Welche Normen bei den verschiedenen Erscheinungsformen zur Anwendung kommen, ist oftmals fraglich und hängt von der konkreten Ausgestaltung des Einzelfalles ab.

Angesichts dessen stellt sich die Frage, ob nicht insgesamt eine Vereinfachung dieser Materie dringend notwendig ist, bspw. durch einen einheitlichen Ordnungsrahmen für elektronische Medien könnte insoweit eine praktikable und effektive Handhabung ermöglicht werden. Dabei könnte die Beschränkung auf die wichtigen Gesichtspunkte des Jugend-, Verbraucher- und Datenschutzes eine wünschenswerte Vereinfachung herbeiführen." [2]

---

[1] Handel, Ulrike: "Bildungsinteresse und Perspektive des Lernens", Vortrag auf der LEARNTEC 2000 in Karlsruhe

[2] Mohr, K., Scherer, F.: Business TV, Moderne Unternehmenskommunikation und Medienrecht", Vortrag auf der LEARNTEC 2000 in Karlsruhe

4.2 Begriff 'Business TV' in der Sackgasse

Augenscheinlich steckt der Begriff Business TV in einer Sackgasse. Denn auf die Frage, was Business TV ist, weiß fast jeder heutzutage eine Antwort - und alle fallen unterschiedlich aus. Wie aus den bisherigen Ausführungen zu erkennen ist, tummelt sich unter dem Begriff Business TV inzwischen fast alles, was inhaltlich mit Information, betrieblicher Weiterbildung, Unternehmens-Kommunikation zu tun hat und in irgendeiner Form als Bewegtbild über einen Bildschirm flimmert. Oder aber via Free-TV an spezielle Zielgruppen oder an die interessierte Allgemeinheit adressiert ist.

Die rasante Entwicklung der Kommunikationstechnologie des vergangenen Jahrzehnts bietet inzwischen ein schier unerschöpfliches Potential an Variationsmöglichkeiten, Informationen zu verbreiten.

Der Kreativität sind (fast) keine Grenzen gesetzt - technisch gesehen jedenfalls. Passt der Begriff Business TV dann überhaupt noch? Ist dieser nicht einer globaleren Bezeichnung unterzuordnen und dann zu differenzieren?

Sowohl auf technischer Ebene als auch bezüglich der Inhalte und Ziellgruppen sind die Grenzen verschwommen und fließend. Live-Sendungen können auch via Internet ausgestrahlt werden, Magazin-Sendungen gleichfalls ins Netz gestellt und on-demand abgerufen werden. Virtuelle Lernwelten werden entstehen. Firmenintern, wie auch firmenextern. Mitarbeiter werden "gezwungen" sein, eigenverandtwortlich ihren persönlichen "life-long-leraning" -Prozess mitzugestalten. Es "wird bedarfsorientiert ein ganze Netzwerk an digitalen Supportingfunktionen entstehen, die Wissen, Lernen und Forschen unterstützen. Baustein für Baustein entstehen Knowledge Environments." [1]

Sicher ist auch, dass TV-Anwendungen "nur" ein Tool in den zukünftig virtuellen und multimedialen Lernumgebungen sein werden.2 Und dann ist fraglich, ob man digitale Bewegtbilder überhaupt noch als TV klassifizieren sollte. Über lang oder kurz werden grundlegend neue Konzepte zum Informations- und Wissensmanagement in den Unternehmen umgesetzt werden. Im Zuge dieser Transformationsprozesse werden sicherlich auch die Begrifflichkeiten der verschiedenen technischen Plattformen, die einzelnen Tools der Multimedia Business Communicaton eine Neudefinition erfahren. Bis dahin wird man wohl noch mit dem Begriff Business TV als verwirrende Generalbezeichnung leben müssen.

---

[1] Aftabruyan, Hassan: "Kundenorientierte Multimediaformate in der Business Communication", Vortrag auf der LEARNTEC 2000 in Karlsruhe

[2] Rodewyk, Christoph: "Die Einbindung von Business TV in multimediale Lernumgebungen", Vortrag auf der LEARNTEC 2000 in Karlsruhe

Business TV - Die digitale Zukunft hat bereits begonnen

von Jürgen Otto und Johannes E. Dürr*

Inhalt

---

* Jürgen Otto ist Geschäftsführer der KlettSatcom GmbH, Stuttgart; Johannes E. Dürr ist dort Projektleiter u.a. für Business TV-Produktionen.

1. Hintergrund

Unser Leben ist geprägt von Veränderungen, neuen Regierungen, neuen Gesetzen und Fusionen. Das Wissen der Menschheit verdoppelt sich in immer kürzeren Zyklen, kulturelle und sprachliche Barrieren werden abgebaut, und wer dem Wettbewerbsdruck standhalten will, muß ständig die neuesten Entwicklungen im Auge behalten. Durch die neuen Medien wie das Intranet und Internet sind immer mehr Unternehmen einer völlig veränderten Marktsituation ausgesetzt, da Konkurrenten aus anderen Teilen der Welt auftauchen und Kunden global einkaufen können. So können auch durch das Internet die beiden Schwestern Alice und Julia (sieben und neun Jahre alt) mit ihrer Homepage die gleiche Medienpräsenz, Reichweite und Wortgewalt haben wie ein international agierendes Unternehmen. Hier ist die Aussage von Arthur Martinez (Chairman, CEO Sears), "Sie können nicht klein genug sein, um ganz groß herauszukommen", mehr als zutreffend. Der Übergang von der Industriegesellschaft zur Wissensgesellschaft ist vollzogen. Unternehmen müssen daher auf diese Entwicklung reagieren. Das bedeutet, auch aktuelle Mitarbeiter- und Produktinformationen sowie Schulungen sollten sinnvoll und strategisch in den Medienmix eines Unternehmens integriert werden. Deutschlands führende Unternehmen haben dies bereits erkannt und optimieren ihre interne Kommunikation, interne Marketingaktionen sowie Aus- und Weiterbildung via Business TV.

2. Wer Business TV verstehen will, muß es interaktiv erleben

Die SATCOM GEMINI GmbH mit Sitz in Stuttgart erkannte bereits vor über zehn Jahren die Kommunikationsmöglichkeiten der neuen Technologien und spezialisierte sich auf die Bereiche Business TV und Business Multimedia. Zusammen mit den Partnern DaimlerChrysler und Klett gründete die SATCOM 1999 zwei neue Unternehmen: die DaimlerChrysler TV Productions GmbH und die KlettSatcom GmbH.
Wenn es nach dem Willen der Multimediaexperten geht, soll Business TV wie ein Unternehmensmitglied ins Unternehmen integriert werden. Mit den Möglichkeiten des Internets, Intranets und Extranets stehen sowohl innovative Instrumente in der Kundenkommunikation als auch neue Vertriebs-, Marketing-, Public Relations- und Eventwege zur Verfügung. Alle multimedialen Plattformen wie Fernseher, PC und Haushaltsgeräte sollen miteinander vernetzt, verkabelt und elektronisch gesichert werden. In der dargestellten Abbildung wird deshalb sehr schnell deutlich, daß Business TV den höchsten Kombinationswert mit allen konventionellen und neuen Medien aufweist. Dies wird dadurch unterstützt, daß die Mehrheit der Bevölkerung neben der klassischen Zeitung die täglichen globalen Informationen abends via Fernsehen erhält. Die audiovisuelle, satellitengestütze Leistungskapazität des Business TV übersteigt derzeit sicherlich noch die der Internet- und/oder Videokonferenztechnik. Gleichzeitig liegt auch der Transportmehrwert, Interaktivität, Aktualität und Flexibilität, über den bekannten Anwendungen wie Video, WBT (Web Based Training) oder CBT (Computer Based Training). Denn auch Informationen besitzen ein Verfallsdatum. Die Distribution von Videos ist vergleichsweise sehr zeitintensiv und meistens auch sehr kostenintensiv und oft schnell nicht mehr up-to date.

Audiovisueller Mehrwert

hoch	Video	Online-CBT	Business TV
mittel	CD-ROM	POS/POI-Systeme	Internet Video-konferenz
niedrig	Print	Telefon/ Bildtele-fonTelefax	Intranet Daten-bank
	gering	mittel	schnell
	Transport- und Übertragunsgeschwindigkeit (Aktualität, Interaktivität, Flexibilität, Multimedialität)		

Quelle: Positionierung von Business TV im Mediamix, Diplomarbeit Manuel Kreutz 01/99

Neben den bereits erwähnten, sehr allgemeinen definitorischen Merkmalen weist Business TV folgende Charakteristika auf: [1]

Die Kommunikation erfolgt in diesem telekooperativen System zeitgleich und ist wechselseitig möglich. Es besteht die Möglichkeit, einerseits nur zu senden oder andererseits, auch die Rückkanal-Option wahrzunehmen. Vorallem im Schulungsbereich dem Corporate Training erweist es sich als sehr sinnvoll, die Chance einer interaktiven Umsetzung zu nutzen.

Ganz im Sinne multimedialer Modelle, werden durch Business TV die unterschiedlichsten Medientypen zum Einsatz gebracht. Darunter fallen neben Live-Sendungen mit Ton und Bild aus einem Studio oder von einer Lokation (Messe, Pressevorstellungen, Events, Aktionärsversammlungen etc.), auch eingeblendete Grafiken oder Texte sowie vorproduzierte Aufzeichnungen (MAZ=Magnetoptische Aufzeichnung) oder animierte Bewegtbilder (2D/3D Animationen und Grafiken).

Die technikgestützte und professionelle Aufbereitung, Distribution und Verarbeitung der Informationen ist ein weiterer charakteristischer Bestandteil von Business TV-Lösungen. Die Struktur einer Business TV-Sendung wird durch eine professionelle Redaktion gemeinsam mit Fachleuten aus dem Unternehmen selbst erarbeitet. Der Kommunikationsfluß ist die Ader des Unternehmens, deshalb bedarf es einer zentralen, möglichst bereichsneutralen internen Redaktion, die die Inhalte thematisch aufbereitet und bearbeitet sowie konkret auf die Bedürfnisse der Rezipienten zuschneidet. Die Verteilung findet in Form einer One-to-many-Produktion [2] statt, sie

[1] vgl.: Broßmann, 1998, S. 208ff

[2] One-to-many bedeutet, daß anders als bei der Videokonferenz von einer Sendeeinheit beliebig viele Empfänger erreicht werden können. vgl. auch LfK, Business TV. Perspektiven und Chancen ..., 1998, S.2

unterscheidet sich aber vom eigentlichen Broadcast durch geschlossene Nutzergruppen.

3. Ausgewählte Projekte

3.1 DaimlerChrysler AG - AKUBIS®

Bereits 1988 wurde das firmeneigene TV-Projekt AKUBIS® (Automobil Kundenorientiertes Broadcast Informationssystem), das als Meilenstein und Pionierleistung im Bereich Business TV in Deutschland gilt, als Verbundprojekt der Mercedes-Benz AG, Deutsche Bundespost, der Standard Elektronik Lorenz AG (SEL AG) und des Fraunhofer Instituts für Arbeitswirtschaft und Organisation (IAO) gemeinsam entwickelt. Die Kooperationspartner übernahmen bei diesem Projektvorhaben verschiedene Funktionen. Der Mercedes-Benz AG kam die Rolle des Anwenders und Systembetreibers im Bereich der Automobilindustrie zu. Die SEL AG übernahm die Entwicklung und Bereitstellung von Hard- und Softwarekomponenten des Breitbandinformationssystems, und das Fraunhofer Institut arbeitete an der wissenschaftlichen Projektkoordination. Die Deutsche Bundespost und spätere Deutsche Telekom stellte zur Datenübertragung die breitbandigen Netzkapazitäten mittels VBN (Vermittelndes-Breitband-Netz) zur Verfügung.

Das Projekt startete 1989. Ein einfacher Seminarraum in der Zentrale wurde hierfür zum Studio umfunktioniert. Drei Außenstationen wurden zugeschaltet. Zielgruppe der Sendungen waren Vertriebsmitarbeiter, Kundenkontaktpersonal, Servicemitarbeiter, interne Manager und Händler. 1993 wurden die Sendungen noch mittels VBN-Verbindungen übertragen, und 1996 erfolgte die Verbindung zum Satelliten. 1997 wurde in das europäische Ausland expandiert und alle europäischen Marktleistungszentren von Mercedes-Benz an das AKUBIS® -Netz angeschlossen. 1998 konnte ein digitales Studio mit 4 Dolmetscherkabinen eingerichtet werden. Doch nicht nur das neue AKUBIS® -Studio sorgte 1998 für Aufsehen. Vor allem die Einführung der neuen DaimlerChrysler Aktie an der New Yorker Börse war das Ereignis im Konzern, und AKUBIS® war mit von der Partie. Am sogenannten "Day One" wurde die Aktieneinführung via Business TV live von der New Yorker Börse an mehr als 270 Standorte in der ganzen Welt übertragen. AKUBIS® war dabei die Sendezentrale für Europa und sendete ein 24 Stunden non-stop Programm. Heute verfügt AKUBIS® über 55 Außenstationen im In- und Ausland. Jährlich gibt es an 120 Sendetagen rund 700 Sendestunden.

Die Applikationstypen von AKUBIS® sind Teletraining, Telesupport, Teleworking, Multimedia Services, Video-on-Demand, Zielgruppen TV und Events. Das Teletraining und der Telesupport werden live, interaktiv und mit Simultanübersetzung durchgeführt. Für die Moderation sind konzerneigene Trainer, Manager und Schulungsleiter verantwortlich, die auf diese neue mediengestützte Schulungsform spezialisiert sind. Dies führt zum einen zu einer hohen Akzeptanz bei den Mitarbeitern, zum anderen ist damit die inhaltliche Qualität gewährleistet. Darüber hinaus werden die

Themen multimedial aufbereitet und vorproduzierte Videos (Trailer, Produktfilme, Imagefilme) On-Air eingesetzt und eingespielt.

1999 gründete die SATCOM GEMINI GmbH zusammen mit der DaimlerChrysler AG die DaimlerChrysler TV Productions GmbH, die als erster Provider täglich ein Nachrichten-Programm für DaimlerChrysler Mitarbeiter weltweit in sieben Sprachen ausstahlt. Die DaimlerChrysler TV Productions GmbH übernimmt redaktionelle Aufgaben für alle drei Kanäle des DaimlerChrysler Business TV (DCTV) und ist für die komplette Bereitstellung der professionellen Postproduktionstechnik sowie der Mediendidaktik auf höchstem Niveau verantwortlich. Am Standort Stuttgart betreibt sie zwei Studios mit der modernsten digitalen Technik.

3.2 Knorr Caterplan GmbH

Auch bei Knorr spricht man über Business-TV. Nur wenige Monate nach dem ersten Konzept ging Knorr Caterplan Deutschland via Business-TV "On-Air". Unter dem Namen "Knorr Live" (Catervision) wurde die erste Sendung aus Stuttgart deutschlandweit live produziert und digital in die angeschlossenen 13 Außenstationen mit knapp 300 Teilnehmern gesendet. Die Themenpalette reichte von Marketingzielen für das kommende Quartal über Mitarbeiterschulungen rund um die vielfältige Knorr Produktpalette bis hin zu Informationen über das neue computergestützte Außendienstsystem.

Absolut begeistert waren die zugeschalteten Außendienstmitarbeiter von der "Live-Interaktion" (Telefon-Rückkanaltechniken) dieses Mediums und stuften dies auch als den wichtigsten Zugewinn ein. Zukünftig wird Knorr Caterplan - wie auch andere Business-TV Kunden - nicht mehr auf dieses innovative Kommunikationsmedium verzichten. Die Entscheidung im Hause Knorr Caterplan war daher eindeutig, deutschlandweit 12 Hotels mit der notwendigen Empfangstechnik auszustatten und diese auch für andere potentielle Business-TV Kunden zur Verfügung zu stellen.

3.3 Adolf Würth GmbH & Co. KG

Die Reinhold Würth-Gruppe, eines der bedeutendsten Montage- und Befestigungstechnikunternehmen aus dem hohenlohischen Künzelsau, setzt Business-TV seit 1996 ein. Eine zentrale Aussage des Unternehmers Reinhold Würth lautet: "Nicht die Großen fressen die Kleinen, sondern die Schnellen die Langsamen". Das bedeutet, daß Geschwindigkeit heutzutage den größten Wettbewerbsvorteil im Markt darstellt. Diese Maxime hat die Firma Würth in den vergangenen Jahren ausgezeichnet, und das soll sich nicht ändern. In den Geschäftsfeldern Auto/Cargo, Metall/Elektro/Sanitär, Holz und Bau wird Business TV zur Beseitigung akuter Probleme, für Informationen über neue Produkte, der Darlegung der aktuellen Wettbewerbssituation, neuen Zielsetzungen und Schulungen eingesetzt. Die Kernaussage ist dabei, daß strapaziöse und aufwendige Reisen entfallen. Die Spezialisten bleiben in der Zentrale und die Außendienstmitarbeiter vor Ort. Weitere Elemente des Business TV sind Würth News, Wettbewerbsbeobachtungen, neue Zielsetzungen und Schulungen. So werden mittlerweile alle Vertriebsmitarbeiter in Deutschland in insgesamt 36 Außenstationen geschult und informiert. 1998 wurden 30 Sendungen für die vier Geschäftsfelder produziert. Jede Sendung ist live und vom Sendeablauf in 45 Minuten Produktschulung, 15 Minuten aktuelle Firmeninformationen und 30 Minuten interaktiven Dialog mittels Telefon- und Videorückkanal strukturiert.

Neben der reinen Erfolgsmessung ist auch die Akzeptanz von Business TV davon abhängig, welchen Nutzen und welche Verbesserungsmöglichkeiten die direkten Adressaten in der neuen Form der Unternehmenskommunikation sehen. So führte das Unternehmen Würth diverse Umfragen zur Akzeptanzmessung dieser Kommunikationsart durch. Das Ergebnis war, daß 87,3 Prozent der Teilnehmer in Zukunft nicht auf dieses neue Instrument der Schulung verzichten möchten. 92,9 Prozent der Befragten Außendienstmitarbeiter stuften sogar die "Interaktion" (Rückkanaltechniken) dieses Mediums, um ihre Fragen direkt an die zuständigen Würth-Manager zu stellen, als die wichtigste Möglichkeit ein. Als Fazit läßt sich daraus schließen, daß der sinnvoll und redaktionell durchdachte Einsatz von Business TV in der Unternehmenskultur folgende Resonanz bei Außendienstmitarbeitern des Unternehmens Würth hat:

- Konzentrierte Produktschulung
- Kontaktmöglichkeiten mit der Basis
- Gestellte Fragen werden kurz und präzise "On Air" beantwortet
- Mehrfachnutzen der vorproduzierten Trailer, Teaser für Außendienstführungskräfte in Konferenzen, Schulungen und direkt beim Kunden
- Produktinformationen als zusätzliches Hand-out auf CD-ROM und über das Intranet.

3.4 EuMeCom GmbH

EuMeCom GmbH, ein Unternehmen der GlaxoWellcome Gruppe einer der weltweit führenden Hersteller von Arzneimitteln suchte eine Kommunikationsplattform, um Fachärzte optimal über aktuelle pharmazeutische Entwicklungen und Forschungsergebnisse informieren zu können. So entstand die Sendung „Medical TV", eine Gemeinschaftsproduktion mit Mediavent Hamburg. Vier deutsche Standorte (Berlin, Bremen, Frankfurt, Köln) geben den Medizinern Gelegenheit, sich via Business Television mit Experten im Studio zum Beispiel über aktuelle Behandlungsmethoden in den Bereichen Hals, Nasen und Ohren auszutauschen und fachlich zu informieren.

3.5 Mittelstand TV

Mittelstands TV, ein durch das Bundeswirtschaftsministerium gefördertes Projekt, ist ein Lernszenario für kleine und mittelständische Unternehmen, das effektive und wirtschaftliche Lösungen zur betrieblichen Qualifizierung speziell für kleinere Interessensgruppen bietet. Dabei wird auf ein neues Plattformkonzept - TV + Online-PC - gesetzt, das optimal die Ansprüche an Performance und Kommunikationsoptionen erfüllt. Die Potenziale von Mittelstands TV liegen in der flexiblen Trainingsgestaltung für die Teilnehmer und in der Kostenersparnis für das einzelne Unternehmen. Als erstes Teilprojekt entwickeln die Projektpartner, unter der Führung des Fraunhofer Institut für Arbeitswirtschaft und Organisation IAO, die ersten zertifizierten berufsbegleiten Meisterkurse im Rahmen der Neuorganisation der Meisterausbildung parallel via Business TV und Internet.

Die Attraktivität von Mittelstand TV: Branchenspezifische und bildungsübergreifende Angebote werden möglich; sie erreichen Teilnehmer auch zu Hause. Die Attraktivität der digitalen Plattform steigt in dem Maße, in dem neben einem öffentlichen Bildungsangebot (Public Service) möglichst viele Angebote frei zugänglich sind, eine "multimediale berufsbegleitende Akademie" für jeden.

4. Checkliste zur Einführung von Business TV

4.1 Erst die Intention, dann die Realisation

Bevor Sie an die technische und redaktionelle Realisation von Business TV denken, machen Sie sich Gedanken, welche Faktoren unter strategischen, organisatorischen und wirtschaftlichen Gesichtspunkten im Unternehmen integriert werden sollen und dabei die qualitativen und/oder quantitativen Ziele ihres Unternehmens verbessern.

4.2 Andere Unternehmen, andere Ziele

Eine detailierte Analyse der Zielgruppe ist das A und O von Business TV und wichtig für die Akzeptanz der Zuschauer. Die Akzeptanz ist abhängig vom Erkenntnisgewinn und Nutzen, den die Mitarbeiter im Alltagsgeschäft direkt umsetzen können und nicht vom Unterhaltungswert einer Sendung.

Business TV ist kein Fernsehen im herkömmlichen Sinn. Genau deshalb birgt dieses Medium auch Risiken und zwar dann, wenn es nicht ziel- und bedarfsorientiert sowie rezipientengerecht konzipiert und eingesetzt wird.

Merke: "Die Arbeitsprozesse der Zielgruppe bestimmen die Sendekonzepte, die Sendezeit und -dauer sowie die Sendehäufigkeit." Deshalb versuchen Sie nicht, Sendekonzepte anderer Unternehmensgruppen zu kopieren.

4.3 Professionalität, Engagement und Insiderwissen ist gefordert

Die Didaktik kann noch so gut durchdacht sein, sie funktioniert nicht, wenn die Themenauswahl nicht aus ihrem Unternehmen kommt. Der Kommunikationsfluß ist die Ader ihres Unternehmens, deshalb bedarf es einer zentralen, möglichst bereichsneutralen internen Redaktion, die Zugang zu allen Informationsträgern hat. Desweiteren bedarf es einer eindeutigen Definition der Organisation und des Prozeßablaufes (z.B. Pilotphase, Full-Run Phase). Wie beim Planen eines Hauses, müssen auch hier die Peripherie und die Verantwortungsbereiche externer Dienstleister eindeutig geklärt sein.

4.4 Erweitern, nicht ersetzen

Der Kommunikationsaustausch über Business TV hat einen hohen Stellenwert. Auch Informationen werden über Emotionen transportiert. Deshalb wird der persönliche Kontakt auch nie durch eine allzu technische Kommunikation ersetzt werden können. Auf ihm basiert schließlich auch ein großer Teil des Erfolges der Konzerne und Unternehmen.

4.5 Der Provider

Lassen Sie sich nicht blenden, denn nicht jeder der einmal ein Video produziert hat, ist ein Full-Service Provider. Stellen Sie einen Kriterienkatalog auf. Suchen Sie einen Provider, der Sie und ihr Unternehmen versteht. Denn schon die Konzeptentwicklung ist ein kontaktintensiver Prozeß zwischen Ihnen und Ihrem Provider. Entscheiden Sie sich für einen Content Provider mit langjähriger Erfahrung in dieser neuen Form der

Unternehmenskommunikation, der neben den mediendidaktischen Ansprüchen ihres Unternehmens auch das notwendige Maß an technischer und redaktioneller Beratung mitbringt. Jeder Konzern oder jedes Unternehmen hat ganz bestimmte Anforderungen und Ziele, bestimmte Rituale und Umgangsformen, Ideale, Idole und Wertvorstellungen. Solche Charakteristika sollten unbedingt den Prozeß der Gestaltung und Umsetzung beeinflussen, damit ein passendes Sendeformat entsteht.

4.6 Modelle, Szenarien und Anwendungsbeispiele

Entwickeln Sie zusammen mit ihrem Provider eine Timeline (Vorbereitungsphase, Pilotphase, Übergang in Full-Run, Phase II Full-Run). Je strukturierter diese Konzepte ausgearbeitet sind (z.B. Modell Business Learning Network), desto früher gehen Sie "On Air". Starten Sie mit einer schnell aufzubauenden Business TV-Struktur und steigern Sie die Komplexität der Modelle und Szenarien im Laufe der Zeit.

4.7 Der wirtschaftliche Break-even-Point

Welches für Sie das richtige Business TV-Modell darstellt, hängt davon ab, ob der Sendebetrieb regelmäßig oder nur ab und zu aufgenommen wird. Der wirtschaftliche Break-even-Point liegt daher für jedes Unternehmen anders und ist im Vorfeld genaustens zu eruieren. Evaluationsstudien zum Thema Business TV in bereits etablierten Unternehmen können dies belegen. (Step-by-Step-Strategie)

4.8 Wichtige Bestandteile eines Business TV Projektes

Beratung	***Projektmanagement***	***Redaktion***	***Herstellung***	***Distribution***
Analyse unternehmensspezifischer Kommunikations- und Schulungsbedürfnisse Erarbeitung von Kommunikationsstrategien Entwicklung von Sendekonzepten und Formaten Optimale Kosten/ Nutzen Relation	Management der Schnittstellen zu den Erbringern der Informationsdienstleistungen Auswahl weiterer Partner Gesamtverantwortung für die Umsetzung Interview- und Moderatorentraining Aufbau einer internen Business TV - Projektgruppe	Erarbeitung der Inhalte in Zusammenarbeit mit der Redaktion des Kunden Erstellung von Umsetzungsunterlagen für TV und Multimedia (Storyboards, Drehbücher etc.) Chefredaktionsrat	Umsetzung der Konzepte (TV und/oder PC) Produktionsleitung Realisation mittels Studiotechnik, mobiler Technik, Kamerateams, Schnittplätze usw.	Übertragung des Signals (Kabel, Uplinks, Downlinks) Technische Durchführung des Conditional Access Ausbau/Service der Empfangsstellen Intranetmodell (Business Learning Network)

5. Business TV und seine Technologien

Die Möglichkeiten und die Symbiose des Mediums Business TV mit allen anderen medialen Systemen sind noch lange nicht ausgeschöpft. Durch den multimedialen Fortschritt verlagert sich der Fokus von der technischen Umsetzung hin zur konzeptionellen, redaktionellen und organisatorischen Gestaltung intelligenter und überzeugender technischer On-Demand-Services. Was liegt daher näher als das mittelfristige Verschmelzen der konventionellen Übertragung von Business TV mit allen standartisierten "Neuen Medien".

5.1 Die neuen Technologien

Im Falle der meisten Konzerne werden die Business TV Informationen und Sendungen via Satellit an Dutzende von eigens eingerichteten Empfangsräumen (Downlink) übertragen. In der Regel werden Satelliten benutzt, die dem DVB-Standard (Digital-Video-Broadcasting) entsprechen und Deutschland beziehungsweise Europa ausleuchten und die Signale mittels Transpondertechnik aufnehmen (Astra, Eutelsat, Kopernikus, Intelsat, Panamsat). Der sogenannte Footprint, die Ausleuchtungszone oder die Verbreitungsfläche, ist vom jeweiligen Satelliten abhängig.

5.2 Übertragungstechnologien

Für die sichere Übertragung von Binärdaten werden spezielle Fehlerkorrekturverfahren, z.B. FEC (Forward Error Correction) oder CRC (Cyclic Redundancy Check / Zyklische Blockprüfung) verwendet. Die Bezeichnung Binärdaten steht in diesem Zusammenhang für alle Daten, die nicht als Videodaten im MPEG-Format vorliegen. Nach der Heranführung an die Inneneinheit wird das Sendesignal in ein digitales Fernsehsignal umgewandelt und daraufhin für die Verteilung über Satellit aufbereitet. Die neue, erst seit einem Jahr verfügbare digitale Technik ermöglicht im Gegensatz zur analogen Technik eine schnellere und qualitiv bessere Übertragung: An den Sendestationen werden die Signale nach dem Komprimierungsstandard MPEG-2 in einem Encoder digitalisiert.

5.2 Datenkompression

Die Digitaltechnik ermöglicht eine Datenkompression und Datenreduktion und somit eine effektive Packung der Daten bei der Speicherung und Übertragung. Kompressionsverfahren erleichtern und beschleunigen das Übertragungsverfahren. MPEG-2 als Audio- und Videokompressionsnorm kann bei digitalen Signalen im Gegensatz zu analogen Signalen Kompressionsraten von 12:1 realisieren. MPEG-2 zielt damit auf Fernsehen in hochwertiger Studioqualität und mehrfache Tonkanäle in CD-Qualität mit vier bis sechs Megabit pro Sekunde ab. Über die digitale Dateneinheit lassen sich zusätzliche Informationen parallel am Video übertragen.

Eine digitale Ver- und Entschlüsselung ermöglicht es, innerhalb eines Business TV-Netzes zusätzliche sogenannte geschlossene Benutzergruppen einzurichten. Dazu wird ein Verschlüsselungssystem, das sogenannte Conditional Access System (CAS = System zur Verwaltung der Empfangsberechtigung) eingesetzt. Dieses System gewährleistet, daß nur die vom Sender autorisierten Empfangsstellen Zugang zu den Übertragungen haben.

5.4 Sendekonfigurationen

Um das erste Mal aus einem eigenen oder Mietstudio "On Air" an den Satelliten senden zu können, werden dieselben Anforderungen wie beim öffentlich-rechtlichen oder kommerziellen Fernsehsender an die Technik gestellt. Unabhängig vom eigentlichen Sendeformat, findet die Produktion der Sendungen teils im Studio, teils an beliebigen Drehorten mittels mobiler Kamerateams und Übertragungstechnik (Ü-Wagen) statt. Zur Realisierung der jeweiligen Studioproduktionen kann der Content Provider oder der Kunde selbst am Sendeort ein Sendestudio exklusiv zur Verfügung stellen. Die Studios sind meistens von der technischen Ausstattung auf höchstem TV-Standard und für Live-Sendungen bestens geeignet. Die Studiokulisse und die Studioatmosphäre sollte immer der Corporate Identity des Kunden entsprechen. Fachlich kompetentes Personal realisiert Business TV vor und hinter den Kulissen, sowohl redaktionell als auch technisch. Für spezielle Außendrehs stehen EB-Teams (Elektronische Berichterstattung) zur Verfügung.

Ein eigens dafür eingerichtetes Sendestudio sollte sinnvollerweise folgende Komponenten als Minimalkonfiguration aufweisen:

- Studiofläche ca.150 qm - Höhe ca. 4,50 m
- Studiodekoration (Bühnenbild/Kulisse)
- Regieraum ca. 50 qm
- Bildtechnik: 3 Kameras, Videomischer, Schriftgenerator, Digitaleffektsystem, Monitortechnik, 2 Zuspieler MAZen, Rekorder MAZ und Zubehör
- Sendeabwicklung
- Regietechnik
- Audiotechnik: Mischpult, 5 drahtlose Mikrofone, 2 Spezialmikrofone
- Abhörtechnik, Zuspielquellen, Interfacetechnik
- Call Center Technik für ca. 10 ankommende Telefonleitungen
- Mit Hilfe eines Call-Centers können telefonische Fragen der Mitarbeiter aus den Filialen ins Studio geschaltet und sofort beantwortet werden. Es bietet sich an, eine "0180 Telefonnummer" freischalten zu lassen.
- Lichttechnik: Für 150 qm und 2 Aktionspunkte (Settings)
- Klimatechnik
- Schnittechnik: 3-Maschinenschnittplatz
- Aufnahmetechnik: Kamera-, Tonequipment und Zubehör

Anhand der hier beispielhaft aufgezeigten Studiokomponenten kann leider nicht eindeutig festgelegt werden, ob ein eigenes Studio sinnvoll ist. Es kann unter Umständen für ein Unternehmen günstiger sein, selbst ein Sendestudio einzurichten, als ständig eines zu mieten. Das hängt davon ab, ob der Sendebetrieb regelmäßig oder nur selten aufgenommen wird. Der Break-even-Point ist hierbei für jedes Unternehmen individuell zu berechnen.

6. Modelle, Szenarien und Visionen

6.1 Distribution und Empfang

6.1.1 Verbreitungswege

Die Technologien mittels satellitengestützter und verschlüsselter Verbreitung der Sendeinhalte bevorzugen heute die meisten Unternehmensgruppen, sowohl in Deutschland als auch weltweit. Für viele steht im Vordergrund, daß die Distribution der Sendedaten über Satellit nicht nur eine flächendeckende und gleichzeitige Verteilung, sondern auch den höchsten Datendurchsatz und -strom pro Sekunde garantiert. Kein anderes Transportmedium ist derzeit in der Lage so kostengünstig, Datenmengen im Bereich von mehreren Megabit an eine beliebig große Zielgruppe zu distributieren und zu verschlüsseln. So werden vor Ort je Filiale eine Satellitenempfangsantenne (SAT-Schüssel) montiert, und mittels einer Kabelverbindung gelangt das Signal direkt zum lokalen Receiver/Decoder.

In den Außenstationen beziehungsweise Filialen empfiehlt sich der Einsatz von Antennen mit maximal 60 cm Durchmesser. Das kann bedeuten, daß ein externes Sendezentrum (Play Out Center) genutzt werden muß (z.B: das Sendezentrum der Deutschen Telekom AG in Usingen). Über diesen Umweg werden Satelliten erreicht, deren Sendeleistung für 60 cm-Empfangsantennen geeignet sind, ansonsten müßten Empfangsantennen mit mindestens 130 cm installiert werden. Somit wird das verschlüsselt gesendete Signal mit Hilfe des Decoders in ein auf dem angeschlossenen Fernseher sichtbares Signal umgewandelt.

6.1.2 Decoder

In den meisten Fällen wird der Decoder von Scientific Atlanta der Deutschen Telekom AG in den Außenstationen genutzt. Zum einen bietet der professionelle Scientific Altlanta Decoder die größte Abhörsicherheit, da die Schaltungen für den Zugriffschutz auf den Platinen fest verankert sind und zum anderen bietet es eine hohe Signalstabilität. Als Darstellungseinheit dienen handelsübliche Monitore oder Fernsehgeräte unterschiedlichster Bildschirmgröße. Beim Einsatz von Fernsehgeräten ist jedoch zu berücksichtigen, daß diese neben dem Business TV-Signal auch gebührenpflichtige Fernsehprogramme empfangen können. Diese sind bei der GEZ anzumelden. Sollen die GEZ-Gebühren nicht anfallen, müssen hier Videomonitore ohne TV-Empfangsteil eingesetzt werden. Alternativ zu Bildschirmen bieten sich Beamer (Hochleistungsprojektoren) an. Diese sind besonders dann geeignet, wenn es sich bei den Zuschauern um Teamstärken ab ca. 20 Personen handelt. Denkbar wären natürlich auch mehrere Multimedia-PCs oder eine Großbildleinwand. Aber damit nur die autorisierten Benutzergruppen in den Genuß ihres Business TV - Programmes kommen, muß eine Adressierung oder Codierung der Settop-Box (Gerät zur Entschlüsselung digital übermittelter Fernsehbilder auch als D-Box oder Media-Box bekannt) unbedingt gewährleistet sein.

Eine Weiterentwicklung der digitalen Studio-, Übertragungs- und Empfangstechnik findet tagtäglich global statt. In der Geschichte der Menschheit war jede Technologie, die der schnelleren und effizienteren Verständigung und Übertragung von Informationen diente ein Erfolg, und davon profitieren Unternehmen wie die DaimlerChrysler AG, die Deutsche Bank AG, Sony Deutschland, Knorr Caterplan GmbH und die Adolf Würth GmbH & Co. KG u.a.. So hat zum Beispiel das Intranet, in Kombination mit Business TV, für die Geschäftswelt einen deutlichen Nutzen: zum einen wird die Kommunikation verbessert, zum anderen können Informationen schneller zeit- und ortsunabhängig distributiert werden und sind aktuell verfügbar.

Prinzipiell ist es kein Problem, Videomaterial für verschiedene Abspielplattformen (Intra-/Internet, CD-ROM) aufzubereiten. Allerdings ist aufgrund der eingeschränkten Netzbandbreiten (z.B. LAN (Local Area Network), WAN (Wide Area Network)) mit einem nicht unerheblichen Qualitätsverlust zu rechnen. D. h., es sind Abstriche in der Tonqualität sowie der Bildgröße zu machen. Entsprechende Inhalte erscheinen anders als auf dem gewohnten Videoformat. Bei CD-ROM ähnlicher Videoqualität müßte der Benutzer mit sehr langen Downloadzeiten rechnen.

Möchte der Benutzer die Downloadzeiten erhöhen, empfiehlt sich z. B. das sogenannte RealVideo-Format, ein Streaming-Format, bei dem während des Herunterladens (Download) schon Inhalte angezeigt werden können. Hierzu ist zu beachten, daß ein spezieller Netzwerkserver benötigt wird.

6.1.3 Videoserver

Eine Möglichkeit zur weiteren intensiveren Nutzung von Business TV stellen Videoserver dar mit der Option einer späteren Ausbaustufe. Der Sinn und Zweck ist die Archivierung und individuelle Nutzung von Business TV-Programmen und den audivisuellen Materialien. Audio und Video sind kontinuierliche Medien mit sehr großen Datenmengen, die eine hohe Übertragungsrate beanspruchen. Entsprechende Speichervolumina und Auslesegeschwindigkeiten sind Grundanforderungen an jeden Videoserver. Darüber hinaus sollte der Videoserver folgenden Anforderungen gerecht werden:

- Bedienbarkeit vieler paralleler Datenzugriffe
- Eine Nutzersteuerung muß gewährleistet sein (Funktion Play, Stop, Forward, Rewind)
- Bedienbarkeit verschiedenster Endgeräte (PC, Fernseher und Settop Boxen bzw. kompatibel zu verschiedenen Satellitenreceivern)
- Versendbarkeit der Daten über verschiedenste Netzwerke (ATM, Ethernet etc.)

6.2 Alternative Szenarien

6.2.1 Lokaler Server

Die Business TV-Programme werden normalerweise über Satelliten empfangen und versendet. Dabei werden die Daten parallel auf einem Server in der Außenstation gespeichert. Der lokale Server löst in diesem Fall den bisher üblichen Videorecorder ab. Somit kann über das lokale Netz auf die Business TV-Programme zugegriffen werden.

6.2.2 Zentraler Videoserver

Vom zentralen Videoserver können Business TV-Programme On-Demand per ISDN abgerufen werden. Die Distribution erfolgt über ATM-Strukturen oder direkt über Satellit.

6.2.3 Videoserver in IP-basierenden Netzwerken (Inter-/Intranet)

TV im Internet ist eher für die öffentlich-rechtlichen Fernsehprogramme zum Beispiel http://www.tagesschau.de geeignet, da Business TV ganz speziell auf die Zielgruppe zugeschnitten und verschlüsselt versendet werden sollte. Hervorragend geeignet ist hier das sogenannte Intranet, daß bisher jedoch durch die geringe Bildgröße (160x120, 240x180, 320x240 Pixel) und der Ton- und Bildkomprimierung eingeschränkt nutzbar ist. Aber auch hier geht die Entwicklung hin zu größeren Bildfenstern (Realvideo G2).

6.2.4 Drei Hauptkomponenten der Videoserver

- Steuer- und Bedienteil. Hier werden die Inhalte detailiert aufgelistet, die Nutzersteuerung der Funktionen und die Sessionverwaltung zwischen Client und Server realisiert
- Videospeicher
- Video-Streaming-Teil

6.2.5 Videospeicher

Als Speichermedien werden Harddisks eingesetzt. Sie bieten einen ausreichend schnellen Speicherzugriff, ausreichende Schreib-/Lesegeschwindigkeit und einen hohen Datendurchsatz. Viele parallele Zugriffe erzwingen einen hohen Datendurchsatz. Dies wird ermöglicht durch die verteilte Speicherung einer Videodatei (Striping) auf mehrere Platten eines RAID-Speichers (Redundant Array of Inexpensive Disks). Aus Kostengründen können große Videoserver noch zusätzlich tertiäre Speicher in

Form von Band-, CD- oder DVD-Laufwerken (Digital Versatile Disk) haben. Jedoch werden auf den tertiären Speichern eher selten benötigte Videodateien gespeichert.

6.2.6 Video-Streaming-Bereich

Der Video-Streaming-Bereich besteht aus der Videopump und dem Download-Manager. Sie sind für das Auslesen der Videodaten und den Transfer ins Netz zuständig. Neben dem Striping gewährleistet eine zweite Maßnahme das Handling paralleler Zugriffe. Der Lesekopf wird "gemultiplext", d. h. er versorgt alternierend mehere Videoströme. Auf der Server- und Clientseite sind Videobuffer, sogenannte Pufferspeicher, notwendig, damit der Videostrom nicht abreißt.

6.2.7 Video über Inter- /Intranet (Vol, Video over Internet)

Das Video ist bei dieser Form quasi als Fenster in einer HTML-Seite integriert. Neben dem Browser ist ein Video-Plug-in (z. B. Realvideoplayer G2) erforderlich. Der Benutzer klickt auf der Webseite das Video an, daraufhin wird zunächst das Plug-in gestartet. Es stellt eine Verbindung zum Videoserver her und fordert das Abspielen des Videos an. Der Videoserver liest die Videodatei aus und überträgt sie über das Netz zum Client. Der Videostrom wird im PC decodiert und auf der Web-Site dargestellt.

Um ein hohes Maß an Interaktionsmöglichkeiten im Inter- /Intranet zu erreichen, ist es (momentan) oft noch notwendig, sogenannte Plug-ins für den Internetbrowser einzusetzen. Es handelt sich hierbei um kleine, meist kostenlose Zusatzprogramme, die von der Browsersoftware benötigt werden, um speziell auf das Plug-in abgestimmte Dateien anzuzeigen. Viele dieser Plug-ins werden heutzutage schon mit der aktuellen Browsersoftware ausgeliefert und können im Bedarfsfall mitinstalliert werden.

Kurze Beschreibung gängiger Plug-ins:

Real Player	Abspielen von Audio- und Videodaten
Flash	Vektorbasiertes Format, das in der Lage ist, Animationen und Audioinformationen mit Interaktion in sehr stark komprimierter Form darzustellen
Shockwave	Für die Darstellung multimedialer Inhalte mit höherem Interaktionsgrad
Quicktime	Abspielen diverser Grafik-, Video- und Audioformate (u. a. des Quicktime Videoformates) aus Internetdokumenten heraus

Neue Techniken erlauben es auch, Daten mit größerem Volumen, wie Audio- und Videodaten, in ansprechender Qualität in Netzwerken zur Verfügung zu stellen. Besonders hervorzuheben ist hier die "Streaming"-Technologie, wie sie von Real Networks vertrieben wird. Das Abspielen der Daten erfolgt während des Herunterladens auf den lokalen Rechner. Lange Antwortzeiten auf Anfragen nach Audio- bzw. Videodateien entfallen. Der Abspielvorgang erfolgt über den sogenannten Real Player, ebenfalls ein Browser Plug-in. Um dem Anwender "Real"-daten zur Verfügung zu stellen, muß ein spezielles Real-Serversystem mit entsprechender Software eingesetzt werden. Die Preise für die Lizenzierung dieser Software richten sich nach der Anzahl der gleichzeitig möglichen Serverzugriffe.

Für den Anwender genügt ein netzwerkfähiger handelsüblicher PC, auf dem ein gängiger Internetbrowser (MS Internet Explorer oder Netscape Navigator ab Version 4) lauffähig ist.

Der Einsatz des Business-Learning-Networks wird aber nur dann erfolgreich sein, wenn die Kombinationsfunktionen gut durchdacht, die erforderlichen Sicherheitsaspekte berücksichtigt und die Intranet-Produkte sowie Intranet-Services zusammen mit Business TV auf die spezifischen Anforderungen des Unternehmens zugeschnitten werden.

7. Business TV Corporate Network

Szenario: **Satellitenübertragung mit Server-Integration**

- Satellitenübertragung aus dem Sendestudio oder Mietstudio
- 3 Stunden pro Tag Livesendungen
- Wiederholungen der Sendungen über lokale Serverlösung
- Lokaler Receiver, Decoder, Monitor/TV in allen Außenstationen
- Lokaler Server - PC zur Speicherung und interaktiven Wiedergabe der Videodaten
- Rückkanal via Telefon, Fax oder Email
- Call-Center im Studio

Analyse und Auswertung

Vorteile	mögliche Nachteile
• Nur Transponderkosten für Livesendung	• Vorerst höhere Anschaffungskosten der Terminals (Abschreibung über 3 Jahre denkbar)
• Sendungen sind interaktiv über lokalen Server verfügbar	• Speicherung der Sendungen nur in voller Länge auf Festplatte möglich
• Sendungen können innerhalb eines vorgegebenen Zeitraumes (abhängig von der Speicherkapazität) beliebig oft wiederholt werden	• Durch zu viele Präsentationsplattformen (Monitore, Fernbedienungen, PC usw.) kein optimaler Bedienungskomfort für die Zielgruppe
• Terminal kann lokal vernetzt oder als zusätzliches Video-CBT-Terminal genutzt werden	• Vorhandene Speicherkapazität muß für die Aufzeichnung der Livevideos angepaßt sein
	• Unnötige Belastung des Speicherplatzes durch fehlende Nachbearbeitung der Sendungen. Wiederholungsinhalte sind möglicherweise zu lang für die Zielgruppe
	• Auch Informationen haben ein Verfallsdatum

Bereits heute ist absehbar, daß sowohl bei einer lokalen als auch globalen Verfügbarkeit von Netzen eine Integration von Business TV erfolgen wird. Letztendlich wird es möglich sein, auf jedem PC innerhalb eines Standortes Business TV von einem zentralen Media-Server vor Ort oder dezentral abzurufen. Schon heute wird das sogenannte "Real Video System" von Unternehmen für die Unternehmenskommunikation eingesetzt. Dieses internetbasierende System ermöglicht die Übermittlung von Echtzeit-Videos über Server und Intranet bis an die Arbeitsplätze innerhalb des Unternehmens. Die Qualitätsunterschiede gegenüber der Satellitenübertragung sind jedoch noch sehr hoch. Während auf Hochgeschwindigkeitsstrecken via Satellit mit über 4 Mbit/s gearbeitet wird, kann das Internet nur Übertragungsgeschwindigkeiten von 28,8 Kbit/s anbieten. Das hat zur Folge, daß per Internet übertragene Bewegtbildsequenzen auf dem PC erst dann qualitiv hochwertig sind, wenn sie nur etwas größer als eine Briefmarke dargestellt werden. Es ist zwar möglich "Real Video" auf Full-Screen-Bildgröße zu bringen, doch damit sind "Ruckelbild-Effekte" verbunden, d. h. das Bild bleibt manchmal stehen ("freezed").

8. Perspektiven

Durch die immer preisgünstiger werdende Technik und die Kostenreduktion bei der Übertragung mittels Digitaltechnik hat sich in den letzten Jahren auch die Qualität der Übertragungsinhalte deutlich verbessert, denn digitale Signale benötigen weniger Transponderkapazitäten als beim analogen Sendebetrieb. Die Schlagworte lauten auch hier Datenreduktion und Datenkompression, die bereits auf europäischer Ebene durch DVB (Digital Video Broadcast) und MPEG (Moving Pictures Experts Group) normiert sind. Der international genormte Standard stellt somit auch in Zukunft kein Problem dar.

Die Auswahl der Übertragungswege bietet mittels Digitaltechnik sowohl neue als auch konventionelle Wege an. So wird es dem Kunden zukünftig möglich sein, selektiv auswählen zu können, ob Business TV über Satellit oder leistungsstarken terristrischen Netzen zum Beispiel ISDN, Funk- und Festverbindungsignale oder in Kombination als Übertragungsweg genutzt wird.

Business TV ist jedoch kein Fernsehen im herkömmlichen Sinn. Business TV lebt von seinen Interaktionsmöglichkeiten. Mittels Ton und/oder Bildrückkanaltechniken treten die Teilnehmer in den direkten Dialog mit dem Moderator, Trainer oder Vorstand. Business TV hat sich derzeit bei ca. 10 Unternehmen in Deutschland als unverzichtbares Kommunikationsmedium etabliert. Die Nachfrage der Marktseite wird - so das Ergebnis von diversen Umfragen in ausgewählten Unternehmen - in den nächsten Jahren deutlich steigen. Zukünftig werden sich sowohl das Intranet als auch Business TV für die Unternehmenskommunikation durchsetzen. Was liegt daher näher, als das mittelfristige Verschmelzen beider Ansätze.

Literatur

Berres Anita / Bullinger, Hans-Jörg (Hrsg.): Innovative Unternehmenskommunikation
Springer Expertensystem, Springer Verlag Heidelberg 1998

Brossmann, Michael Dr. / Fieger, Ulrich Dr. (Hrsg.): Business Multimedia - Innovative Geschäftsfelder strategisch nutzen
Betriebswirtschaftlicher Verlag Dr. Th. Gabler GmbH / Frankfurter Allgemeine Zeitung, Frankfurt/Wiesbaden 1998

Dürr, Johannes: Multimedia am Arbeitsplatz
cp-report spezial, Hamburg 1997

Egbert Deekeling / Norbert Fiebig (Hrsg.): Interne Kommunikation der Zukunft - "Erfolgsfaktor im Corporate Change"
Betriebswirtschaftlicher Verlag Dr. Th. Gabler GmbH, Frankfurt/Wiesbaden 1999

Fieger, Ulrich Dr.
Alles was Sie schon immer über Ihre Weiterbildung wissen wollten
Betriebswirtschaftlicher Verlag Dr. Th. Gabler GmbH Public, Wiesbaden 1994

Handel, Ulrike / Scherer Frank: Business TV - Perspektiven und Chancen für den Medienstandort Baden-Württemberg
LfK Landesanstalt für Kommunikation Baden-Württemberg, Stuttgart 1998

Jäger, Wolfgang (Hrsg.): Business TV - Projektmanagement, Umsetzungskonzepte, Fallbeispiele
Betriebswirtschaftlicher Verlag Dr. Th. Gabler GmbH, Frankfurt/Wiesbaden 1999

Lindo, Wilfried: Business TV und Intranet
Funkschau, Berlin 1998

Lindo, Wilfried: Intranet und Business Television
Business Online 08-09/98

Reinhard, Ulrike / Schmid, Ulrich: who is who in multimedia bildung
whois Verlags- & Vertriebsgesellschaft,
Heidelberg 1998

Business TV via Satellit - Anwendungen deutscher Unternehmen im Überblick

von Burkhard Herold*

Inhalt

* Burkhard Herold ist seit 1984 im Medienbereich tätig und seit einigen Jahren mit eigener Unternehmensberatung selbständig.

1. Hintergrund

Der folgende Beitrag befaßt sich mit der Business TV-Entwicklung der letzten Jahre und bezieht auch Zukunftsperspektiven mit ein. Er listet die Unternehmen auf, in denen sich Business TV bereits einen festen Platz erobert hat. Ebenso sind verschiedene Unternehmen aufgeführt, die sich in der Planungsphase befinden. Genannt werden auch einige Spartenanbieter, die mit ihrem Programmangebot eine sinnvolle Ergänzung im Medienmix leisten.

Unbestritten bietet die digitale Übertragung multimedialer Informationen via Satellit sehr viele Vorteile. Das gilt hauptsächlich für Anwendungen mit hohem Datenvolumen oder großem Bandbreitenbedarf. Besonders dezentral organisierte Unternehmen können so ihre Niederlassungen gleichzeitig bundes-, europa- oder weltweit schnell und attraktiv erreichen. Je mehr Empfangsstellen angeschlossen sind, desto kostengünstiger sind die Übertragungswege. Neben einer sofortigen Verteilung von Informationen an alle ausgewählten Empfänger bestechen die sehr gute Bildqualität, die Unabhängigkeit von firmeninternen IT-Netzwerken mit ihren möglichen Beschränkungen, aber auch die Kombinierbarkeit mit bestehenden Intranets. Außerdem ist der gleichzeitige Transport von Bewegtbildinformationen und IT-Daten möglich. Business TV kann die Unternehmenskommunikation und damit Unternehmenskulturen revolutionieren.

Bei Außenstehenden sorgt der Begriff Business TV mit seinen Abwandlungen wie Inhouse TV, Business Communikation, Kommunikations TV, Business Channel oftmals für Irritation. Teilweise wird dabei an empfangbare Fernsehsendungen am Arbeitsplatz gedacht, in denen über Wirtschaftsunternehmen berichtet wird. In der Praxis handelt es sich jedoch über-wiegend um TV-Sendungen, die als Bestandteil einer umfassenden Unternehmenskommunikation von Mitarbeitern und für Mitarbeiter entstehen. Unternehmenseigene TV-Sender können aber auch ihr Programmangebot durch Beiträge sogenannter „Spartenanbieter“ ergänzen. Dazu gehören z.B. Bildungsangebote oder auch Berichte über Kongresse und Messen unterschiedlicher Anbieter. Einige „Spartenanbieter“ wenden sich mit Ihren Business TV-Sendungen an eine spezielle Branche oder Klientel. Darüber hinaus schließt der Begriff Business TV auch den Bereich der Außendarstellung mit ein, wenn Unternehmen ihre Botschaften über einen bestehenden Fernsehsender oder einen eigenen regionalen Informationssender an die Öffentlichkeit und an ihre Mitarbeiter verbreiten. Die Meinung, Business TV setze ein TV-Gerät voraus, stammt wohl noch aus der Anfangszeit. Die Sendungen sind inzwischen genauso gut auf PCs empfangbar.

2. Rückblick

Business TV-Anbieter und selbsternannte Spezialisten verkünden in 1997 Goldgräberstimmung, sorgen für Begriffsverwirrung und schießen wie Pilze aus dem Boden.

- Da prognostizieren Fernsehanstalten und große Medienkonzerne Jahresumsätze von mehreren Hundert Millionen DM und meinen, Großunternehmen würden nur auf ihre Dienstleistungen warten. Haben sich diese Dienstleister jemals gefragt, ob ihnen Wirtschaftsunternehmen überhaupt Kenntnis in ihre innerbetrieblichen Abläufe und Details gewähren wollen oder darin ein Risiko sehen?

- Fernsehmoderatoren, die kaum Einblick in den Unternehmensalltag von Großbetrieben haben, referieren vor Unternehmensleitungen in extrem teuren Veranstaltungen über Firmenfernsehen. Spüren diese Leute nicht, daß die bei Fernsehanstalten üblichen Budgetgrößen und Formen der Programmumsetzungen für Wirtschaftsunternehmen realitätsfremd sind?
- Werbeagenturen gehen davon aus, mit markigen Argumenten ihr Geschäftsfeld schnell erweitern zu können. Merken sie nicht, daß Auftragserteilungen zur permanenten Innendarstellung eines Unternehmens nur über sehr viele innerbetriebliche Instanzen führen?
- Videostudios glauben, ihre moderne technische Ausrüstung reiche aus, um Unternehmenskanäle aufzubauen und zu bedienen. Wo bleibt aber ihr Know-how zur Grundkonzeption, Redaktion und Beratung hinsichtlich technischer Integration mit anderen Medien?
- Wissenschaftler werten einzelne Unternehmenssendungen aus und präsentieren über Monate öffentlich die Ergebnisse. Dabei haben die betroffenen Unternehmen längst ihre Programme den sich ständig verändernden Betriebsanforderungen angepaßt und entwickeln ihre Sendungen parallel zu den rasanten wirtschaftlichen Veränderungen fortlaufend weiter. Treibt hier die Wirtschaft die Forschung?
- Kongreßveranstalter sorgen mit Ihren Tagungen zum Thema Business TV für einen wahren Business TV-Tourismus. Man trifft immer wieder die gleichen Gesichter, erfährt aber kaum nennenswerte Neuigkeiten. Teilweise treten Leute auf, die aus ihrem einzigen Pilotprojekt einen reichhaltigen Erfahrungsschatz anpreisen. Was mögen wohl „alte Hasen“ aus Anwenderbetrieben bei einigen dieser Vorträge gedacht haben?
- Softwarehäuser führen Glaubenskriege über den richtigen Weg und die erforderliche Technik. Da wird z.B. bei Bewegtbildern auf dem Monitor, die sich in Briefmarkengröße und in haarsträubender Qualität darstellen, schon gejubelt. Wer es nicht besser kann, hat schnell den Nachweis zur Hand, daß diese Qualität völlig ausreichend sei. Wo bleibt hier der Qualitätsanspruch, die Entwicklung weiter nach vorne zu bringen?
- Für einzelne Multimedia-Pädagogen funktioniert Lernen nur mit Interaktionsmöglichkeiten. Für sie liegt die Wahrheit des Zukunftserfolges ausschließlich in einer Gesellschaft voller „Mouse-People“. Sie ignorieren völlig den Teil unserer Bevölkerung, der mit seiner „Lean-Back Mentalität“ durchaus Erfolge nachweisen kann. Machen es uns nicht die Kinder vor, wenn sie als Betrachter erfolgreicher Fernsehsendungen wie z.B. „Sesamstraße“ oder die „Sendung mit der Maus“ Lernerfolge vorweisen können? Warum also nicht mehrere, vernetzte Wege gehen?

3. Gegenwärtige Situation

Mögen die vorangegangenen Einleitungssätzte überspitzt dargestellt sein, so ist inzwischen doch eine gewisse Ernüchterung eingetreten: Während Veröffentlichungen von bis zu 200 fernsehaktiven Unternehmen in den USA ausgehen, ist der große Durchbruch in Deutschland noch nicht da.

Kommt nun der große Durchbruch?

Business TV kann eine ganze Firmenkultur verändern. Der deutsche Markt verfügt über ein großes Anwenderpotential. Warum dennoch der ganz große Durchbruch in Deutschland bisher nicht gelungen ist, läßt sich auf unterschiedliche Faktoren zurück führen. Beispiele dafür sind:

- Einige Unternehmen üben Zurückhaltung und beobachten erst einmal, in wie weit sich das Medium über längere Zeit im Markt behauptet. Die Skepsis soll Risiken einer Fehlinvestition verhindern.
- Verschiedene Firmen setzen auf Alternativ-Medien.
- Sofern nicht der Auftrag zur Einführung eines Business TV-Projektes direkt von der Unternehmensleitung kommt, müssen für ein derart abteilungsübergreifendes Kommunikationssystem die innerbetrieblichen Zuständigkeiten geklärt oder oftmals erst geschaffen werden. Das braucht Zeit. Zu viele Abteilungen können betroffen sein, wie z.B. Aus- und Weiterbildung, Vertrieb, Marketing, Informations-Technologie, Unternehmenskommunikation, Controlling. Hat sich eine Abteilung gefunden, die von den Vorteilen überzeugt ist, muß sie zur Durchsetzung eines Pilotprojektes oftmals sehr lange interne Überzeugungsarbeit leisten. Nicht selten sind die Befürworter über einen längeren Zeitraum mit einer Neutralisierung der innerbetrieblichen Machtverhältnisse beschäftigt.
- Zur Ernüchterung führt der Glaube, bei bereits vorhandenen Anwenderfirmen eine für das eigene Unternehmen übertragbare Lösung zu finden. In der Regel weichen Organisationsformen, Firmenkulturen und technische Infrastrukturen so weit voneinander ab, daß ein firmenindividuelles Konzept erarbeitet werden muß. Das gilt selbst für Unternehmen gleicher Branchen. Verzögerungsgefahr besteht allerdings, wenn das Konzipieren zur unendlichen Geschichte wird. Alles im Vorfeld theoretisch bis ins kleinste Detail zu regeln kann dazu führen, daß die Entwicklung und die Rahmenbedingungen jedesmal davon gelaufen sind, sobald das eigene Konzept endlich steht.
- Auf der anderen Seite können gescheiterte Pilotprojekte den weiteren Einsatz des Mediums hinfällig machen. Wenn Ungeduld, Zeitdruck und ein überhastetes Vorgehen in blindem Aktionismus münden, hält das realisierte Pilotprojekt kaum der innerbetrieblichen Kritik stand. Um so wichtiger sind sorgfältige Vorbereitungs- und Einführungsmaßnahmen. Wer die Zielgruppen bereits im Vorfeld über das neue Medium informiert und dafür motivieren kann, hat gute Chancen, eine hohe Akzeptanz zu erreichen. Vorurteile können dadurch frühzeitig abgebaut und Widerstände minimiert werden.

- Eine innerbetriebliche Bestandsaufnahme der vorhandenen technischen Infrastruktur und die Notwendigkeit technologischer Neuanschaffungen mündet nicht selten in einen umfassenden Überlegungs- und Planungsprozess zur Vernetzung der neuen Medien mit der Telekommunikation und der Informationstechnologie. Die unüberschaubare Vielfalt der neuen Lösungsmöglichkeiten hat Auswirkungen auf Zeit und Budget. Dabei geht es nicht nur um die technischen Machbarkeiten. Notwendig sind auch personelle Resourcen mit Know-how für Konzeptionen der neuen organisatorischen Abläufe und für kreative inhaltliche Lösungen.

Unternehmen, die ihr o.K. zum Business TV geben, verfolgen ein klares Wertschöpfungsinterteresse. Hier stehen besonders die Programmentwickler in der Pflicht. Sie sind für den Nutzennachweis der Sendungen verantwortlich und müssen sich ständig fragen lassen, ob die gesetzten Ziele auch erreicht wurden. Die Zielsetzungen für den Einsatz des Mediums können unterschiedlicher Art sein, wie z.B. effizientere Art der Kommunikation, Sicherstellung unternehmenseinheitlicher Aussagen, mehr Identifizierung mit dem Unternehmen, Imagegewinn, Durchsetzung der Unternehmensphilosophie, Verkauf ankurbeln, schneller sein wie der Wettbewerb, Kunden frühzeitig über Neuigkeiten informieren, Argumentationstraining, kostengünstigere Schulungsmaßnahmen, Trouble shooting, Kostenreduzierung durch gleichzeitige Mehrfachnutzung der Übertragungswege usw.

Als bewährte Wege zur Einführung einer Business TV-Landschaft lassen sich bei langjährigen Anwendern folgende Schritte beobachten: Erstellung eines Grundkonzeptes, Einführungsmaßnahmen, Entwicklung einer Pilotsendung mit anschließender Auswertung, Vorbereitung und Durchführung einer befristeten Testphase unter realen Sendebedingungen, Übergang in die Full-Run-Phase, jeweils begleitet von einer permanenter Weiterentwicklung des Mediums. Vielfach stand beim Projektbeginn nicht der Anspruch im Vordergrund, alles auf einmal zu regeln. Anfangsschwierigkeiten haben nicht entmutigt, sondern brachten wertvolle Erkenntnisse und waren Ansporn zur Weiterentwicklung der Programmqualität und der technischen Voraussetzungen. Viele Unternehmen haben als Einstieg zunächst nur einzelne Unternehmensbereiche und Zielgruppen ausgewählt, dann ging es mit dem schrittweisen Ausbau weiter. Sendezeiten wurden erhöht, Interaktionsmöglichkeiten erweitert, neue Sendeformate einbezogen, Empfangsstationen ausgebaut, weitere Zielgruppen mit erfaßt. Wie so oft waren es einzelne Personen mit ihrem Teams, die mit Ausdauer und interner Überzeugungsarbeit das Medium voran brachten.

4. Perspektiven

4.1 Medienkombinationen

Business TV als Instrument zur Unternehmenskommunikation kann nicht isoliert betrachtet werden. Die zur Verfügung stehende Medienvielfalt verlangt unternehmensspezifische Konzepte mit einem sinnvollen Medienmix. Auf dem Weg zur jeweils bestmöglichen Lösung eines Problems ist kommunikative Kompetenz und mediengerechter Umgang mit den technischen Möglichkeiten gefragt. Medienentscheidungen, die aus inhaltlichen Aufgabenstellungen getroffen werden, sehen Kombinationsmöglichkeiten unterschiedlicher Technologien und traditionell begleitender Maßnahmen vor.

4.2 PC-TV

Die Digtitalisierung bringt es mit sich, daß zukünftig eine Trennung zwischen TV-Gerät und PC überflüssig sein wird. Hard- und Softwaregiganten bauen ihren Enflußbereich in Richtung Fernsehen aus. Der Computer wird das Medium zur Medienintegration. Betriebssysteme erhalten Wiedergabemöglichkeiten und Bearbeitungsfunktionen für Fernsehsignale. Andererseits integrieren die TV-Geräte-Hersteller neue Medienmöglichkeiten in die neue TV-Geräte-Generation. Bereits heute lassen sich Fernsehbildschirme mittels Set-up Boxen für den Empfang multimedialer Online-Dienste aufrüsten. Darüber hinaus werden in zukünftigen TV Geräten die zum PC-TV erforderlichen Prozessoren, Browser, Modems und die Software bereits integriert sein. Die Verbindung funktioniert über herkömmliche Telefonleitungen.

Außerhalb der Unternehmen stellen sich auch Fernsehanstalten auf das Zusammenwachsen der beiden Technologien ein. Sie denken an die Aufbereitung der Programmsendungen zur Mehrfachverwendung und an eine Plattform mit programmbezogenen, multimedial aufbereiteten Zusatzinformationen. Dazu kann u.a. ein elektronischer Programmführer gehören. Zuschauern wird damit der Aufbau eines persönlichen Kanals ermöglicht. Interessiert sich jemand für ein bestimmtes Thema, werden ihm alle weiteren Beiträge und Hintergrundinformationen zum gewünschten Stoff kenntlich gemacht. Unzählige neue Möglichkeiten entstehen durch die TV-/Internetkombination. Hier ein Beispiel: Während ihre Lieblingssendung durch Werbung unterbrochen wird, können Sie mit der schnurlosen Tastatur vom Sofa aus Ihre Bankgeschäfte erledigen oder eine E-Mail versenden.

4.3 Zurück zum Unternehmensfernsehen

Realität ist, daß in Deutschland zur Zeit gut zwei Dutzend Firmen/Organisationen regelmäßig Business TV via Satellit einsetzen. Viele Unternehmen haben sich (noch) nicht für Business TV via Satellit entschieden oder setzen auf Alternativen wie auf terrestrische Internet/ Intranet-Lösungen. Nicht übersehen werden sollte aber die steigende Anzahl von Großunternehmen, die sich in einer Entscheidungs- und Planungsphase befinden. Nach eigenen Recherchen und Marktkenntnissen ist im Jahr 2000 schätzungsweise mit ca. 6 weiteren Anwendern zu rechnen. Andere Unternehmen lassen sich mit ihren Vorbereitungen etwas mehr Zeit und wollen in den Folgejahren hinzu kommen. Dagegen dürfte sich die Zahl der Dienstleister, die ihr Know-how anhand nachweisbarer professionell realisierter Projekte vorweisen können, weiterhin an einer Hand abzählen lassen. Scheinbar haben sie ihren Vorsprung in dieser Marktnische rechtzeitig gefestigt und teilweise sogar ausbauen können.

5. Ergebnisse einer empirischen Recherche

5.1 Durchführung

Im Rahmen einer eigenständigen Erhebung, die vom Juni bis Dezember 1999[1] durchgeführt wurde, haben sich (fast) alle deutschen Business TV-Anwender (Satellitenaustrahlung) an einer Fragebogenaktion und an Interviews beteiligt. Diese Aktion wurde auch auf Unternehmen ausgeweitet, die sich in der Entscheidungsphase befinden. Die Ergebnisse sind in den folgenden Tabellen enthalten. In Tabelle 1 sind die Anwender/Unternehmen aufgelistet, die Business TV regelmäßig einsetzen und meist über langjährige Erfahrungen verfügen. Tabelle 2 beinhaltet die Unternehmen, die sich (auch nach einem realisierten Pilotprojekt) in der Planungs- oder Entscheidungsphase befinden. Alle in den Tabellen enthaltenen Unternehmen sind in alphabetischer Reihenfolge aufgeführt. Firmenspezifische Zusatz- und Hintergrundinformationen, die nicht unbedingt in den Tabellen enthalten sind, beruhen auf Interviews, auf Publikationen oder auf Ergänzungen aus den ausgefüllten Fragebögen. Daher werden alle Anwendungen vorab kommentiert.

5.2 Hinweise zu den Tabelleninhalten

5.2.1 Zu Tabelle 1: Business TV-Anwender

Um es vorweg zu nehmen: **Die Unternehmen, die inzwischen über Business TV-Erfahrungen via Satellit verfügen, betrachten diesen Weg als unverzichtbaren strategischen Schlüssel zur Wettbewerbsfähigkeit ins nächste Jahrtausend.** Klangvolle Namen, die mit Erfolg und Innovationen verbunden werden. Die Global Player sehen in regelmäßigen Business TV-Sendungen ein weltweites Führungs- (auch Macht?) instrument und Möglichkeiten, ihre wirtschaftliche Situation strategisch auszubauen.

Als versicherungsübergreifende Kommunikationsplattform beschreibt die Düsseldorfer ABT AMC-BUSINESS TV ihre Angebote an die Versicherungsbranche. Die erste Sendung wurde am 21.10.1998 ausgestrahlt. Hier läuft Fernsehen etwas anders als üblich. In der Regel werden die Beiträge auf die Festplatten der Empfangsgeräte überspielt. Die Kunden können sie dann jederzeit ansehen. Ein Teil des Programms kann aber auch, gegen Gebühr, individuell abgerufen werden. Die Ziele sind sehr ehrgeizig: Bereits im Jahr 2000 sollen ca. 20.000 Versicherungsmakler als Kunden die Satelliten- und Onlineprogramme empfangen.

Gute unternehmerische Zukunftsperspektiven erhofft sich die A.T.U AUTOTEILE UNGER aus Weiden vom Einsatz ihrer Business TV-Lösung. Nach sorgfältiger Planungsphase fiel am 16.03.1999 der Startschuß für einen Test. Sendebeginn war im

---

[1] Da bei der anschließenden Aufbereitung der Ergebnisse noch Zusatzinformation einflossen, ergibt sich als Sachstand Jan/Feb 2000.

April 99. Das Programmangebot ist für bis zu 10.000 Teilnehmer in 260 Empfangsstellen ausgerichtet.

Zu den bekanntesten Anwendern innerhalb der deutschen Business TV-Landschaft zählt die BAUSPARKASSE SCHWÄBISCH HALL. Nach einem Pilotprojekt in 1995 wird seit 1996 aus einem eigenen Studio gesendet. Das Studio steht auch anderen Firmen zur Nutzung zur Verfügung. Aufgrund ihrer langjährigen Erfahrung mit diesem Medium kann sich die Bausparkasse nun dem weiteren Ausbau des Systems widmen. Das Programmangebot wird bisher von den eigenen Außendienstmitarbeitern und von Genossenschaftsbanken empfangen.

Auf Business TV-Erfahrungen verweist auch die BAUSPARKASSE WÜSTENROT. Der erste Beitrag wurde am 17.11.1998 gesendet. Die Ludwigsburger konnten vorher den Markt sondieren und auf Kenntnisse verschiedener Medienexperten zurückgreifen. Der weitere Ausbau des Systems hinsichtlich Sendeformate, Empfangsstellen und Zielgruppen, dürfte nur eine Frage der Zeit sein.

Seit dem 28.08.1998 hat das mittelständische Unternehmen BTI BEFESTIGUNGSTECHNIK, Ingelfingen, Praxisknow-how gesammelt. Nach einer Testphase ist die Entscheidung für die Ausstrahlung weiterer Business TV-Sendungen positiv ausgefallen. Der Anbieter von technischen Gebrauchsgütern und Befestigungselementen für das Bauhandwerk erhofft sich von Business TV effektivere Produktschulungen und direkte, d.h. verlustfreie Kommunikation mit dem Außendienst.

Gemeinsam mit BTI Hamburg (nicht BTI Befestigungstechnik) betreibt deren größter Gesellschafter, die ASV AG (Axel Springer Verlag), das Media-Network „im TV“. „im TV“ überträgt seit August 1998 Medienevants an einen exklusiven Kreis von Mediaagenturen. Von den Übertragungen profitieren Mitarbeiter, die nicht an den Evants teilnehmen können. Zu deren Weiterbildung gehört auch die Verfolgung wichtiger Veranstaltungen wie z.B. die Münchener Medientage oder die Telemesse in Düsseldorf.

Als derzeit weltweit größter Business TV-Anwender präsentiert sich DAIMLER CHRYSLER. Bereits 1988 leistete die Daimler-Crew Pionierarbeit in Deutschland. Damals begann man, sich mit Sendungen für das Händler-Service-Personal zu befassen. Es folgte der sukzessive Ausbau des Systems. Gab es 1998 nur einen Sendekanal, wird nach der Fusion mit Chrysler, an einem Programmangebot für 3 Kanäle gearbeitet. Dadurch wird ein tägliches Business TV für weltweit 430.000 Konzernmitarbeiter realisiert.

Die DEUTSCHE BANK ist seit 1997 dabei und verfügt über 1.500 Empfangsstellen in den Filialen. Für die Bankmitarbeiter wird auf zwei Kanälen ein sehr vielseitiges Programmangebot gesendet. Viele Töchtergesellschaften sind integriert. Entsprechend den sich wandelnden Betriebsanforderungen und wirtschaftlichen Veränderungen wurden die Programmumsetzungen fortlaufend angepaßt und weiterentwickelt. Durch Programmwiederholungen (Sendeschleife) steht ein Ganztagsprogramm zur Verfügung. Die PC-Integration ist in Planung. Eine Börsensendung für Kunden und Interessenten wird seit April 1999 täglich zwei Minuten über ntv ausgestrahlt.

An eine Ausweitung ihres Programmangebots auf Europa denkt inzwischen die DEUTSCHE POST. Satelliten-TV-Erfahrungen in Deutschland bestehen seit dem 27.05.1997, wobei die Sendungen bisher speziell für Führungskräfte produziert wurden. Inzwischen ist die Einbeziehung weiterer Zielgruppen innerhalb des Konzerns im Gespräch. Auch Trainingsmaßnahmen könnten via Satellit erfolgen.

Im Rahmen ihrer Weiterbildungsmaßnahmen hat die DEUTSCHE TELEKOM in den letzten Jahren einen Business TV-Durchbruch erzielt. Hier wird „Teleteaching" seit 1994 eingesetzt. Für die Teilnehmer spielt das Intranet zur Vor- und Nachbearbeitung der Sendungen eine bedeutende Rolle. Zukünftig dürfte die PC-Integration weiter voran schreiten. Darüber hinaus ist die Deutsche Telekom über den Fernsehsender ntv aktiv. Einmal monatlich richtet sich ihr „T-Forum" an Kunden und Mitarbeiter.

Seit dem 07.04.1999 wendet sich die DG BANK mit ihrem Satellitenprogramm an die Genossenschaftsbanken. Beginnend mit 50 Empfangsstationen im Pilotprojekt sollen attraktiv aufbereitete News und vertriebsunterstützende Informationen für Aufmerksamkeit sorgen und die Papierflut etwas eindämmen. In einer späteren Phase können die Sendezeiten durch Wiederholungen (Sendeschleife) erhöht werden.

Für die FORD WERKE ist Business TV seit 1995 Bestandteil der Unternehmenskommunikation. Das ausgestrahlte Informationsprogramm läuft täglich 24 Std. (inkl. Wiederholungen) und wird auf TV-Geräten in den Werken empfangen.

Der erste Versicherer in Deutschland, der Business TV eingesetzt hat, ist GERLING. Beginnend am 16.02.1998, schreitet der Ausbau des Systems zügig voran. Als Vision wird an Satelliten-Sendungen gedacht, die an jedem PC-Arbeitsplatz empfangbar sind und auch vom Server abrufbar sein sollen.

Ein Zeichen aus dem Pharma Bereich hat die zur GLAXO WELLCOME gehörende EuMeCom gesetzt. In der Sendung „Medical TV" können sich Fachärzte optimal über Forschungsergebnisse und pharmazeutische Entwicklungen informieren und austauschen.

Wer die Business TV-Szene der letzten Jahre verfolgt hat, kommt an der HYPO VEREINSBANK nicht vorbei. VIA, so die Senderbezeichnung, startete im April 1997. Mutig haben die Münchner TV-Strategen, gleich zu Beginn des Projekts, den PC als Empfangsstation einbezogen. Das VIA erfolgreich ist, zeigen die Zukunftsperspektiven: neue Sendeformate und die Steigerung der Interaktionsmöglichkeiten sind geplant.

München ist auch der Firmensitz von ICCOM, einem Kongress-TV-Anbieter. Die Sendungen sind überwiegend für mittelständische Unternehmen gedacht, deren Mitarbeiter so z.B. Innovationsveranstaltungen im eigenen Betrieb „erleben" können. Die Satellitenübertragung macht's möglich. Ein Praxisbeispiel: 1997 hat ICCOM den Deutschen Wirtschaftsingenieurtag nicht nur ausgerichtet, sondern auch als interaktive Business TV-Liveübertragung vermarktet. ICCOM hat gute Verbindungen zu Wirtschaftsingenieuren und sieht im Hinblick auf neue Kunden bedeutende Wachstumsraten.

1999 hat KNORR CATERPLAN den Einstieg in Business TV-Anwendungen vollzogen. Die positive Resonanz der Mitarbeiter dürfte denn auch für den Ausbau des Mediums sorgen.

MANNESMANN erstaunt die Kenner und die Laien wundern sich: Bereits seit 1995 strahlt der Konzern in den USA und in Kanada im ca. zwei- bis dreiwöchigen Rhythmus Business TV-Sendungen an 36 Empfangsstationen aus. Hier in Deutschland hat der Konzernbereich Mobilfunk mit seinem Pilotprojekt im Juni 1998 eine Vorreiter-Rolle übernommen. Demnächst möchte Mannesmann Rexroth aus Lohr a. Main nachziehen und hat viel vor. Es macht durchaus Sinn, daß die Mannesmann Konzerninformatik in Ratingen die Rolle einer Kompetenzinstanz für Business TV übernommen hat. Für einen Konzern ist die Koordination geeigneter Unternehmenskommunikationssysteme von strategischer Wichtigkeit.

Sendebeginn bei RENAULT TV war bereits 1993. Bei europaweiter Verbreitung fällt auf, daß die Autohäuser mit unterschiedlichen landesspezifischen Programmen versorgt werden.

Einen werbewirksamen Einstieg in ihr Pilotprojekt veranstaltete SIEMENS am 09.02.1999 auf dem Messegelände in Karlsruhe. Viele Messebesucher der Learntec verfolgten die Einführungsungsveranstaltung mit LIVE-Schaltungen nach Stuttgart.

Business TV ist bei SONY Deutschland zur Chefsache avanciert, kann doch der Konzern eine Doppelstrategie fahren. Einerseits wird die Unternehmenskommunikation verbessert, andererseits kann das Inhouse TV als Vorzeigeprojekt dienen und damit dem Verkauf hochwertiger Business TV-Hardwarekomponenten nützlich sein.

1996 war bei VW/AUDI Sendebeginn. Die erkannten Vorteile des Mediums führten zum Ausbau und zur Weiterentwicklung des Systems. So schreitet denn nunmehr die PC-Integration voran.

Adolf WÜRTH, ein Montage- und Befestigungstechnikunternehmen aus Künzelsau, setzt Business TV seit 1996 ein. Der Hauptgrund, frühzeitig auf diese Methode des Informations- und Wissenstransfers umzusteigen, lag im Zeitgewinn. Die Vorteile der direkten Kommunikation mit allen Außendienstmitarbeitern wird als strategischer Erfolgsfaktor betrachtet.

Einen digitalen Spartenkanal mit zertifizierbaren Inhalten für Zahnärzte baut der QUINTESSENZ VERLAG auf. Am 17.03.1999 erfolgte die Ausstrahlung der Pilotsendung. Die Zahnärzte können das Satelliten-/Intranet-Kombinatiossystem im Abonnement beziehen.

Als Global Player setzt XEROX seit 1993 Business TV ein. Allein in Europa werden so bis zu 20000 Mitarbeiter erreicht. Geplant ist der Ausbau zu mehr Interaktivität.

5.2.3 Zu Tabelle 2: Business TV-Interessenten

Diese Tabelle ist wohl leider immer unvollständig. Verschiedene Firmen wollen erst nach einem geglückten Start Auskünfte erteilen. Das ist durchaus verständlich, bedürfen doch viele Fragen in der Vorbereitungszeit erst einmal einer innerbetrieblichen Klärung und Abstimmung. Auch bei den Unternehmen, die ihren Fragebogen zurückgeschickt haben, blieben einige Fragen unbeantwortet. Wahrscheinlich sind die Entscheidungsprozesse zu verschiedenen Punkten noch nicht abgeschlossen.

Zu den Unternehmen mit hoher Medienkompetenz gehört die ALLIANZ VERSICHERUNG. Das eigene Medienzentrum steht seit Jahren für innovative Medienproduktionen. Die Münchener unterhalten einen eigenen Studiobetrieb, Konzeptionisten, Redakteure und Programmierer für Multimedia-Anwendungen. Der mögliche Starttermin für Business TV ist im Jahr 2000 vorgesehen. Marktbeobachter rechnen mit einem durchdachten Phasenkonzept, das die sinnvolle Integration verschiedenster Medien berücksichtigen wird.

Nach einem erfolgreichen Pilotprojekt denkt die BANKAKADEMIE im Rahmen ihres Qualifizierungsservices über die Integration weiterer Business TV-Produktionen nach.

Einen anderen Weg hat die COMMERZBANK eingeschlagen. Während sich das Institut für seine Inhouse-Sendungen noch in der Entscheidungs- und Planungsphase befindet, werden die Kunden schon erreicht. Einmal wöchentlich strahlt ntv für die Commerzbank die 7,5 Minuten-Sendung „geld-activ" aus.

Die DEUTSCHE BAHN befaßt sich mit den Vorbereitungen zum Programmstart im IV. Quartal 1999. Das medienerfahrene Dienstleistungszentrum Bildung (DZB) hat zur Produktion von Schulungssendungen die Business TV-Planung übernommen und möchte sein Know-how internen Kunden der Deutsche Bahn Gruppe anbieten.

In der Entscheidungsphase befindet sich auch die DRESDNER BANK. Federführend für diesbezügliche Konzeptionsvorlagen ist der Konzernstab Unternehmenskommunikation. Im Vordergrund aller Aktivitäten steht freilich derzeit der zügige Ausbau des Intranets, um den Informationstransfer im Unternehmen zu beschleunigen und die geplanten e-business Aktivitäten zu unterstützen.

Auch die Medienabteilung von KARSTADT befaßt sich mit Business TV. Erfahrungen mit Videoproduktionen aus dem eigenen Studio, mit eigener Redaktion und mit Intranetanwendungen sind eine gute Basis um Business TV zu integrieren.

Ebenfalls Business TV-Interesse bekundet PORSCHE. Die Ludwigsburger verfolgen seit geraumer Zeit den Markt der Business TV-Anwender und denken über den Einsatz in ihrer Händlerorganisation nach.

Im genossenschaftlichen FinanzVerbund prüft auch die R+V VERSICHERUNG ihren Business TV-Einsatz für die Volksbanken und Raiffeisenbanken. Erste Konzeptvorlagen liegen dem Vorstand zur Entscheidung vor. Mit IQ-TV, Interaktives Fernsehen für Qualifizierung, war der Aufbau eines Bildungskanals geplant. Zur Umsetzung des Projektes haben sich u.a. Interessenten aus Wirtschaft, Forschung, Medienproduzenten sowie ein Satellitenbetreiber zusammengeschlossen (zu Einzelheiten siehe den Beitrag von Tölg/Schäfer).

6. Ergebnistabellen

Vorbemerkungen

Die nachfolgenden beiden Tabellen entstammen einer schriftlichen Umfrage, die Ende 1999 durchgeführt wurde. Die Inhalte wurden anfang 2000 aufbereitet und z.T. durch telefonische Rückfragen ergänzt.

Aufgrund der sich derzeit wieder stärker abzeichnenden `Nachfrage´ nach business TV-Konzeptionen sollte der Informationsstand - Anfang 2000 - beachtet werden.

Tabelle 1: Business TV-Anwender 1999, Reihenfolge alphabetisch

	ABT AMT-Business TV	**A.T.U Auto-Teile Unger**	**Bausparkasse Schwäbisch Hall**	**Bausparkasse Wüstenrot**
Projektbezeichnung	Assekuranz Marketing Circle	A.T.U-tv	Schwäbisch Hall-TV	Wision
Sendebeginn	1998	1999 Pilot und Full-Run	1995 Pilot 1996 Full-Run	1998 Pilot und Full-Run
Anzahl Kanäle	1	1	1	1
Zielgruppen	Versicherungen, Versicherungsmakler und Mehrfachagenten	Verkäufer, Werkstatt-, Verwaltungs- und Führungskräfte	Außendienst, Mitarbeiter und Genossenschaftsbanken	Außendienstmitarbeiter,
Programminhalte	Versicherungsübergreifende Branchen-News, Fachvorträge, Trainings, Talkshows	Produkt-, Marketing- und Unternehmensinformationen, News, Qualififierungsmaßnahmen	Produkt-, Vertriebs- und Unternehmensinformationen, News,	Produkt-, Marketing- und Unternehmensinformationen, News, Qualifizierungsmaßnahmen
Programmstunden	ca. 1 Std. wöchentlich	15 Min. wöchentl. zzgl. Schulungen	2-2,5 Std., monatlich	jährlich ca. 8 Std.
Verbreitung	D, bei Kunden	D, im eigenen Unternehmen	D , im eigenen Unternehmen und in Töchterges..	D, im eigenen Unternehmen
Anzahl Empfangs-/ Außenstellen	z.Z ca. 50	260 eigene	300 eigene	z. Z. ca. 60, gemietet von Deutsche Telekom
Anzahl Teilnehmer	unterschiedlich	ca. 10.000	ca. 3.000	ca. 2.500
Sendeart	Aufzeichnungen, wenig Live	Live und Aufzeichnungen	Live	Live mit Aufzeichnungen
Interaktivität/ Rückkanal	Telefon, E-Mail, Videokonferenz geplant	nein	Videokonferenz, Fax, E-Mail, Telefon, Bildtelefon	Telefon
Studiobetrieb	eigenes Studio u. Zulieferung von Kooperationspartnern u. Kunden	eigenes Studio mit fremden Equipment und Personal	eigenes Studio mit fremden Personal von modern video	Fremdstudio von B-TV Stuttgart
Redaktion	Eigene u. Ascompact Verlag	Eigene und CLT-Ufa	Eigene	Bavaria
Satellit	Astra	Astra	Astra 1F	Eutelsat
Zusätzl. Datenübert. via Satellit	ja	nein	nein	nein
Satellitenpartner/ Abwickler	Astra	beta business	beta business	Deutsche Telekom
Empfangsgerät	PC (Siemens)	TV-Gerät	Beamer/TV-Gerät „Sony"	TV-Gerät
Decoder	PC-Empfangskarte	d-Box	d-Box (Nokia)	Scientific Atlanta
Sat-Empfang mit kombinierten PC-Anwendungen	ja	nein	nein	nein
Abrufmöglichkeit gesendeter TV-Beiträge	Sendungen werden i.d.R. auf die Kunden-PCs überspielt	Videotape	Videotape	Videotape
Perspektiven	Bis Ende 2000 ca. 20.000 Versicherungsmakler als Kunden gewinnen.		Ausbau des Empfangs für Genossenschafts-banken, ggf. für Kunden	Aufbau eigener Empfangstechnik

	BTI Befestigungs-technik	BTI Interaktiv media/ASV AG „im TV"	Daimler Chrysler	Deutsche Bank
Projektbezeichnung	BTI Spotlight TV	im TV	AKUBIS®	Business TV
Sendebeginn	1998	1998	1988	1997
Anzahl Kanäle	1	1	3	2 (zzgl. Kunden-TV über ntv)
Zielgruppen	Außendienst-mitarbeiter	Mediaagenturen	Alle Daimler-Chrysler Mitar-beiter	Bankmitarbeiter
Programminhalte	Produkt- und Unternehmens-informationen, Aus- und Weiter-bildung	Medienevants, Pressekon-ferenzen	Produkt-, Mar-keting- und Un-ternehmensinfor-mationen, News, Qualifizierungs-maßnahmen	Produkt-, Mar-keting- und Un-ternehmensinfor-mationen, News. Qualifizierungs-maßnahmen
Programmstunden	jährlich ca. 8 Std.	1999 ca. 100 Std.	täglich 24 Std.	täglich 8-18 Uhr inkl. Wiederhol.,
Verbreitung	D im eigenen Un-ternehmen	D im eigenen Un-ternehmen	Weltweit, im ei-genen Unter-nehmen und in Fremdfirmen	D, im eigenen Unternehmen und in Töchter-gesellschaften
Anzahl Empfangs-/ Außenstellen	30, gemietet von Deutsche Tele-kom	z.Z. ca. 30 Agenturen	keine Angaben	1500 eigene
Anzahl Teilnehmer	ca. 450	keine Angaben	ca. 430.000	20.000
Sendeart	Live, mit Auf-zeichnungen	Live, live on Ta-pe, Tape	Live mit/und Aufzeichnungen	Live mit/und Auf-zeichnungen
Interaktivität/ Rück-kanal	Telefon, Fax, TED, Videokon-ferenz im Test	Telefon, E-Mail	Videokonferenz, Fax, E-Mail, Te-lefon	Fax, E-Mail, Te-lefon
Studiobetrieb	Fremdstudio	Produktion ggf. durch BTI	Eigene Studios	Mehrere Fremd-studios
Redaktion	Eigene.und Referenz Film	entfällt	Eigene u. Sat-com Gemini	Eigene u. Frem-de
Satellit	Eutelsat	Astra	Mehrere Satelli-ten und VBN-, ISDN-, ATM-Übertragung	Eutelsat
Zusätzliche Datenüber-tragung via Sat.	nein	nein	ja	nein
Satellitenpartner/ Ab-wickler	Deutsche Tele-kom	keine Angaben	Deutsche Tele-kom	Deutsche Tele-kom
Empfangsgerät	TV-Gerät/Beamer	TV-Gerät	Verschied. PCs, TV-Geräte	Verschied. PCs, TV-Geräte,
Decoder	Scientific Atlanta	d-Box	Versch. Decoder u. PC-Karten	Scientific Atlanta
Sat-Empfang mit kom-binierten PC-Anwendungen	nein	nein	ja	nein
Abrufmöglichkeit ge-sendeter TV-Beiträge	Videotape	Videotape	ja	Videotape
Perspektiven			Weiterer Ausbau des Systems	Ausweitung in andere Länder, PC-Integration, Kunden-TV

	Deutsche Post	Deutsche Telekom	DG Bank	EuMeCom (Glaxo Wellcome)
Projektbezeichnung	Deutsche Post TV		DG Vision	Medical TV®
Sendebeginn	1997	1994	1999	2000
Anzahl Kanäle	1	1 (zzgl. Kunden-TV über ntv)	1	1
Zielgruppen	Führungskräfte, Führungskreise	Vertrieb, Service, Personal,	Bankmitarbeiter der Genossenschaftsbanken	Mediziner
Programminhalte	Unternehmenspolitik	Produkt-, Marketing- und Unternehmensinformationen, News, Qualifizierungsmaßnahmen, Kick-off-Veranst.	Vertriebsunterstützende Informationen, Nachrichten	Medizinische Fach- und Spezialthemen
Programmstunden	Monatlich 1-2 Std.	jährlich ca. 180 Std.	keine Angaben,	zunächst ca. ¼jährlich 1 Sendung
Verbreitung	Deutschsprachiger Raum, im eigenen Unternehmen und in Töchtergesellschaften	D , im eigenen Unternehmen und in Töchtergesellschaften	D, im eigenen Unternehmen und Genossenschaftsbanken	D
Anzahl Empfangs-/ Außenstellen	Ca. 550 eigene	300 eigene	zunächst 50	Start mit 4
Anzahl Teilnehmer	Ca. 550–ca. 12.500	250-3.000	keine Angaben	Ca. 200
Sendeart	Live (i.d.Regel)	Live	Live mit Aufzeichnungen, später Wiederholungsschleife	Live mit Aufzeichnungen,
Interaktivität/ Rückkanal	Fax, Telefon	Videokonferenz, Fax, E-Mail, Telefon	Telefon später vorgesehen	Telefon
Studiobetrieb	Fremdstudio West Net TV	Eigenes Studio	Fremdstudio ntv	Fremdstudio
Redaktion	Fremde	Eigene	eigene und ntv	Eigene u. Fremde
Satellit	Astra	Eutelsat	Astra	Eutelsat
Zusätzliche Datenübertragung via Sat.	ja	nein	später geplant	nein
Satellitenpartner/ Abwickler	Beta Digital	selbst	ntv u. beta digital	Deutsche Telekom
Empfangsgerät	TV-Gerät	TV-Gerät	TV-Gerät, später auch PC	TV/Beamer
Decoder	d-Box	keine Angaben	keine Angaben	Scientific Atlanta
Sat-Empfang mit kombinierten PC-Anwendungen	ja	nein	keine Angaben	nein
Abrufmöglichkeit gesendeter TV-Beiträge	ja	Videotape	später geplant	Videotape
Perspektiven	Ausweitung auf Europa und auf den Vertrieb	Gem. Sendungen mit France Telekom, Web –Integration, neue Sendeformate	Ausbau Interaktionen und PC-Integration	Auweitung Europa, neue Formate (z.B. Training)

	Ford Werke	Gerling	HypoVereinsbank	ICCOM, Ges. f. Marketing-Kommunikation
Projektbezeichnung	Ford Communication Network	GISS	VIA	Kongreß TV
Sendebeginn	1995	1998	1997	1997
Anzahl Kanäle	1	1	1	1
Zielgruppen	Mitarbeiter ohne PC und Intranet	Vertrieb, später alle Mitarbeiter	Bankmitarbeiter	Fach- und Führungskräfte mittelständischer Unternehmen
Programminhalte	Produkt-, Marketing- und Unternehmens-informationen, News, Allg. Wirtschaftsthemen	Produkt-, Marketing-, Vertriebs- und Unternehmensinformationen, News, Qualifizierungsmaßnahmen	Produkt-, Marketing-, Vertriebs- und Unternehmensinformationen, News, Börseninfos	Kongresse, Fachtagungen, Messen, etc
Programmstunden	täglich 24 Std., inkl. Wiederholungen	1999 ca. 100 Std.	täglich 15 Min. zzgl. ca. 3 Std. Quartalsweise .	1999 bis 50, Tendenz steigend
Verbreitung	D, im eigenen Unternehmen und in Töchtergesellschaften	D, im eigenen Unternehmen und für Kunden	D und andere Länder, im eigenem Unternehmen und in Töchtergesellschaften	Deutschsprachiger Raum
Anzahl Empfangs-/ Außenstellen	keine Angaben	70	ca. 1000	ca. 50-80
Anzahl Teilnehmer	ca. 35.000	ca. 2000	ca. 10.000	ca. 300
Sendeart	Aufzeichnungen	Live mit/und Aufzeichnungen	Live mit/und Aufzeichnungen	
Interaktivität/Rückkanal	nein	E-Mail, Telefon, One Touch	Fax, E-Mail, Telefon	Videokonferenz Fax, E-Mail, Telf.
Studiobetrieb	keine Angaben	Eigenes Studio	Eigenes Studio und Fremdstudio von Bavaria	Versch. Produzenten, je nach Veranstaltungsorten
Redaktion	Eigene	Eigene und von CMC Köln/Bonn	Eigene und von Bavaria	Eigene
Satellit	keine Angaben	Eutelsat	Intelsat	noch offen
Zusätzliche Datenübertragung via Sat.	nein	nein	nein	nein
Satellitenpartner Abwickler	British Telekom	Deutsche Telekom	Mediagate	keine Angaben
Empfangsgerät	TV Geräte von Grundig	TV-und Rückprojekt.-Geräte	TV-Geräte Sony mit PC von SNI,	TV-Geräte/ PCs Internet (MPEG4)
Decoder	keine Angaben	Scientific Atlanta	DVB	noch offen
Sat-Empfang mit kombinierten PC Anwendungen	nein	nein	nein	denkbar bei PC-Empfang
Abrufmöglichkeit gesendeter TV-Beiträge	nein	Videotape	ja, zeitl. begrenzt vom PC abrufbar	ja
Perspektiven		PC-Integration, Video on Demand	Mehr Interaktivität, neue Sendeformate	Bis 2002: ca. 500 Außenstellen und ca. 100-200 Sendestd. jährlich

	Knorr Caterplan	Mannesmann Mobilfunk	Metro	Renault
Projektbezeichnung	Catervision		Ktv	Renault TV
Sendebeginn	1999	1998	1996	1993
Anzahl Kanäle	1	1	1	1
Zielgruppen	Vertriebsmitarbeiter	Vertriebsmitarbeiter	Verkauf, Innendienst, Führungskräfte	In Autohäusern: Verkauf, Kundendienst- und Führungskräfte
Programminhalte	Produkt-, Marketing-, Vertriebs- und Unternehmensinformationen, Qualifizierungsmaßnahmen	Produktinformationen	Produkt-, Marketing-, Vertriebs- und Unternehmensinformationen, Qualifizierungsmaßnahmen	Produkt-, Marketing-, Vertriebs- und Unternehmensinformationen, Qualifizierungsmaßnahmen
Programmstunden	Ca. 9 Sendungen jährlich	unterschiedlich, selekt. Einsatz bei geeigneten Themen 1-2x jährlich	jährlich ca. 160	monatlich 2-3 Sendungen je ca. 30 Min.
Verbreitung	D	D	D nur im eigenen Unternehmen	Europaweit mit landesspezifischen, eigenen Programmen
Anzahl Empfangs-/ Außenstellen	13	keine Angaben	285	
Anzahl Teilnehmer	Ca. 350	keine Angaben	unterschiedlich	ca. 1000
Sendeart	Live mit Aufzeichnungen	Live	Live mit/und Aufzeichnungen	Aufzeichnungen, selten Live
Interaktivität/ Rückkanal	Telefon	Telefon	Telefon	selten, Fax und Telefon
Studiobetrieb	Fremdstudio	Satcom Gemini	Eigenes Studio	unterschiedliche Fremdstudios
Redaktion	Eigene u. Fremde	Eigene und Satcom Gemini	Eigene	Fremdredaktion durch Jörg Pelzer Production
Satellit	Eutelsat	Eutelsat	Eutelsat	Telecom 2c
Zusätzliche Datenübertragung via Sat.	nein	keine Angaben	Keine Angaben	nein
Satellitenpartner/ Abwickler	Deutsche Telekom	keine Angaben	Deutsche Telekom	France Telekom
Empfangsgerät	TV-Gerät	Monitor und Beamer	TV-Gerät	versch. TV-Geräte
Decoder	Scientific Atlanta	Scientific Atlanta	keine Angaben	Philips
Sat-Empfang mit kombinierten PC-Anwendungen	nein	keine Angaben	ja	ja
Abrufmöglichkeit gesendeter TV-Beiträge	Videotape	keine Angaben	ja	nein
Perspektiven	Phasenweiser Ausbau der Standorte und Sendeformate	Phasenweiser Ausbau, System gilt als strategisches Tool	Kunden-TV, Laden TV	

	Siemens	SONY	VW/Audi	Würth
Projektbezeichnung		Pro Journal	VW/Audi-TV	Würth TV
Sendebeginn	Pilot Febr. 1999 Full-Run Herbst 1999	1998	1996	1996
Anzahl Kanäle	1	1	1	1
Zielgruppen	Mitarbeiter unterschiedlicher Bereiche	Service- und Vertriebspersonal	Verkaufs-, Servicekräfte	Außendienstmitarbeiter
Programminhalte	Projektmanagement, Personalbeschaffung	Produkt-, Marketing-, Vertriebs- und Unternehmensinformationen	Produkt-, Marketing-, Vertriebs- und Unternehmensinformationen, Qualifizierungsmaßnahmen	Produkt-, Marketing-, Vertriebs- und Unternehmensinformationen
Programmstunden	8 Std. wöchentlich geplant	2 Std. monatlich.	1 Std. wöchentlich	pro Vertriebszweig 2-4 Sendungen im Jahr
Verbreitung	Europaweit, nur im eigenen Unternehmen	D, nur im eigenen Unternehmen	Deutschsprachiger Raum im eigenen Unternehmen, in Töchter- u. Beteiligungsgesellschaften, u. für Kunden	D u. CH nur im eigenen Unternehmen
Anzahl Empfangs-/ Außenstellen	ca. 10	6 eigene	1.600 gemietete	36
Anzahl Teilnehmer	ca. 100	ca. 100	7.000 - 60.000	ca. 500
Sendeart	Aufzeichnungen, selten Live	Live mit Aufzeichnungen	Live mit/und Aufzeichnungen	Live mit Aufzeichnungen
Interaktivität/ Rückkanal	Videokonferenz, Fax, E-Mail, Telf.	Videokonferenz	Fax, E-Mail, Telefon	Videokonferenz
Studiobetrieb	Satcom Gemini	Satcom Gemini	Eigenes	Bei Bausparkasse Schwäbisch Hall, Produktion Satcom Gemini
Redaktion	Eigene u. Satcom Gemini	Eigene	Eigene u. Fremde	Eigene u. Satcom Gemini
Satellit	Astra	Eutelsat	Eutelsat	Eutelsat
Zusätzliche Datenübertragung via Sat.	noch offen	nein	Ja	nein
Satellitenpartner/ Abwickler	keine Angaben	Deutsche Telekom	HOT	Deutsche Telekom
Empfangsgerät	PC-TV von Siemens	TV-Gerät SONY	TV-Geräte u. PCs	TV-Gerät u. LCD-Projektor SONY, Gicki
Decoder	Siemens	Scientific Atlanta	Decoder, auch PC-Karte	Scientific Atlanta
Sat-Empfang mit kombinierten PC-Anwendungen	ja	nein	Ja	nein
Abrufmöglichkeit gesendeter TV-Beiträge	Nein	nein	Ja	Nein
Perspektiven	Übertragung von Live-Seminaren	Ausbau des Händlernetzes	keine Angaben	weiterer Einsatz vorgesehen

	Quintessenz-Verlag	XEROX		
Projektbezeichnung	MedLive	XEROX BTV		
Sendebeginn	17.03.99 Pilotprojekt	1993		
Anzahl Kanäle	1	Bis 4		
Zielgruppen	Zahnärzte	Alle Xerox Mitarbeiter		
Programminhalte	Forschung u. Wissenschaft, Industrie u. Praxis, Expertengespräche, zertifizierbare Inhalte	Produkt-, Mar-keting-, Vertriebs- und Unternehmens-informationen		
Programmstunden	beginnend mit wöchentlich 5 Std.	Pro Monat min. 4 Sendungen		
Verbreitung	Europaweit beginnend	Xerox weltweit, plus Partner		
Anzahl Empfangs-/ Außenstellen	beginnend mit 30	In Europa über 90		
Anzahl Teilnehmer		Bis zu 20000 in Europa		
Sendeart	Live mit Aufzeichnungen	Live mit Aufzeichnungen		
Interaktivität/ Rückkanal	Fax, E-Mail, Telefon	Fax, E-Mail, Telefon		
Studiobetrieb	Eigenes	In USA eigenes Studio, sonst Fremdstudio		
Redaktion	Eigene	Eigene		
Satellit	Astra (im Pilot)	Intelsat K 21,5" west		
Zusätzliche Datenübertragung via Sat.	ja	offen		
Satellitenpartner/ Abwickler	Deutsche Telekom	Cyberstar		
Empfangsgerät	TV-Geräte Loewe u. PCs	TV-Geräte		
Decoder	noch offen	PowerVu DV3		
Sat-Empfang mit kombinierten PC-Anwendungen	ja	In Vorbereitung		
Abrufmöglichkeit gesendeter TV-Beiträge	evtl. von lokaler Festplatte	Videotape		
Perspektiven	Studioausbau, Internationalität, Regelbetrieb 1. Quartal 2000	Strategisches Tool, New-Learning Imperativ, mehr Interaktivität		

Tabelle 2: Business TV-Interessenten, die sich in der Planungsphase befinden. Reihenfolge alphabetisch

	Allianz Versicherung	**Bankakademie**	**Commerzbank**	**Deutsche Bahn**
Projektbezeichnung				
Sendebeginn	Pilotprojekt in 2000 vorgesehen	Pilotprojekt 1997	noch offen	Pilotprojekt 1999 vorgesehen
Anzahl Kanäle	noch offen	1	1 interner geplant, zzgl. Kunden-TV über ntv (im Einsatz)	1
Zielgruppen	Vertrieb/Außendienst, Innendienst	Bankmitarbeiter u. Dozenten	Mitarbeiter	Verschiedene Konzernbereiche
Programminhalte	Produkt-, Marketing-, Vertriebs- und Unternehmens-Informationen, News, Qualifizierungsmaßnahmen	Anlageberatung, Versteuerung von Wertpapieren	Produkt-, Marketing-, Vertriebs- und Unternehmens-Informationen, News, Qualifizierungsmaßnahmen	Qualifizierungsmaßnahmen, Personalentwicklung
Programmstunden	noch offen	Pilotprojekt ca. 2 Std.	wöchentlich ca. 2-5 Std.	langfr. Steigerung auf wöchentliche Sendungen geplant.
Verbreitung	noch offen	D	D, im eigenen Unternehmen	D
Anzahl Empfangs-/ Außenstellen	noch offen	4, gemietet über pro Sieben	ca. 1.000	ca. 16
Anzahl Teilnehmer	noch offen	ca. 90	ca. 27.000	unterschiedlich
Sendeart	Live u. Aufzeichnungen	Live u. Aufzeichnungen	Live u. Aufzeichnungen	Live u. Aufzeichnungen
Interaktivität/ Rückkanal	Konzept in Arbeit.	Fax, Telefon	Videokonferenz, Fax, E-Mail, Telf.	E-Mail, Telefon
Studiobetrieb	Eigenes u. Fremde	Fremdstudio	Eigenes u. Fremdstudio	Fremdstudio
Redaktion	Eigene u. Fremde	Eigene u. Fremde	Eigene u. Fremde	Eigene u. Fremde
Satellit	noch offen	Astra 1 D	noch offen	noch offen
Zusätzliche Datenübertragung via Sat.	geplant	nein	noch offen	für später geplant
Satellitenpartner/ Abwickler	noch offen	Pro Sieben	noch offen	noch offen
Empfangsgerät	Konzept in Arbeit	TV-Geräte	TV-Geräte u. PCs,	TV-Gerät
Decoder	Konzept in Arbeit	d-Box	Decoder u. PC-Empfangskarten	noch offen
Sat-Empfang mit kombinierten PC-Anwendungen	Konzept in Arbeit	nicht im Pilot	ja, in der Endstufe geplant	evtl. später
Abrufmöglichkeit gesendeter TV-Beiträge	ja	Intranet und Videotape	ja, in der Endstufe geplant	nein
Perspektiven	Integr. Kommunikationskonzept, mit Einbettung ins Intranet, Video on Demand u.v.m.	Weiterer Einsatz und Integration in Einzelprojekte denkbar		

	Dresdner Bank	IQ-TV	Karstadt	Porsche
Projektbezeichnung				
Sendebeginn	noch offen		noch offen	noch offen
Anzahl Kanäle	noch offen		noch offen	noch offen
Zielgruppen	Mitarbeiter in Niederlassungen und Zentrale		Mitarbeiter in Niederlassungen und Zentrale	Händlerorganisation
Programminhalte	Produkt-, Marketing-, Vertriebs- und Unternehmens-Informationen, News, Qualifizierungsmaßnahmen	Sonderanwendung Einzelheiten entnehmen Sie bitte dem Beitrag von Chr. Tölg und M. Schäfer	Produkt-, Marketing-, Vertriebs- und Unternehmens-Informationen, News, Qualifizierungsmaßnahmen	Produkt-, Marketing-, Vertriebs- und Unternehmens-Informationen, News, Qualifizierungsmaßnahmen
Programmstunden	noch offen		noch offen	1x monatlich
Verbreitung	noch offen		D	D und andere Kontinente, auch Töchtergesellschaften
Anzahl Empfangs-/ Außenstellen	noch offen		noch offen	ca. 500 eigene
Anzahl Teilnehmer	noch offen		noch offen	ca. 3.000
Sendeart	noch offen		noch offen	Aufzeichnungen
Interaktivität/ Rückkanal	noch offen		ja, diverse geplant	ja, diverse
Studiobetrieb	noch offen		noch offen	eigene Räume mit fremden Equipment u. Personal
Redaktion	noch offen		Eigene und Fremde denkbar	Eigene u. Fremde
Satellit	noch offen		noch offen	noch offen
Zusätzliche Datenübertragung via Sat.	noch offen		noch offen	noch offen
Satellitenpartner/ Abwickler	noch offen		noch offen	noch offen
Empfangsgerät	noch offen		noch offen	TV-Gerät, PCs
Decoder	noch offen		noch offen	Decoder u. PC-Empfangskarte
Sat-Empfang kombinierbar mit PC-Anwendungen	noch offen		noch offen	ja
Abrufmöglichkeit gesendeter TV-Beiträge	noch offen		ja	ja

	R+V Versicherung			
Projektbezeichnung				
Sendebeginn	noch offen			
Anzahl Kanäle	noch offen			
Zielgruppen	Außendienstan-gestellte, Partner-Banken, Generalagenten			
Programminhalte	Konzeptphase			
Programmstunden	ca. 90 Std. im Monat			
Verbreitung	Europaweit, auch Töchtergesell-schaften			
Anzahl Empfangs-/ Außenstellen	60 eigene und gemietete			
Anzahl Teilnehmer	max. 4.500			
Sendeart	Live mit Aufzeichnungen			
Interaktivität/ Rückkanal	Fax, E-Mail, Telefon			
Studiobetrieb	evtl. eigene Räume mit fremden Equipment u. Personal			
Redaktion	noch offen			
Satellit	noch offen			
Zusätzliche Datenübertragung via Sat.	noch offen			
Satellitenpartner/ Abwickler	noch offen			
Empfangsgerät	noch offen			
Decoder	noch offen			
Sat-Empfang kombinierbar mit PC-Anwendungen	noch offen			
Abrufmöglichkeit gesendeter TV-Beiträge	noch offen			

Der Einsatz von TV im Bildungsbereich - Ansatzpunkte und Leistungsfähigkeit

von Jutta Fernengel* und Gernold P. Frank**

Inhalt

---

* Jutta Fernengel ist Geschäftsbereichsleiterin der Deutschen Post Consult GmbH, Berlin.
** Dr. Gernold P. Frank ist Professor für Allg. BWL insbes. Personal und Organisation an der FH Technik und Wirtschaft in Berlin.

1. Einleitung

Die Ausstrahlung von Bildungssendungen hat eine lange Tradition. Das bekannteste Beispiel hierfür ist das Telekolleg.[1] Das Telekolleg entstand vor ca. 30 Jahren. Die Sendungen werden heute in den regionalen Programmen der öffentlich-rechtlich Rundfunkanstalten ausgestrahlt. In der Anfangszeit des Fernsehens sah man den zentralen Auftrag dieses Mediums überhaupt in der Verbreitung von Bildung, Kultur und Information. Im Zeitalter des Privatfernsehens gerät dies heute manchmal in Vergessenheit.

Das Beispiel Telekolleg macht auch deutlich, was diesem Medium fehlt: Nämlich die unmittelbare Rückmeldung des Lerners und das Fehlen jeglicher Interaktion über das Medium Fernsehen. Das Medium dient lediglich der Übertragung von Wissen. Die Rückmeldung der Lerner_erfolgt überwiegend während des Präsenzunterrichtes und inzwischen auch über die Foren der Telekolleg-Website.

Das unternehmensinterne Fernsehen hebt dieses Manko der fehlenden Interaktivität auf. Ursprünglich als Business TV (BTV) aus den USA kommend, hat es zum Ziel, Mitarbeiter großer Unternehmen zu informieren. Zunehmend wird BTV auch zu Schulungszwecken eingesetzt. Bestes Beispiel dafür ist sicherlich AKUBIS von Daimler Chrysler.[2] Auch die Deutsche Post hat einen ersten Piloten zum Bildungs TV durchgeführt.

2. Bildungs TV

Wir leben in einer Gesellschaft, in der sich Lebenszyklen des Wissens dramatisch verkürzen: der Echtzeit-Wissensgesellschaft.[3] Wer als Unternehmen im ständigen Wettbewerb überleben will, kann dies nur durch effizientes Management des vorhandenen Wissens. Stichworte wie Wissens-Mining, Knowledge Management und Produktionsfaktor Wissen machen heute die Runde.

Betriebliche Weiterbildung muß schneller, effektiver und kostengünstiger als bisher erfolgen. Viele große Unternehmen setzen daher auf den Einsatz computergestützter Bildungstechnologie. Lernbereitschaft und Lernfähigkeit müssen in allen Unternehmensbereichen gefördert werden. Für Unternehmen ist es daher enorm wichtig, die Mitarbeiter zeitnah über neue Produkte und Prozesse zu informieren. Gesucht wer-

[1] Das Telekolleg ist neben der Open University in England das einzige funktionierende Medienverbundsystem in Europa. Die Struktur des Telekolleg beruht auf Fernsehsendungen, die Lehr-, Orientierungs- und Schrittmacherdienste übernehmen, auf schriftlichem Begleitmaterial, Direktunterricht und einem Prüfungssystem. Veranstalter sind die beteiligten Rundfunkanstalten und die entsprechenden Kultusministerien, die TR-Verlagsunion erstellt und vertreibt das Begleitmaterial. Das Telekolleg ist eine schulische Weiterbildung für berufstätige Erwachsene. Es baut auf dem mittleren Schulabschluß auf und führt zur Fachhochschulreife. Die Abschlüsse im Telekolleg sind bundesweit stattlich anerkannt. Siehe auch www.telekolleg.de

[2] Vgl. Broßmann, Michael, Wertschöpfungspotentiale durch Anwendung von interaktivem Business Television, in: Bullinger, Hans-Jörg/Broßmann, Michael (Hrsg.), Business Television, Stuttgart, 1997

[3] Gottwald, Franz-Theo, Sprinkart, K. Peter, Multi-Media-Campus-Die Zukunft der Bildung, Düsseldorf,Regenburg 1998

den also Schulungsinstrumente, die große, flächige Zielgruppen gleichzeitig erreichen. Ohne „neue Medien" ist dies gar nicht möglich.

Worin besteht denn nun eigentlich das „Neue" der „neuen Medien". Medien sind nicht grundsätzlich neu, sie werden schon seit längerem in der Bildung eingesetzt. Neu aber ist sicherlich, die enorme Speicherkapazität der neuen Technologien. Neu sind auch die verbesserten Zugänge zu Informationen.[1] Neu sind auch die Möglichkeiten zur Distribution der Lerninhalte, die die Informations- und Kommunikationstechnologie heute bietet.

Die neuen Medien zeichnen sich vor allem durch Interaktivität, Individualität, Asynchronität und durch Multifunktionalität aus.[2] Multimediale Bildungstechnologien sprechen immer mehrere Wahrnehmungskanäle an und integrieren verschiedene Medien wie Text, Bild, Video und Ton. Eine klassische Multimediale Bildungstechnologie ist das auf CD-Rom basierte CBT (Computer-Based-Training), das heute in vielen großen Unternehmen zum Einsatz kommt. Durch die zunehmende technische Reife der unternehmensinternen Datennetze, werden solche Lernprogramme über das Intranet verteilt. Man spricht dann von WBT (Web-Based-Training). Überhaupt eröffnen Intranets völlig neue Formen des Lernens (und Arbeitens) in Unternehmen. Es entstehen neue Lern- und Arbeitsformen, wie Teleteaching, Telelearning und Teleworking. Definitionen hierüber gibt es zu hauf. Allen Ausprägungen des Lernens mit neuen Medien ist gemein, daß der Computer im Mittelpunkt steht, indem er die Koordination übernimmt und die Interaktion zwischen Lerner und Technologie und zwischen den Lernern untereinander, erst ermöglicht. [3]

Anders funktioniert das klassische BTV. Hierbei werden Fernsehprogramme für Mitarbeiter produziert und im Unternehmen gesendet. Möglich wird dies durch die in Europa bestehenden digitalen Satellitennetze, die kodierte Sendungen an geschlossene Benutzergruppen, nämlich Mitarbeiter eines Unternehmens, ausstrahlen können Dabei führt der Begriff Business TV schon ein klein wenig in die Irre, denn die digitale Datenübertragung kann nicht nur für Fernsehgeräte, sondern auch für PC's genutzt werden. Das heißt, die Fernsehsendungen können in bereits bestehende firmeninterne Datennetze eingespeist und am Computer angeschaut werden.[4] In der nachfolgenden Abbildung 1 ist der Versuch unternommen, einen Medienvergleich vorzunehmen.

---

[1] Mandl, Heinz, Bildung im Informationszeitalter, in Politische Studien, Heft 341, 46. Jg. Mai/Juni 1995, S. 69

[2] Klimsa, P. Neue Medien und Weiterbildung, Weinheim 1993

[3] Balzer,Lars, Bannert, Maria und Jäger, Reinhod S., Multimedia-Didaktische Grundlagen in: Brossmann, Michael, Fieger, Ulrich (Hrsg.) Business Multimedia, Frankfurt/Wiesbaden 1997

[4] BMWI (Hrsg.) , Business TV Neue Wege in der Unternehmenskommunikation, Bonn 1999, S.12

Abbildung1: Bildungsmedien im Vergleich

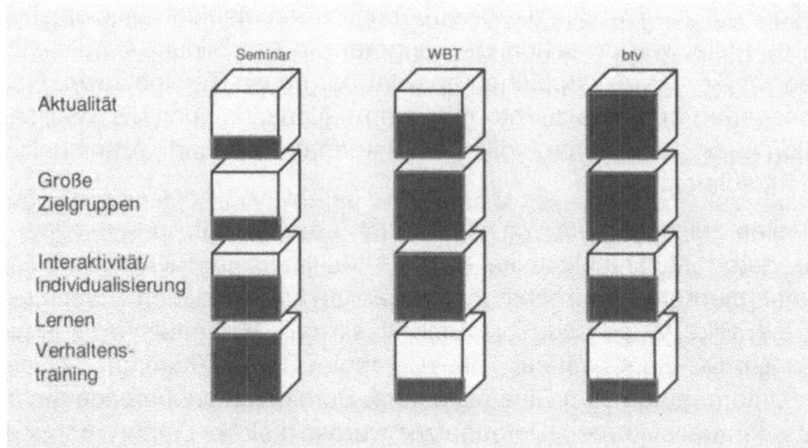

Business TV unterscheidet sich grundsätzlich vom klassischen Fernsehen durch das Ziel der Interaktion. Dabei ist für Schulungszwecke das Feed-back auf Lehrinhalte enorm wichtig. Für die geschlossenen Benutzergruppen in Unternehmen geschieht das in klassischer Weise über das Telefonnetz.

Das Bildungs TV nutzt insbesondere die Möglichkeit der aktuellen Information von Bildungsinhalten, mit der große Zielgruppen erreicht werden. BTV findet relativ leicht Akzeptanz, weil es ein bekanntes und gewohntes Medium voraussetzt. Gerade für Zielgruppen, für die der Umgang mit dem Computer nicht zum Tätigkeitsprofil gehört, wie zum Beispiel Brief- und Fracht-Zusteller bei der Deutschen Post, ist es leichter zu bedienen.

3. Weiterbildung im Wandel

3.1 Weiterbildung und gesamtwirtschaftliche Herausforderung

Die betriebliche Weiterbildung hat als essentielle Aufgabe, die MitarbeiterInnen eines Unternehmens so zu qualifizieren, daß das Unternehmensziel nachhaltig gestärkt wird. Neben dieser vorrangigen Zielsetzung aus Unternehmenssicht, gibt es zwei weitere Zieldimensionen, die für die Gesamteinschätzung nicht unbedeutend sind: (1) die Mitarbeiter haben an die betriebliche Weiterbildung u.a. die Zielvorstellung, dadurch eine betriebliche Aufgabe sachkompetent zu lösen und sich gleichzeitig eine Form der Arbeitsfähigkeit - employability - zu erhalten bzw. zu erzielen; (2) die Gesamtgesellschaft hat ebenfalls ein Interesse an betrieblicher Weiterbildung, weil damit die gesamte Volkswirtschaft einen Zuwachs an Leistungsfähigkeit erhält.

Nach Schätzungen des Instituts der deutschen Wirtschaft, Köln, werden pro Jahr etwa 33-34 Mrd DM für die betriebliche Weiterbildung von der Privatwirtschaft aufgewendet; der Gesamtbetrag ist allerdings seit einiger Zeit bei steigender Beteiligung leicht sinkend. Ein wesentlicher Erklärungsansatz dafür ist der zunehmende Einsatz neuer Medien, die insbesondere bei großen Mitarbeitergruppen ökonomische Vorteile bieten (Frank 1990). Darüberhinaus finden neue Medien zunehmend Eingang in das ursprünglich intendierte Feld der Information zur aktuellen Geschäftspolitik, insbesondere bei großen Unternehmen mit entsprechend vielen dezentralen Einheiten.

Wenn man - branchenübergreifend - etwas über betriebliche Anforderungen schreibt oder liest, sind die folgenden Feststellungen allgegenwärtig: Die allgemeine Entwicklung in der ökonomischen Landschaft ist durch immer kürzer werdende Produktlebenszyklen, sich ständig wandelnde Arbeitsplatzanforderungen und zunehmende Globalisierung gekennzeichnet. Strategische Wettbewerbsvorteile, im Sinne von dauerhaften und von den Mitbewerbern schwer einholbaren sowie vom Kunden als bedeutsam wahrgenommenen Alleinstellungsmerkmalen, sind zu schaffen und zu verteidigen.

3.2 Betriebliche Weiterbildung und betriebliche Kosten-Nutzen Überlegungen

Unstrittig ist auch die Tatsache, daß der Personalentwicklung in diesem soziotechnisch-ökonomischen Umfeld eine zentrale Rolle zufällt. Bei diesem Qualifizierungswettlauf treten Faktoren, wie "Zeit" und "Schnelligkeit" sowie „Kosten“ , zunehmend in den Vordergrund. So ist einerseits zur Sicherstellung von Handlungskompetenz neben dem traditionellen Grundsatz der ökonomisch und pädagogisch ausgereiften Bildungsmaßnahme ein Lernen in immer kürzerer Zeit zu ermöglichen. Andererseits wandelt sich die Vorstellung, Wissen durch entsprechende Schulung auf Vorrat zu erlernen, hin zu einer eher modularisierten Wissensvermittlung, die im Prozeß der Arbeit jeweils gezielte Qualifizierungen ermöglicht. Und hier stellt sich die berechtigte Frage, ob ein traditionell ausgerichtetes Seminarwesen im Rahmen der betrieblichen Weiterbildung diesen Anforderungen noch allein gerecht werden kann?

Für die betriebliche Weiterbildung steht jedoch die Frage im Vordergrund, ob mit Hilfe neuer Medien eine effiziente Form der Weiterbildung additiv zu den bestehenden Alternativen möglich ist; dies ist Aufgabe eines entsprechend ausgestalteten Bildungscontrolling. Kernpunkt ist allerdings nicht der vollständige Ersatz traditioneller Formen der betrieblichen Weiterbildung, wie z.B. der intensiv durchgeführten Seminare, sondern das Zusammenspiel mehrerer Medien - Lern- bzw. Medienmix. Eine entsprechende Entscheidung kann und muß auf Aussagen zur „Effizienz“ basieren, d.h. es muß mit Hilfe einer eigenständigen Evaluation nicht nur geprüft werden, was in eine entsprechende Weiterbildungsalternative `hineingesteckt´ wird, sondern auch und besonders, ob das zuvor festgelegte Lernziel im mindestens gleichen Umfang erreicht wird (Christ/Frank).

4. Das neue Lernen

Einhergehend mit der Wahl des Mediums ist die Art der Wissensvermittlung, die Strukturierung des Lernstoffes, ein Erfolgsfaktor des Einsatzes von neuen Medien im Bildungsbereich. In der Unterrichtspsychologie spricht man von Instruktionsdesign. In der historischen Entwicklung lassen sich zumindest zwei grundlegende Lern- prinzipien unterscheiden. Die ältere und lange Zeit vorherrschende Position ist die behavoristische Konzeption des Lernens durch Verstärkung. Der Lerner wird dabei als passiver Rezipient von Lernstoff gesehen. Sie wurde ab Beginn der siebziger Jahre von Vertretern kognitiver Ansätze zunehmend kritisiert, die das Lernen als aktiven und dynamischen Prozeß auffassen. Dabei werden neue Informationen in die bereits vorhandene Wissensstruktur aufgenommen.

Abbildung 2: Vereinfachte Darstellung der Unterrichtsparadigmen und ihrer Sicht auf den Lerner [1]

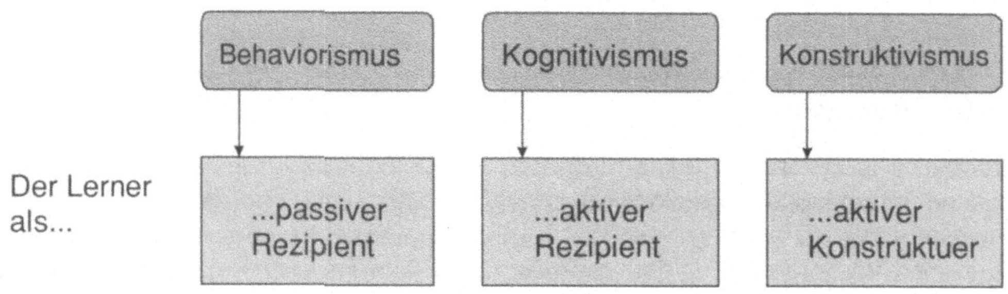

Als Weiterentwicklung kognitiver Ansätze gelten die konstruktiven Lehr- und Lernmethoden, die das fall- und problembezogene Lernen im sozialen Kontext in den Vordergrund stellen. Zentral für diese Auffassung des Lernprozesses ist es, daß Wissen keine Kopie der Wirklichkeit, sondern eine Konstruktion von Menschen ist. Damit erfordert es aktive Aneignungs- bzw. Konstruktionsprozesse beim Lernenden Reproduzierbares Wissen wird weniger stark gewichtet, statt dessen wird die Fähigkeit zur selbstbewußten kreativen Synthese von Wissensbestandteilen zur zentralen Lern- und Entwicklungschance. [2]

Diese Kreativität braucht Freiheit: die Freiheit, sich beim Lernen nach seinen eigenen individuellen Interessen zu bewegen. Lernen vollzieht sich nicht mehr linear, sondern

---

[1] siehe Schmitz,Gerdamarie, ebenda

[2] Schmitz, Gerdamarie, Lernen mit Multimedia: Was kann die Medienpsychologie beitragen?, in: Schwarzer, Ralf (Hrsg.), MultiMedia und TeleLearning, Frankfurt/New York, 1998

modular und multidimensional. In der Literatur wird der daraus abgeleitete Konstruktivismus allerdings durchaus kontrovers diskutiert. [1]

Das konstruktivistische Instruktionsdesign kennt damit drei charakteristische Merkmale: [2]

- Situiertheit und Authentizität
- Multiple Kontexte und Perspektiven
- Lernen im sozialen Kontext

Abbildung 3: Business TV und neues Lernen.

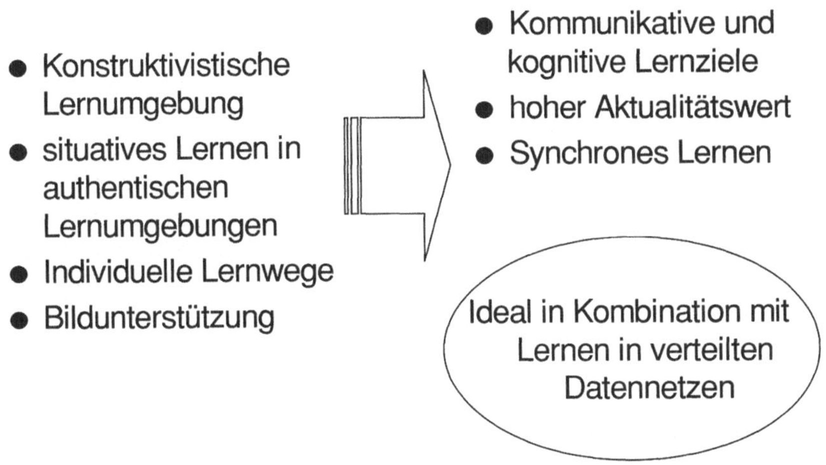

- Konstruktivistische Lernumgebung
- situatives Lernen in authentischen Lernumgebungen
- Individuelle Lernwege
- Bildunterstützung

⇒

- Kommunikative und kognitive Lernziele
- hoher Aktualitätswert
- Synchrones Lernen

Ideal in Kombination mit Lernen in verteilten Datennetzen

Die Gestaltung konstruktivistischer Lernumgebungen beruht vor allem auf der Auswahl und Aufbereitung möglichst authentischer Problemfälle und -situationen für Lernzwecke. Diese sollten der Komplexität und Vielfalt realer Fälle weitgehend entsprechen. Durch eine möglichst ähnliche Kontextgestaltung von Lern- und Anwendungssituation soll eine anwendungsnahe Kontextualisierung des Wissens erzielt werden. Je vielfältiger und problemorientierter die Lernumgebungen gestaltet wer-

---

[1] Kerres, Michael, Multimediale und telematische Lernumgebungen, München,Wien, 1998 Weidenmann, Bernd, Trends in der Mediendidaktik, in: Schwuchow, K, Gutmann, J.(Hrsg.), Jahrbuch Personalentwicklung und Weiterbildung, Neuwied, 1998

[2] siehe Schmitz,Gerdamarie, ebenda

den, umso besser gelingt eine Wissensanwendung in anderen Kontexten. Dennoch: nicht jeder Lerninhalt ist dazu geeignet, durch selbstgesteuertes Lernen entdeckt und begriffen zu werden.[1] Die Elemente des konstruktivistischen nstruktionsdesign sind in der mediendidaktischen Gestaltung von BTV-Sendungen sinnvoll anzuwenden (vgl. Abbildung 3).

5. Der Einsatz von BTV im Bildungsbereich

Bereits in der Abbildung 3 wird deutlich, daß sich Business TV weniger für die Schulung verhaltensorientierter Inhalte, gut dagegen für das Training kognitiver und kommunikativer Lerninhalte eignet. Dabei ist BTV ein Medienbaustein im Gesamtmedienpaket der Bildung. Es eignet sich insbesondere für die Erstinformation neuer Inhalte als Live-Sendung. Sie wird zum Beispiel bei Daimler Chrysler und bei Würth Business TV zur Einführung neuer Produkte genutzt. Ziel ist es, den Vertrieb schnell und umfassend zu informieren. Kostenargumente treten dabei in den Hintergrund. Das Nutzenargument eines schnellen „time-to-market" fällt dabei weitaus stärker ins Gewicht.

Welche didaktischen Elemente enthält eine solche Schulungssendung? Im Fachjargon der TV-Produzenten spricht man von Sendeformaten. Eine zentrale Rolle spielt dabei sicherlich die **Moderation**. Sie sollte in jedem Fall professionell besetzt werden. Um die fachliche Akzeptanz im Unternehmen zu gewinnen, kann dem Profi-Moderator sinnvollerweise ein interner Fachmann als Co-Moderator zur Seite gestellt werden. Ein Modell, daß man ja auch bei Sportübertragungen häufig vorfindet. Auch der Co-Moderator sollte sich einem Moderatorentraining unterziehen und „kameraerfahren" sein. Grundsätzlich gilt je professioneller, desto höher die Akzeptanz bei den Mitarbeitern.

Für die zu schulenden Fachinhalte werden **Zuspieler** vorproduziert. Dabei handelt es sich um kurze Filmszenen, die den Inhalt vorstellen und das Problembewußtsein der Mitarbeiter zu Themen sensibilisieren. Die Zuspieler können verschiedene Formate haben: Reportagen/Unternehmensnews, Spielszenen und Praxisberichte kommen je nach Thema in Frage. Ergänzend können auch Businessgrafiken und Charts in Präsentationsform verwendet werden. Wichtig ist im Sinne des konstruktivistischen Designs der Lernumgebung, daß die Perspektiven wechseln. Die betrachteten Fälle sollten möglichst authentisch sein. Dabei sollte man sich auch nicht davor scheuen, Problembereiche offen anzusprechen. Wird diese Problemorientierung nämlich nicht im mediendidaktischen Konzept bereits angelegt, so kommen spätestens in der Interaktion entsprechende Rückmeldungen der Mitarbeiter.

[1] siehe Schmitz,Gerdamarie, ebenda

Abbildung 4: Interaktionsmodell.

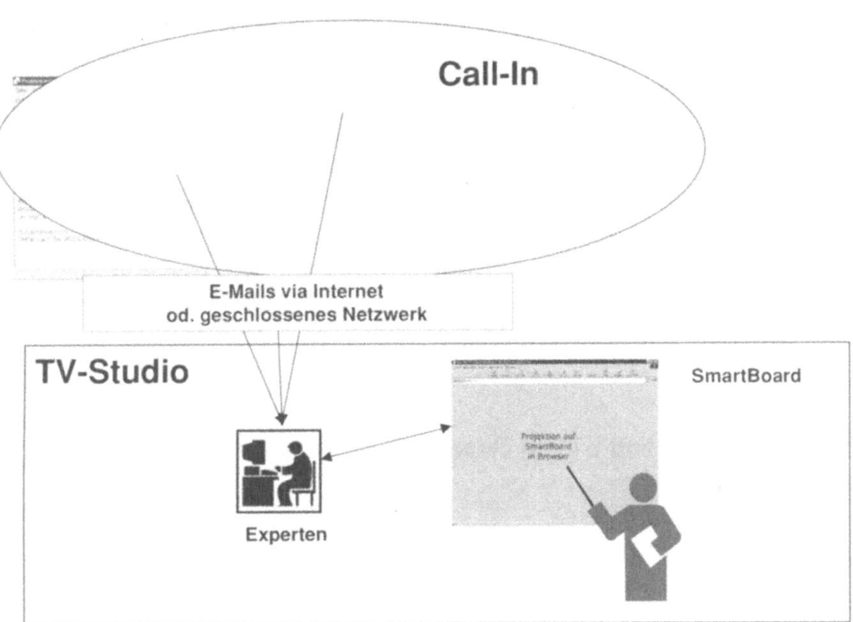

Die Interaktion mit der Zielgruppe kann auf verschiedene Art erfolgen. Standardmäßig findet bei BusinessTV-Sendungen das Feed-back der Mitarbeiter über Telefon und Fax statt. Das Präsentationsmedium Fernsehen selbst ist nicht interaktiv. Der Rückkanal nutzt regelmäßig Telekommunikationsdienste.

Hier handelt sich um asynchrone Formen der Interaktivität. Ihr Vorteil: sie fördern überlegtere Formulierungen auf beiden Seiten. Rückmeldungen und Fragen lassen sich sammeln und können gebündelt beantwortet werden. Die Entgegennahme der Telefonate erfolgt meist über ein vorgeschaltetes Call-Center, dabei können einzelne Gespräche direkt ins Studio weitergeleitet werden. Ergänzend dazu kann im Studio die Smart-Board-Technologie, eine PC-unterstützte elektronische Pinwand, eingesetzt werden, um die eingegangenen Feed-backs zu visualisieren.
Weitere Interaktionsmöglichkeiten bieten emails, Videokonferenztechnik, die Interaktion mit Studiopublikum und natürlich die Live-Schaltung in Außenstudios. Die Art des gewählten Feed-backs ist wesentlicher Bestandteil des didaktischen Konzepts, letztlich aber natürlich auch eine Kostenfrage, wenn man zum Beispiel an eine Sendung aus mehreren Studios denkt (vgl. Abbildung 4).

Bei dieser wie auch bei anderen Formen des multimedialen Lernens sind die Individualisierungsmöglichkeiten des Feed-backs im Vergleich zum face-to-face-Unterricht doch begrenzt. Durch den Mangel an sozialer Präsenz wird die non-verbale Kommunikation zwangsläufig eingeschränkt, ebenso die Kommunikation der Teilnehmer untereinander. Statt dessen macht ein neuer Kommunikationskanal auf: die hierarchische Struktur der Nachrichten (top down) wird durch Business TV verändert. Umgekehrt erhält das Unternehmen auch ungeschminktes Feed-back von der sogenannten Basis. Beide Effekte sollten bei der Konzeption mit einbezogen werden.

Für ein effizientes Lernen muß Business TV in das Bildungsgesamtkonzept des Unternehmens eingebettet werden (vgl. Abbildung 5). Lernen mit neuen Medien ersetzen klassische Weiterbildungskonzepte nicht vollständig. Über die reine Wissensvermittlung hinaus, muß vor allem der Transfer des Wissens an den Arbeitsplatz unterstützt werden. Daher werden multimediale Trainingsmethoden meist in umfassende Trainingskonzeptionen im Rahmen eines ausgewogenen Medien-Mixes eingesetzt.

Abbildung 5: Integration BTV in Gesamtbildungkonzept

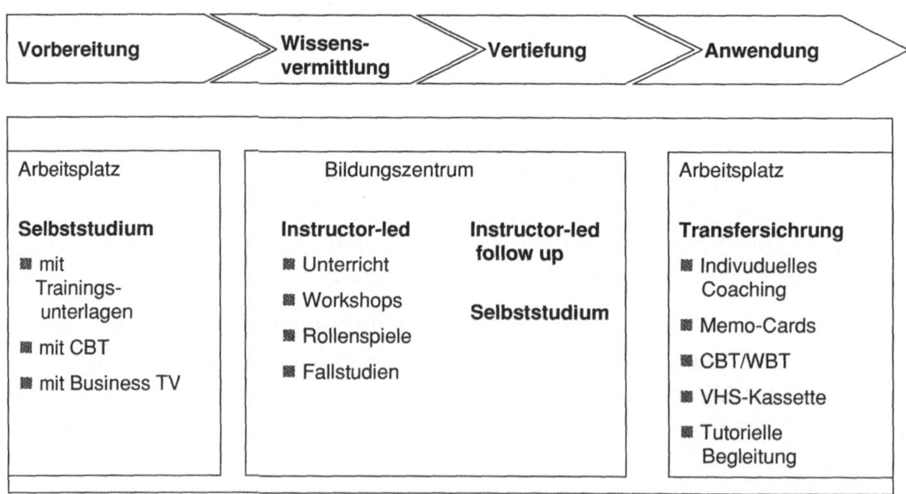

Besonders geeignet sind multimediale Trainingsmethoden für die reine Wissensvermittlung. Wirtschaftlichkeit erzielt man hierbei aber nur, wenn Seminare zu diesen Wissensthemen ersatzlos gestrichen werden (zum Beispiel im Bereich IT-Training). Auch für die Vermittlung verhaltensorientierter Trainingsinhalte sind multimediale Trainingsmethoden geeignet. Hierbei ist die Vertiefung der Lerninhalte in Präsenzphasen unabdingbar. Dabei können multimediale Lernelemente zur Vor- und Nachbereitung von Präsenzseminaren eingesetzt werden. Für BTV im besonderen gilt, daß einmal produzierte Sendungen oder Bausteine davon, z.B. die Zuspieler als VHS-Kassetten, in Seminaren durch Trainer weiter verwendet werden können. Dem Trainer steht damit Filmmaterial mit hoher Anschaulichkeit zur Verfügung. Die VHS-Kassetten können natürlich auch zum Selbststudium benutzt werden. Ist Filmmaterial in digitaler Form vorhanden, kann es auch als Medienbaustein in vernetzten Lernsystemen weiter eingesetzt werden. Diese Mehrfachnutzung des einmal produzierten Lernmaterials erhöht die Wirtschaftlichkeit der Produktion.

Die Produktion von BTV Sendungen erfordert eine ausgeklügelte Projektorganisation. Abbildung 6 zeigt eine beispielhafte Projektstruktur. Ausschlaggebend für den Erfolg der Sendung ist die Mitarbeit des Auftraggebers selbst. Das betrifft im Prinzip die Mitarbeit in den verschiedenen Redaktionsteams. In eine Wirtschaftlichkeitsanalyse dieser Medienform müssen solche Opportunitätskosten dringend berücksichtigt werden. Die Produktion selbst wird in der Regel an einen externen Dienstleister vergeben.

Ein weiterer Erfolgsfaktor ist die unternehmensinterne Abstimmung. Dabei spielt die Vorinformation der eigentlichen Zielgruppe durch die Führungskräfte eine wesentliche Rolle, gerade wenn die BTV Projekte noch in der Pilotphase sind.

Abbildung 6: Beispielhafte Projektstruktur

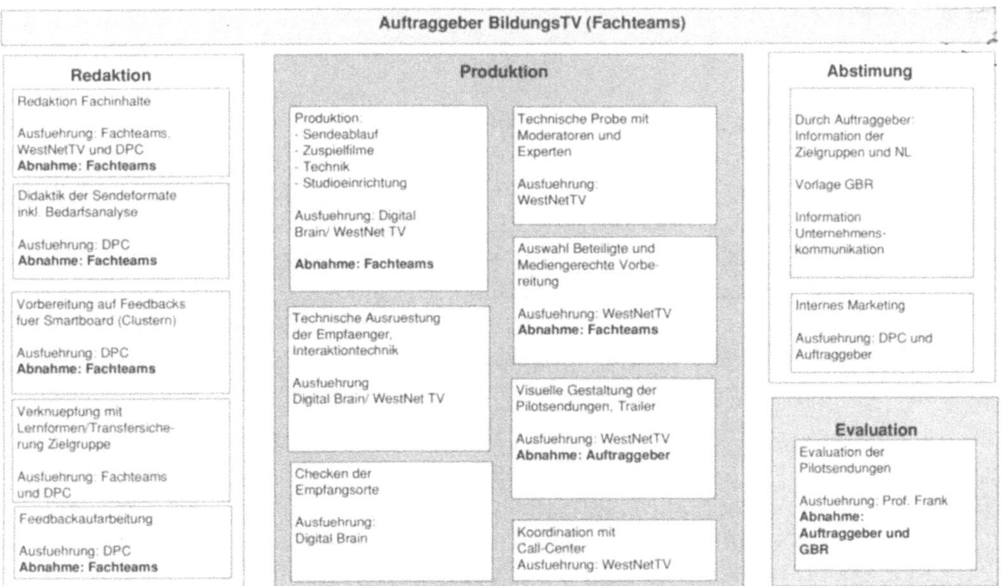

Beim Einsatz von BTV für Schulungszwecke (BildungsTV) werden Mitbestimmungsrechte des Betriebsrates ausgelöst. Diese Mitbestimmung reicht bis zur inhaltlichen Gestaltung der Sendung. Daher ist es empfehlenswert, den Betriebsrat rechtzeitig in die Planung dieser Maßnahmen mit einzubeziehen.

6. Anforderungen an ein leistungsfähiges Bildungscontrolling

6.1 Anforderungen an ein modernes Bildungsmanagement

Eine moderne Lernarchitektur **muß**

- Lerninhalte bedarfsorientiert ermitteln;
- Lernen arbeitsplatznah ebenso \`anbieten´ wie auch im eigenständigen \`Lernfeld´, d.h. z.B. ein Seminar in einer Schulungsstätte fern vom Arbeitsplatz;
- Erkenntnisse der Bildungsforschung aufgreifen und - unter ökonomischen Entscheidungsparametern - berücksichtigen.

Das Weiterbildungssortiment in modernen Unternehmen ist gekennzeichnet von einer Vielfalt existierender Qualifizierungsprodukte: "klassische" Verhaltens-, Fach- oder Führungs-Seminarne bzw. Workshops; Video- und Audiokassetten sowie Papier- oder PC-gestützte - mit/ohne tutorieller (Online-)Unterstützung - Lehr- und Lernmaterialien, computergestützte (Fern-)Planspiele und - als neuestes Medium - Bildungs-TV als ein Instrument zur schnellen und einheitlichen Informations- und Wissensdistribution.

6.2 Die Individualisierung der Lernarchitektur

„Jedes Individuum formuliert auf seine Art und Weise Konstrukte, durch die es die Welt betrachtet" (Kelly 1963, S. 12; zitiert nach Klimsa, S. 13) - damit wird in knappster Form darauf hingewiesen, daß Lernen etwas individuelles ist. Die Bildungsforschung hat mit der eigenständigen ATI-Forschung (Apptitude-Treatment-Interactive; z.B. Gagné; Snow/Salomon) diese Überlegungen aufgegriffen und neuere Forschungen im Bereich der Personalentwicklung/Weiterbildung zeigen die überaus große Bedeutung der Lernmotivation (z.B. Weidenmann).

Als Konsequenz daraus wurde in den 80er Jahren die Zielgruppenorientierung als Maxime betrieblicher Weiterbildung propagiert und weitgehend realisiert (z.B. Frank/Reuther). Der zunehmende Einsatz neuer Medien erlaubt jedoch den nächsten Schritt: statt (Ziel)Gruppe nunmehr Individuum - als Annäherung an die Erkennznisse der Bildungsforschung unter Beachtung der ökonomischen Seite. Es entstehen zunehmend komplexere, unter Kosten- und lernpsychologischen Gesichtpunkten entworfene Bildungslösungen, die modular und im Methodenmix aufgebaut sind (z.B. Frank 1995).

6.3 Die kritische Punkt: Controlling - Evaluation

Wodurch können Entscheidungen zu einem Bildungsmix "untermauert" bzw. unterstützt werden? Es ist Aufgabe des Bildungscontrollings, qualitätssichernde Kontroll- und Steuerungsinstrumente für den gesamten Wertschöpfungsprozeß - von der Bildungsmarktanalyse über das Bildungsproduktionsmanagement bis zur Transfersicherung - bereitzustellen.[1]

"Die vielleicht gehegten Hoffnungen, das personale Lehren durch Computer zu ersetzen, haben sich zerschlagen. Es geht nicht mehr darum, Ausbilder oder Trainer zu ersetzen, sondern um die Intergration computergestützter Lernphasen in personale Ausbildung. Die Gewichtung dieser Anteile und die notwendigen Lernarrangements sind noch unklar, deutlich aber ist, daß das Lernen in der Gruppe, mit oder ohne Computer, nicht zu ersetzen ist. ... Evaluation ist ein unverrückbares Kernstück jedes Pilotprojektes. Ohne Evaluation ist keine Einschätzung des Erfolges möglich. Ohne Evaluation gibt es keine Qualitätsbewertung" - soweit Schenkel/Holz 1995, S.12.

Qualitätssicherung und Bildungscontrolling, das in diesem Sinn als Oberbegriff der Evaluation anzusehen ist, können und dürfen sich dabei nicht nur auf existierende Bildungsprodukte beschränken. Ein derartiges Outputcontrolling genügt den Anforderungen an komplexe Lernarchitekturen und an moderne Lerntechnologien nicht mehr. Outputcontrolling ermöglicht lediglich die Kontrolle und Steuerung (Modifikation) bestehender und vor allem veränderbarer Bildungsprodukte. Im Gegensatz zum Seminar aber sind die neuen Medien nach der Produktabnahme unter ökonomischen Gesichtpunkten kaum noch modifizierbar. Bildungscontrolling muß daher die relevanten Daten für die Entscheidung, mit welchen Trainingsinstrumenten ein definierter Bildungsbedarf angegangen werden soll, bereitstellen.

Da ein Großteil der für Bildungsprodukte anfallenden Gesamtkosten bereits in der Planungs- und Konstruktionsphase determiniert werden, brauchen wir - wie in der Investitionsgüterindustrie - eine "konstruktionsbegleitende Kalkulation, um "wirklichen" Einfluß auf die Qualität und die Gesamtkosten einer Weiterbildungsmaßnahme zu nehmen. Effizienz- und Kosteninformationen müssen bereits in den Lernmedienentscheid integriert werden und laufend in den Bildungsprozeß hineinspielen.

Zudem dienen im Consultingbereich die Qualitätssicherungsinstrumente dazu, die immer komplexer werdenden Produkte für den Entscheider transparent und ver-

---

[1] In der Literatur wird hier vom Funktionszyklus des Bildungscontrollings gesprochen, um sowohl den Gesamtzusammenhang als auch die gegenseitigen Abhängigkeiten zu verdeutlichen; vgl. bspw. Becker, M.: Bildungscontrolling – Möglichkeiten und Grenzen aus wissenschaftstheoretischen und berufspraktischer Sicht, in: Landsberg,G.v. und Weiß, R. (Hg.): Bildungs-Controlling, Stuttgart 1995, S. 57-80.

ständlich zu machen. Sie bilden damit die Grundlage für die zielgerichtete und optimale Auswahl des passenden Trainingsinstrumentes. Ihr Einsatz reduziert den Legitimationsdruck der auf den Weiterbildungsabteilungen lastet: Weiterbildungsentscheidungen sind keine "Black-Box-Bauchentscheidungen" mehr.

7. Evaluation

7.1 Evaluationskonzept von Kirkpatrick

Ziel einer Evaluation sind systematisch gewonnene Aussagen zu den zuvor inhaltlich skizzierten Bereichen, d.h. insbesondere

- zur Akzeptanz
- zur organisatorischen Einbindung
- zur Kostensituation
- zur Lerneffizienz - absolut und im Vergleich zwischen konventionellem Seminar und Bildungs-TV im Lernmix; unter Lerneffizienz soll hier das Behalten und die Wissensakkumulation in diesem Vergleich verstanden werden.

Das methodische Konzept basiert auf dem Evaluationskonzept von Kirkpatrick, das sich seit seiner Darstellung 1959 bewährt und - gerade im Vergleich zu anderen Konzepten - weitgehend durchgesetzt hat. Es sieht vier Ebenen vor, die systematisch erfaßt und bewertet werden:

1. **Akzeptanz und Zufriedenheit**
   es geht um die Meinung der Teilnehmer zur Veranstaltung und um ihre Einstellung zum Medium;
2. **Lernerfolg**
   mittels Quantifizierung wird ein Test zu Beginn und Ende der Veranstaltung **durchgeführt**, der Auskunft darüber gibt;
3. **Transfererfolg**
   vorrangig interessiert, inwieweit das Erlernte nunmehr auch in der betrieblichen Realität eingesetzt werden kann;
4. **Unternehmenserfolg**
   „Erfolg" der Qualifizierung aus Unternehmenssicht; also z.B. mittels Indikatoren wie Kosten- und Qualitätsveränderungen; Einstellungen zur Arbeit oder Veränderung der Anzahl von Beschwerden.

7.2 Ausgestaltung

Die Stufen 1-3 müssen vom Individuum beantwortet werden, und zudem ist an sich die Längsschnittverfolgung, d.h. Zuordnung der Antworten auf den jeweils gleichen Befragten sehr sinnvoll; Stufe 4 richtet sich an das Unternehmen und ist losgelöst vom Individuum.

Veröffentlichte Studien zeigen i.d.R. große Bandbreiten bei den Antworten auf, die darauf zu prüfen sind, ob es Zusammenhänge mit den weiter oben skizzierten Überlegungen der Bildungsforschung gibt. So hat es z.B. recht lange gedauert - konnte dann aber eindrucksvoll anhand entsprechender Daten belegt werden (Sarges 1992), daß das Lebensalter nicht dazu geeignet ist, Aussagen darüber zu treffen, ob ein Mitarbeiter noch lernbereit und lernfähig (zumal z.B. mit cbt) oder nicht mehr lernbereit oder lernfähig ist (früher wurde z.B. häufig davon ausgegangen, daß ab ca. 45 Jahren keine neuen Lerninhalte mehr vermittelt werden sollten). Auch haben entsprechende Untersuchungen gezeigt, daß zwischen den Geschlechtern zwar durchaus Unterschiede bestehen, diese aber sehr stark mit dem nachfolgenden Arbeitseinsatz in Zusammenhang stehen.

Wichtig für eine solche Begleitforschung ist, entsprechende Daten zu erheben (Evaluationsinstrument), um darauf basierend Analysen vorzunehmen. Darunter fallen insbesondere Fragen zur sogenanten Standarddemographie - z.B. Alter, Geschlecht, Ausbildung, bisherige Qualifizierungen, Einsatzgebiet, Erfahrung am Arbeitsplatz. Eine solche Begleitforschung sollte als wissenschaftliche Begleitforschung ausgestaltet sein, um folgende Anforderungen sicherzustellen:

- Beratung bei der Ausgestaltung des Evaluationskonzepts
- Qualitätssicherung hinsichtlich der Erhebung, Datenaufbereitung und Analyse
- Sicherung der Anonymität.

Der aus einer qualitativ gesicherten Evaluation zu ziehende Nutzen ist bedeutsam für die Umsetzung betrieblicher Weiterbildung, weil mit dem Einsatz neuer Medien neue Lernarrangements gestaltet werden können, die nicht nur die oben genannten Ziele bei Mitarbeitern, Unternehmen und auch Gesellschaft zu erreichen vermögen, sondern weil zudem davon auch Imagefaktoren, wie z.B. innovatives, fortschrittliches Unternehmen, berührt werden, die für die individuelle Lernmotivation wichtig sind - und nur wenn diese positiv ist haben beide - Mitarbeiterinnen und Mitarbeiter sowie Unternehmen - etwas davon.

Wichtiger als die Benennung der Form ist jedoch der inhaltliche Anspruch jeglicher Evaluation. Inzwischen ist zwar Evaluation im Sinne einer Einschätzung („to put a value on“) des Erfolges nahezu Kernelement jedes Pilotversuches im Fall der Wissensvermittlung und man ist sich darüber im Klaren, daß ohne solche Formen einer Bewertung keine vergleichenden Aussagen zu Qualität oder gar Erfolg möglich sind.

Betrachtet man jedoch die Realität, dann werden oftmals „Versuche unternommen, die durchgeführten Maßnahmen irgendwie zu bewerten, es fehlt aber der theoretische Hintergrund" (Jansen 1995). Hinzu kommt, daß Evaluation mehr ist und will: Evaluation als systematisches Verfahren zur Informationsgewinnung, um Trainingseffekte zu messen und Basis für den Entscheidungsprozeß zu liefern, damit Verbesserungen umgesetzt werden können.[1]

Damit wird Evaluation zu einem eigenständigem Regelkreis, der letztlich verdeutlicht, daß jedes Pilotprojekt ex-post/summative <u>und</u> ongoing/formative Evaluation zugleich ist. Voraussetzung für beide Formen aber ist, daß in der Initiierungsphase bereits das Evaluationskonzept vorliegt; Versäumnisse zu Beginn können im Projektverlauf i.d.R. nicht mehr ausgeglichen werden. Es wurde deshalb von Anfang an auf ein klares Evaluationskonzept geachtet.

---

[1] Sinngemäß nach Basarap/Root 1994.

Literatur

Beywl, W. Zur Weiterentwicklung der Evaluationsmethodologie, Frankfurt/M. 1988

Christ, M. u. Frank, G. Business-TV und Lerneffizienz - TV als gleichwertiges Tool in der Lernarchitektur der Deutschen Bank, in: Personalwirtschaft, 2/99

Frank, G. Interaktives Lernen - Begriffe, Inhalt, Perspektiven, in: Hoppenstedt Verlag (Hg.): Innerbetriebliche Weiterbildung – Weiterbildungsbedarf, Methoden und Medien, Darmstadt 1990, S. 277-301

Frank, G. Maßgeschneiderte Lösungen bei der Förderung von Führungsnachwuchskräften in der Unternehmenspraxis der Dresdner Bank, in: HQ (Hrsg.): Einsatz von neuen Medien in der Personalauswahl und Weiterbildung, Zürich 1995

Frank, G u. U. Reuther Arbeitsmarkt und zielgruppenorientierte betriebliche Personalentwicklung, Lehrbrief Nr. 5 für das Projekt "Qualifizierung von Führungskräften in der betrieblichen Weiterbildung und Personalentwicklung in den neuen Ländern", finanziert vom BM Bildung und Wissenschaft, Bochum 1992, 117 S.

Gagné, R. M. The Conditions of Learning, New York 1965

Götz, K. Zur Evaluierung beruflicher Weiterbildung, Bd. 1: Theoretische Grundlagen, Weinheim 1993

Gülpen, B. Evaluation betrieblicher Verhaltenstrainings, München/Mering 1996

Kirkpatrick, D.L. Techniques for Evaluating Training Programs, in: Journal of the American Society of Training Directors, vol 13/14, no. 11,12,1,2

Klimsa, P. Multimedia aus psychologischer und didaktischer Sicht, in: Issing, L.J. u. P. Klimsa (Hg.): Information und Lernen mit Multimedia, 2. Auflg. Weinheim 1997, S. 6-24

Landsberg, G.v. u. R. Weiß (Hg.) Bildungs-Controlling, Stuttgart 1992

Schenkel. P. u. H. Holz (Hg.) Evaluation multimedialer Lernprogramme und Lernkonzepte, Nürnberg 1995

Snow, R.E. u. G. Salomon Lerner-Merkmale und Unterrichtsmedien, in: Dichanz,/Kolb (Hg.): Quellentexte zur Unterrichtstechnologie II, 1975, S. 122-139

Weidenmann, B. Multicodierung und Multimodalität im Lernprozeß, in: Issing, L.J. u. P. Klimsa (Hg.): Information und Lernen mit Multimedia, 2. Auflg., Weinheim 1997, S. 64-84

Will, H. u.a. (Hg.) Evaluation in der betrieblichen Aus- und Weiterbildung, Heidelberg 1987

Wilkening, O.S. Bildungs-Controlling - Instrumente zur Effizienzsteigerung der Personalentwicklung, in: Riekhof: Strategien der Personalentwicklung, Wiesbaden 1986, S. 299-325

Wittmann, W.W. Evaluationsforschung. Aufgaben, Probleme und Anwendungen, Berlin u.a. 1985

Wottawa, H. u. H. Thierau Lehrbuch Evaluation, Stuttgart 1990

Interaktivität als Audioproblematik

Von Jan Wintersberg*

Inhalt

* Jan Wintersberg ist Berater und Projektleiter bei bci, Schwaig.

1. Business TV und Kommunikation

1.1 Die erste und wichtigste Überlegung: Interaktion

Sie möchten in Ihrem Unternehmen mit Business TV die Informationsgeschwindigkeit und die Kommunikation verbessern, durch gezielte Schulungen die Mitarbeiterqualifikation steigern und dadurch einen Wettbewerbsvorteil erlangen. Effiziente Schulungen und eine hohe Informationsgeschwindigkeit leben von der Interaktivität. Es ist daher eine Situation gewünscht, die der eines Klassenzimmers oder eines Team-Meetings gleich- oder sehr nahe kommt. Das bedeutet für das zu installierende Audio-System eine bidirektionale Audioverbindung.

Möchten Sie Fernsehen im klassischen Sinne machen, bei dem lediglich etwas ausgesandt wird ohne die Gegenseite mit einzubeziehen und zum Mitmachen zu bewegen, dann entsteht keine Audioproblematik und Ihr Gegenüber verhält sich passiv. Im Zeitalter der modernen Kommunikation ist das ein Rückschritt gegenüber dem herkömmlichen Telefongespräch. In den USA entfielen 1999 ca. 70% des Business TV und Tele-Conferencing Markts auf das Schlagwort „Education & Training" und repräsentieren damit Interaktivität anstatt unidirektionaler Einweg-Information[1].

1.2 Ohne Audio findet Business TV nicht statt

Audio hat den höchsten Informationsgehalt. An einem einfachen Beispiel wird diese Behauptung belegt: Fällt beim Business TV, einer Videokonferenz oder selbst beim normalen Fernsehen der Ton aus, kann man sich nur noch mit Zeichensprache und in die Kamera gehaltenen Dokumenten verständigen – der Informationsaustausch geht gegen Null.

Dagegen kann jedoch eine Video-Telekonferenz ohne Bildsignal sehr wohl fortgeführt werden, da man sich weiterhin wie am Telefon unterhalten kann. Ein Informationsaustausch und das Interagieren ist nach wie vor möglich.

1.3 Vollduplex Kommunikation

Vollduplex Kommunikation ist die technische Erläuterung für volle Audio-Interaktivität. Das heißt, daß man wirklich gleichzeitig sprechen und hören kann, so als ob man sich gegenüber sitzt. Das Problem ist, dass man sich nicht mehr richtig verstehen kann, wenn beide Gesprächsteilnehmer zur selben Zeit reden.

Auch am normalen Telefon herrscht eine vollduplexe Gesprächssituation. Man erkennt das daran, daß man sich gegenseitig ins Wort fallen kann und den anderen trotzdem unvermindert reden hört. Vollduplex ist damit ein Synonym für ein natürliches, wirklichkeitsgetreues Verständigungs- und Interaktionsumfeld.

---

[1] Quelle: Gentner Communications Market Research

2. Welche Audio-Probleme können bei interaktiven Telekonferenzen, wie dem Business TV, auftreten?

2.1 Halbduplex

Halbduplex ist ein Rückschritt in Zeiten vor der Erfindung des Telefons. Es bedeutet, daß immer nur einer der jeweiligen Gesprächspartner reden kann und der andere in dieser Zeit zuhören muß, beziehungsweise nicht reden kann - jeweils ein Teilnehmer wird unterdrückt. Sollten beide Teilnehmer gleichzeitig reden und verstehen können, so funktioniert das in einer halbduplexen Anordnung nicht.

Ein typisches Beispiel für Halbduplex Audio sind „push to talk" Mikrofone. Das heißt, erst wenn eine Taste gedrückt wird, kann geredet werden. Die Gegenseite kann dann zwar ihre „push to talk" Taste drücken – es passiert aber nichts. Oft werden auch Systeme als vollduplex angeboten, die in Wirklichkeit halbduplex arbeiten. Hierbei wird die jeweilige Gegenseite während des eigenen Redens einfach elektronisch unterdrückt. Eine normale Verständigung wie am Telefon oder in einem persönlichen Gegenüber-Gespräch ist damit nicht möglich.

Systeme, die nur halbduplexes Audio zulassen, sind mühsam zu bedienen und verhindern die Freude an der Nutzung von Business TV Systemen. Spontanes Interagieren in Lernsituationen ist nicht möglich.

2.2 Geringe Abhörlautstärken

Dieses Problem ist genauso ein Hemmschuh wie Halbduplex-Audio. Ohne ausreichende Lautstärke wird ein Tele-Meeting sehr anstrengend und ermüdend. Die Lautstärke kann man in einer interaktiven Telekonferenz-Anwendung jedoch nicht beliebig höher drehen, da es sonst zu Audio-Kopplungen kommt.

Wie man trotzdem die Abhörlautstärke sehr komfortabel erhöhen kann wird in Kapitel 6 beschrieben.

2.3 Echo

Wie im wirklichen Leben bedeutet Echo in interaktiven Business TV Systemen auch, daß man sich selber mit Verzögerung wieder hört. Dieser Effekt ist äußerst störend. Ein echobehaftetes System kann nur bedingt genutzt werden, weil man sich auf das eigene gesprochene Wort durch die Ablenkung nicht konzentrieren kann.

Da Echo das zentrale Audio-Problem im professionellen Business TV, jedoch definitiv vermeidbar ist, wird auf diese Problematik gesondert im Kapitel 6 eingegangen.

2.4 Feedback

Feedback tritt im Raum in einem geschlossenen Kreis auf. Die Lautsprecher geben ohne Verzögerung das gerade gesprochene Audio so laut wieder, daß das Mikrofon es von den Lautsprechern wieder aufnimmt, wieder verstärkt und in die Schleife schickt. Ein unangenehmes Pfeifen ist zu hören.

Das Audio-Feedback wird oft auch als Rückkopplung bezeichnet und entsteht ebenfalls, wenn ein Mikrofon zu nahe an einen Lautsprecher kommt und somit eine elektrische Rückkopplung in dem Verstärker entsteht.

2.4 Externe Telefon-Integration

Das Telefon bestimmt einen Großteil unserer täglichen Kommunikation. Auch in modernen Telekonferenzsystemen, wie dem Business TV möchte man ein Telefongespräch möglichst vollduplex einbinden können.

Beispiel: Die Firma X macht täglich Business TV-Schulungen mit ihren 20 Niederlassungen. An manchen Tagen sollen kurze Gastkommentare von Experten eingeholt werden. Diese Experten sind jedoch weltweit verstreut und nur per Telefon erreichbar. Deshalb entschließt sich der Aus- und Weiterbildungsleiter die Experten per Telefon mit vollduplexem Audio zu integrieren. Dazu wird ein Telefonhybrid (vgl. Kaptitel 5.5) benötigt. In seiner Business TV Anordnung kann nun jede Niederlassung neben dem Hauptstudio und den anderen Niederlassungen auch mit dem Telefonteilnehmer reden, der ein gleichberechtigter Audio-Teilnehmer ohne Bildanbindung ist.

Durch die Integration von Telefongesprächen via Telefonhybrid können in der Verschaltung einige Fehler gemacht werden. Deshalb wird darauf gesondert im Kapitel 8 eingegangen.

Mit Telefonintegration wird Business TV noch spontaner, da per Tastendruck jeder beliebige Teilnehmer mit in die Schaltung hereingeholt werden kann. Dazu bedarf es in der modernen Technik auch keines Operators sondern lediglich eines Telefons.

3. Welche Chancen ergeben sich durch ein intelligentes Audio-Setup?

3.1 Lernen leichtgemacht

Zielsetzung: Mit seinem Gegenüber so leicht kommunizieren und lernen können, als wenn man sich am Tisch gegenüber sitzt oder sich im selben Raum befindet.

Die Bildübertragung hat in den letzten Jahren enorme Fortschritte gemacht und ermöglicht heutzutage auch mit preisgünstigen Systemen eine qualitativ sehr hochwertige Visualisierung. Lernen und Arbeiten ist jedoch nicht irgendetwas Passives. Es ist nicht statisch und auch keine "One Man Show". Fragen werden mündlich gestellt und es ist wichtig, daß sie auch beim Gegenüber ankommen. Je normaler man sich also unterhalten kann ohne anstrengend zuhören zu müssen oder unnatürlich laut sprechen zu müssen, desto leichter fällt es daher auch an einer Schulung teilzunehmen. Deshalb kommt dem Audio in Lernsituationen eine besondere Bedeutung zu.

3.2 Informationsgeschwindigkeit und Wettbewerbsvorteil

Business TV wird sowohl als Luxusgut (`Executive tv´) beispielsweise für den Vorstand eingesetzt, ebenso wie als effizientes Arbeits- und Kommunikationsmittel für alle Mitarbeiter. In jedem Fall wird besonderes Augenmerk auf die Medientechnik gelegt, um Atmosphäre oder auch Schulungsraum so gut wie möglich wie möglich zu gestalten und abzubilden.

Business TV bietet die einmalige Chance viele entfernte Niederlassungen interaktiv mit einzubeziehen und alle gemeinsam zu schulen und informieren. Der Informationsaustausch wird von allen gleichzeitig genutzt. Genauso kommt das Empfänger-Feedback sofort und für alle Beteiligten hörbar. Wenn ein Trainer nicht mehr zwanzig Niederlassungen besuchen muß, um die Mitarbeiter dort zu schulen, sondern für alle gemeinsam eine Veranstaltung plant, ist zudem das Einsparungspotential schnell ersichtlich.

Dort wo es auf die schnelle Verfügbarkeit und den Wettbewerbsvorteil durch zeitlichen Informationsvorsprung ankommt, werden deshalb interaktive Schulungs- und Informationssysteme sehr schnell Einzug halten.

Auch hierzu ein kurzes Beispiel: Ein Hersteller wird mit Problemen seiner Produkte von der Presse konfrontiert. Am Abend gehen diese Meldungen durch das Fernsehen, woraufhin am Morgen die Kunden mit Fragen kommen. Mit Business TV kann in kürzester Zeit die Hersteller- und vertriebsinterne Informationsstruktur zu Vorbereitung genutzt werden. Gleichzeitig kann dem TopManagement gezielt Hintergrundinformationen etc. an die Hand gegeben werden, um die jeweiligen Mitarbeitergruppen auf eventuelle Fragen etc. vorzubereiten.

4. Was unterscheidet professionelles Business TV von einer normalen Videokonferenz im Hinblick auf die Audio-Qualität?

Business TV soll ein täglich vielgenutztes Kommunikationsmedium sein und muß deshalb mit professioneller Technik aufgebaut werden. Im Unterschied zu Videokonferenztechnik benutzt Business TV höhere Übertragungsbandbreiten, um bessere Bild- und Hifi-Ton-Qualität übermitteln zu können. Es werden mehr als nur zwei Standorte eingebunden. Die Teilnehmerzahl in den jeweiligen Räumen ist größer und die Räume selber haben nicht nur Besprechungs- sondern auch Schulungs-Charakter. Jeder muß mit jedem aktiv kommunizieren können, was die Zahl der Mikrofone im Raum erheblich erhöht.

Der Audio- und Video Sendekanal wird meistens via Satellit realisiert, da dies auch für höchste Qualität und viele Empfänger relativ kostengünstig ist. Die Kosten der Übertragung werden nicht von der Teilnehmerzahl bestimmt, was dieses System besonders für viele Empfänger interessant macht.

Aufgrund der unterschiedlich großen Anzahl von eingebundenen Standorten, stellen sich unterschiedliche Arten des Rückkanals dar. Diesen kann man im besten Fall mittels hochwertiger Videokonferenzsysteme realisieren, aber auch ein simpler Telefon-Bridging-Service1 kann sehr viele Teilnehmer interaktiv zum Hauptstudio verbinden.

5. Wichtige Aspekte bei der Beurteilung von Audio-Komponenten einer interaktiven Business TV Anwendung.

5.1 Beschallungskomponenten

Ein Beschallungssystem besteht aus Verstärker und Lautsprechersystemen. Für diese, wie auch für alle folgenden Bausteine des Audio Systems gilt, daß nur professionelle Technik eingesetzt werden sollte. Bei elektronischen Geräten erkennt man das meist schon an der 19 Zoll Bauweise, die daraufhindeutet, daß diese Geräte zentral in einem Geräteschrank unterzubringen sind. Dort sind sie vor unbefugtem Zugriff sicher und stehen geschützt und klimatisiert. Weitere Kennzeichen professioneller Systeme sind symmetrische XLR-Standardanschlüsse.

Da Verstärkersysteme auch oft Fremdquellen, wie z.B. eine CD-Einspielung, in einem Multimedia Umfeld verstärken, sollte direkt auf Modularität, Leistungsreserven und ausreichend Ein- und Ausgänge geachtet werden.[2]

---

[1] Ein Telefon-Bridging-Service brückt bis zu mehreren hundert Telefongespräche, wobei jeder jeden hören kann. Solche Services sind sehr zuverlässig und werden auf dem freien Conferencing Markt angeboten. Beispiel www.letsmeet.de

[2] Bitte beachten Sie, daß Fremdaudio, wie eine CD-Einspielung von Musik in der Regel Stereo ist. Interaktives Audio ist immer Mono. Das hat mit ansonsten unlösbaren Problemen des Freisprechens zu tun.

5.2 Mikrofonie

Hier scheiden sich oft die Geister. Es gibt soviel Philosophien wie Mikrofontypen. Deshalb seien hier nur einige Tips aufgezählt:

- Als störungsunempfindlich gelten Kondensatormikrofone, die mit einer Phantom-Gleichspannungsspeisung arbeiten.
- Je besser die Richtcharakteristik des Mikrofons ist, desto besser wird Sprache aufgenommen und werden Umgebungseinflüsse weggelassen.
- Uni-direktionale Mikrofone, die den Schall nur aus einer Richtung aufnehmen, sind in der interaktiven Audio Technik auf jeden Fall omni-direktionalen Mikrofonen, die durch empfindlichere Schallaufnahme aus mehreren Richtungen gekennzeichnet sind, vorzuziehen.
- Je näher der Sprecher am Mikrofon ist (ideal sind 80cm oder weniger), desto klarer wird das Gesprochene übertragen[1]. Die besten Resultate erzielen Tischmikrofone und Kragenmikrofone. Von Deckenmikrofonen ist abzuraten, da der Abstand zum Sprechenden meist sehr groß ist.
- Maximal zwei nebeneinandersitzende Menschen sollten ein Mikrofon benutzen.

5.3 Mikrofonmischer

Es gibt eine Vielzahl guter Mikrofonmischer auf dem Markt, die alle Ihren Dienst tun. Leider sind die meisten Geräte für reine Beschallungsaufgaben konzipiert und vernachlässigen den „interaktiven“ Aspekt. Im Business TV benötigt man noch einige spezielle Parameter und vor allem das Zusammenspiel mit dem Echo-Canceller. Denn der Mikrofonmischer trifft Vorentscheidungen für die Audioübertragung und hilft entscheidend bei der Reduzierung von Störgeräuschen, wie z.B. Lüfterrauschen. Es sollten nur die Mikrofone einschaltet werden, in die gesprochen wird. Dabei sind Funktionen, wie „Chairman Override“, „maximale Anzahl einzuschaltender Mikrofone“, „Grundgeräuschpegel im Raum“, „letztes offenzuhaltendes Mikrofon“, etc. wichtig, um die Audio-Leistung deutlich zu verbessern.[2]

[1] Quelle: Boardroom Design von Craig Roswell, Gentner Communications und Mike Sims, Lectrosonics. 1993 National
Sound Contractors Association Convention

[2] Moderne Mikrofon-Mixer-Systeme sind kaskadierbar und haben direkte Schnittstellen zum Echo-Canceller bzw. haben diesen schon mit eingebaut.

5.4 Echo-Canceller

Grundsätzlich haben einige Videokonferenzsysteme und Codecs die Echo-Cancellingtechnik eingebaut. Man sollte jedoch beachten, daß diese Echo-Canceller meistens nur für kleine Räume, ein Mikrofon und wenige Teilnehmer geeignet sind. Es wird oft mit einem Supression Modus gearbeitet, der kein wirkliches vollduplex Audio ermöglicht. Auch die oftmals angebotenen, eingebauten Softwarelösungen leisten nur in den seltensten Fällen wirklich akzeptierte Audio-Qualität.

Es gibt separate System mit integriertem Mikrofonmixing, Routing und Echo-Cancelling, die vollduplexes Audio fast garantieren und an jeden Codec anschließbar sind. Der Audio-Qualitätsunterschied solcher Systeme zu oben beschriebenen weniger geeigneten Lösungen ist als drastisch zu bezeichnen.

Da der Echo-Canceller das entscheidende Glied in der Audiokette von interaktiven Business TV Anwendungen ist, wird die exakte Funktionsweise und Beachtenswertes im Kapitel 6 ausführlicher dargestellt.

5.5 Telefonhybrid

Um ein normales Telefongespräch in eine Business TV Sendung mit einzubeziehen ist ein Telefonhybrid notwendig. Ein Telefonhybrid erzeugt aus einem Zweidrahtschaltkreis (öffentliches analoges Telefonnetz) einen Vierdrahtschaltkreis. Damit kann das eingehende (SEND) und abgehende (RECEIVE) Audio problemlos weiterverarbeitet werden. Das ist nicht so einfach, wie beim normalen Telefon, da die Kopplung beider Richtungen in Form von Übersprechen hörbar wird. Bei modernen und qualitativ sehr guten Telefonhybriden sollte man daher darauf achten, daß der Crosstalk, oder die Kanaltrennung zwischen SEND und RECEIVE mindestens 50-60 dB beträgt. Sonst ist das Hörergebnis unbefriedigend. Digitale Telefonhybride verfügen ebenfalls über einen Kurzzeitechocanceller. Weitere heutige Standards und Features in der professionellen Telefonhybridtechnik sind: Auto-Answer, Auto-Disconnect, Rec-Mix-Out, Auto Line Adapt und RS-232 Steuermöglichkeit.

5.6 Soundprocessing

Soundprocessing benötigt man, um den Klang unterschiedlicher Mikrofone und Teilnehmer anzupassen oder um unterschiedliche Mikrofonpegel konsistent zu halten. Klangbeeinflussungen benötigt man, um unterschiedliche Mikrofonsignale anzupassen oder um akustische Gegebenheiten im Raum-Audio auszugleichen.

Beim Soundprocessing kann man sich auf Equalizer und AGC (Automatic Gain Control) Systeme beschränken. Eine besondere Anforderung gibt es hierbei nicht. Einige moderne Konferenztechnik-Systeme haben AGC und Equalizer bereits integriert. Oft übernimmt auch der Verstärker die Equalizer Funktion. Nur beim AGC ist Vorsicht geboten. Denn dieser arbeitet autark nach voreingestellten Algorithmen. Das kann die Leistungsfähigkeit des Echo-Cancellers bis hin zum Nichtfunktionieren beeinträchtigen. Abhilfe besteht nur im Weglassen des AGC oder im Kauf eines integrierten Systems bestehend aus Echo-Cancelling, AGC und Mikrofonmixing in einem.

5.7 Routing

Routing wird auch als Verteilung, Patching oder Matrix bezeichnet. Audio soll von einem Kanal auf einen anderen geschaltet werden. Auch soll Audio von einem Eingang auf mehrere Ausgänge gleichzeitig geschaltet werden. Ebenso kann Audio auf bestimmten Ausgängen ausgeschlossen werden. Nur mit konfigurierbaren Audioverteilsystemen ist es möglich, kosteneffektiv verschiedene Installationen zu realisieren, die auch jederzeit schnell und ohne großen Aufwand wieder geändert werden können.

Beispiel: Man möchte die Signale der Mikrofone via Business TV Satellitenkanal aussenden und gleichzeitig im Raum beschallen. Zusätzlich soll ein Videoband eingespielt werden welches im Hauptstudio und in den Niederlassungen zu sehen und zu hören ist. Dabei ist leicht vorstellbar welch ein Verdrahtungsaufwand und welche Verteileraufgaben zu bewältigen sind.

Nur flexible Matrixsysteme können auch mal schnell umkonfiguriert werden. Von Wichtigkeit sind dabei ausreichende Verschaltungsmöglichkeiten mit externen Komponenten, wie Zuspielern, Telefonhybrid, Dokumentation, Zonenbeschallung, etc.

5.8 Audio Video Codecs

Diese Geräte wandeln Audio und Video-Signale in einen Datenstrom um. Dieser Datenstrom kann dann über die unterschiedlichsten Medien übermittelt werden. Das bekannteste und am weitesten verbreitete Medium ist ISDN. Weitere Übertragungsmöglichkeiten sind Leased Line oder ATM. Das Angebot an Audio- & Video Codecs wir immer größer und es muß hier lediglich darauf geachtet werden, daß genormte Anschlüsse vorhanden sind (z.B. symmetrische Line In und Line Out Pegel für das Audio). Als günstig hat sich herausgestellt, wenn ein interner vorhandener, nur für ein Mikrofon ausreichender, Echo-Canceller deaktiviert werden kann. Moderne Codecs können via Software upgegradet werden. Das ist wichtig, wenn neue Protokollstandards veröffentlicht werden und die Geräte kompatibel zu anderen Herstellern sein sollen.

Auf der Empfängerseite muß ebenfalls ein Audio Video Codec vorhanden sein, der diesen codierten Datenstrom dekodiert und wieder in Audio- und Video Signale umwandelt.

6. Die Bedeutung des Echo-Cancellings als die Schlüsselkomponente

6.1 Das Grundproblem

Viele Unternehmen haben schon viel Geld in Business TV-Systeme investiert, konnten jedoch bei der Tonqualität nicht den erwünschten Nutzen erzielen. Aus meiner Erfahrung läßt sich ein Tonproblem immer auf die Echoproblematik eingrenzen. Dieser Echoeffekt macht sich äußerst unangenehm bemerkbar, da man sich selber mit Verzögerung wieder hört; ab ca. 5 Millisekunden Verzögerung wirkt es störend.

Echo ist aber vermeidbar! Eine interaktive Konferenz- oder Business TV-Situation kann als große Freisprechanlage ausgestaltet werden. Der Echo-Effekt tritt beim normalen Telefon nicht auf, da es keine akustische Kopplung gibt. Er würde auch dann nicht auftreten, wenn alle im Raum sitzenden eine Hör-Sprech Garnitur auf dem Kopf hätten und es keine Raumbeschallung gäbe. . Sobald iedoch im Raum eine akustische Kopplung zwischen Lautsprecher und Mikrofonen möglich ist, wird Echo entstehen.

Die Beispiele verdeutlichen die Komplexität des Themas Echo und des damit verbundenen Echo-Cancelling; beruhigend ist, daß inzwischen hervorragende Standardlösungen angeboten werden, die das Audioproblem vergessen lassen.

6.2 Wie entsteht Echo

Stellen Sie sich zwei Räume vor, die nicht miteinander verbunden sind.

- Im linken Raum wird in das Mikrofon gesprochen
- Das Audiosignal wird über die Datenleitung (Satellit, ISDN, ATM, etc.) übertragen
- Im rechten Raum (gegebenenfalls auch woanders auf der Welt) wird das Audiosignal über den Lautsprecher wiedergegeben. Alle im Raum sitzenden Menschen können es gut hören
- Gleichzeitig nehmen die Mikrofone im rechten Raum das Audiosignal wieder auf und leiten es via Datenleitung zurück in den linken Raum
- Das soeben Gesprochene wird im linken Raum also wieder zurückbeschallt. Man hört sich selbst
- Gleiches passiert natürlich auch umgekehrt vom linken via dem rechten Raum

Das Echo entsteht also auf der Gegenseite; die Ausgangsseite hört jedoch den Echo-Effekt! Wirksam kann das Echo daher nur auf der Gegenseite eliminiert werden. Allerdings bringt eine Echo-Eliminierung auch auf der Ausgangsseite Vorteile, wie z.B. deutliche Erhöhung der Abhörlautstärke. Es ist daher besonders wichtig, das Gesamtsystem vor endgültiger Installation vollständig durchdacht zu haben.

6.3 *Wie kann man Echo vermeiden oder beheben?*

Entweder Sie schaffen eine monothematische Situation (halbduplex) – das ist inakzeptabel – oder Sie setzen jedem Teilnehmer in allen Räumen Kopfsprechgarnituren auf – auch das ist letzlich inakzeptabel. Oder Sie verwenden moderne Echo-Cancelling Technik: der Echo Canceller.

Seine Funktionalität stellt sich wie folgt dar: Es werden permanent digitale Samples (Ausschnitte) des zum Lautsprecher gehenden Audio entnommen und mit dem an den Mikrofonen eingehenden Audio abgeglichen. Stimmt das entnommene Sample mit dem eingehenden Audio überein, so wird es elektronisch aus der Rückleitung zur anderen Konferenzseite herausgerechnet. Der gerade Redende hört sich nicht mehr selbst. Die Echocancelling-Zeit bestimmt dabei, wie lange der Schall im Raum unterwegs sein kann, bis er zu einem oder mehreren Mikrofonen gelangt.

Nun kann man sich bildlich vorstellen, daß diese Aufgabe von vielen Faktoren, wie Umgebungsgeräusche, Dopplereffekt, Reflektionen, Pegelunterschiede, Bewegung der Mikrofone, etc. beeinflußt wird und dadurch maßgeblich die Leistung des Echo-Cancellers bestimmt.

Im Business TV sind Multipoint-Verbindungen die Regel. Je mehr Standorte interaktiv mit eingebunden sind, desto größer ist jedoch die Gefahr, daß sich das Echo über mehrere Standorte ausbreitet und sich vollends überschlägt – es ist keine Verständigung mehr möglich.

6.4 *Herausforderungen an den Echo-Canceller*

Die wesentlichen Herausforderungen für den Echo Canceller sind:

- Viele Mikrofone: Dadurch wird das Eingangssignal vielfach in den Canceller zurückgeführt und dieser muß mehrfach die elektronische Subtraktion durchführen.
- Drahtlose (bewegliche) Mikrofone: während der Bewegung im Raum verändert sich permanent die Rücklaufzeit zum Canceller. Der Canceller muß ein und das selbe Audio mehrfach in verschiedenen Zeitfenstern finden und subtrahieren.
- Viele Reflektionen im Raum: Auch hier muß der Canceller ein und das selbe Audio welches unterschiedlich reflektiert und zeitversetzt via Mikrofone zurückgelangt, eindeutig erkennen und subtrahieren.
- Zuviele Mikrofone sind gleichzeitig eingeschaltet. Zu oft muß der Echo-Canceller ein und das selbe Signal zeitversetzt und pegelunterschiedlich subtrahieren. Ein intelligenter Mikrofonmixer wirkt hier wahre Wunder.
- Dynamische Soundprocessing Komponenten, die nicht mit dem Echo-Canceller verbunden sind und eine Veränderung des Signals zwischen Sample-Ausgang

und Mikrofon-Eingang bewirken. Vereinfacht gesagt: Es kommt nicht das wieder herein, was hinausgegangen ist und somit kann der genommene Audio Ausschnitt nicht eindeutig wiedererkannt werden.

6.5 Funktionsweise des Echo-Canceller

In erster Linie erreichen Sie mit dieser Komponente vollduplexes Audio ohne ungewünschten Echo-Effekt. Aufgrund der Tatsache, daß der Echo-Canceller ausschließlich die eigenen Audio-Anteile aus dem Raum durchläßt, die dort gesprochen werden, entsteht eine klare Verständlichkeit der jeweiligen Gegenseiten.

Man kann sich wie am Telefon in vollduplexer Qualität unterhalten und sich ins Wort fallen ohne daß die Gegenseite im Audiokanal elektronisch unterdrückt wird. Dadurch kann die Abhörlautstärke fast beliebig erhöht werden, ohne das Kopplungen auftreten. Angestrengtes, ermüdendes Zuhören ist passé.

6.6 Kriterien für die Auswahl eines Echo-Cancellers

Worauf muß bei der Auswahl eines Echo-Cancellers besonders geachtet werden?

- Das Gerät sollte nicht mit einem Einrauschverfahren justiert werden. Ältere Gerätegenerationen benutzen diese Verfahren zur elektronischen Einmessung des Raumes. Dabei wird ein weißes Rauschen in den Raum gesandt, welches beim Beginn einer interaktiven Business TV Konferenz sehr störend ist. Für dieses Verfahren ist absolute Ruhe während des Einrauschen notwendig um das Ergebnis nicht zu verfälschen.

  Daraus folgt, daß die Echo-Cancelling Komponente ohne Setup-Verfahren auskommen muß.
- Möglichst jedes Mikrofon sollte seinen eigenen Echo-Canceller haben, um optimale Diversifikation zu erreichen. Nur so können auch drahtlose Mikrofone problemlos verwendet werden. Auf dem Markt sind solche Geräte neuerdings erhältlich.
- Je mehr Mikrofone anschließbar sind, desto besser wird die Audio-Verständlichkeit, da möglichst vielen Teilnehmern Mikrofone spendiert werden können.
- Echo-Canceller und Mikrofonmixer sollten in einem Gerät vereint sein und darüber hinaus die klangverändernden Komponenten, wie AGC und Equalizer integriert sein. Denn nur wenn der Echo-Canceller weiß, was Mikrofon-Mixer und AGC beeinflussen, kann die beste Leistung erzielt werden. Die Geräte sollten einander „verstehen“.
- Da der Echo-Canceller die zentrale Audiokomponente ist und von hier das Audio an den Verstärker bzw. von den Mikrofonen kommend verteilt wird, sollten einfache Routing-Möglichkeiten schon im Gerät bestehen.

- Die zentrale Audio-Komponente sollte einmal auf die Verschaltungsbedürfnisse eingestellt und danach am besten nicht mehr bedient werden müssen.
- Wichtige Funktionen, wie laut/leise, Muting der Mikrofone für eine „privacy" Einstellung, Telefonverbindung Ein/Aus, etc. sollten via RS-232 Steuerung und einfachen Schaltkontakten möglich sein. Damit könnnen universelle Mediensteuerungen und einfache Schaltfernbedienungen genutzt werden.
- Für die hohen Qualitätsansprüche im Business TV ist eine Frequenzbandbreite von 20Hz bis 15kHz vorauszusetzen.
- Ein modularer Aufbau garantiert Ihnen auch eine nachträgliche Erweiterbarkeit.
- Für die Einbindung von Telefongesprächen sollten Telefonhybride direkt anschließbar oder sogar integriert sein.
- Moderne Systeme müssen per Software update-fähig und eventuell sogar fernwartungs-fähig sein.

7. Audio Setup von Beispielunternehmen

7.1 Mindest-Audio-Lösung in einer Niederlassung/externe unit

Die Anforderungen für eine kleine Mindestlösung sind:

- 2-4 Mikrofone für einen kleinen Besprechungs- und Schulungsraum bis zu 8 Teilnehmer
- Beschallung bis 5 Watt (mehr als ausreichend laut)
- Integration einer Zuspielquelle (Bsp. CD-Player)
- Videorecorder Bild- und Tondokumentation
- Telefon-Rückkanal (für die Interaktivität mit dem Hauptstudio)
- Drahtlose Fernbedienung für laut/leise, Telefonverbindung ein/aus, Muting der Mikrofone für eine Privat-Unterbrechung

Für die Audiokomponenten je Standort liegt die monetäre Investition bei ca. 6.000 Euro (Stand Ende 1999). Der Installationsaufwand im Raum beträgt ca. 2 Stunden. Hierbei wird davon ausgegangen, daß ein kombiniertes Gerät bestehend aus Echo-Canceller, Mikrofonmixer, Verstärker, Audio-Router und Telefonhybrid angeschafft wird. Die externen Komponenten sind die Fernbedienung, Mikrofone, Lautsprecher und CD-Player. Für das Video-Setup benötigt man selbstverständlich noch den Empfangscodec mit Monitor.

7.2 *Effiziente Modell-Lösung in einer Niederlassung/externe unit*

Die Anforderungen für eine effiziente Modell-Lösung sind:

- 10-15 Mikrofone für einen Besprechungs- und Schulungsraum bis zu 30 Teilnehmer
- Beschallung via Verstärker und Deckenlautsprecher
- Videokonferenz-Rückkanal zum Hauptstudio
- Integration von Zuspielquellen (DVD-Player, Tape, etc.)
- Videorecorder für Bild und Tondokumentation
- Mikrofongesteuerte Kameraausrichtung
- Telefon-Integration (für die vollduplex und interaktive Einbindung von Experten, entfernt sitzenden Telefonteilnehmern, etc.)
- Multimedia Touchpanel-Fernbedienung für laut/leise, Telefonverbindung ein/aus, Muting der Mikrofone, Privat-Unterbrechung und alle Multimedia-Funktionen des Raumes bis hin zur Vorhang- und Lichtsteuerung
- Zonenbeschallung im Schulungsraum (Die Mikrofone des vorderen Raumteils werden im hinteren Teil des Raumes verstärkt wiedergegeben um die Verständlichkeit zu erhöhen und umgekehrt werden die Signale der Mikrofone des hinteren Raumteils im vorderen beschallt. Zusätzlich werden alle Mikrofone auf die Dokumentation, den Telefonhybrid und in den Rückkanal zum Hauptstudio geroutet).

Dieses Setup ist ebenfalls einfach zu realisieren, bedarf aber eines Integrators, der die verschiedenen Komponenten in ein Raumkonzept einbinden und installieren kann. Auch diese Lösung bietet Ihnen die volle Audio-Interaktivität und ist daher sehr effizient. In diesem Fall liegt die monetäre Investition nur für die Audiokomponenten je Außenstandort bei ca. 14.000 Euro (Stand Ende 1999). Der Installationsaufwand im Raum ist nicht mitgerechnet. Hierbei wird davon ausgegangen, daß kombinierte Geräte bestehend aus Echo-Canceller, Mikrofonmixer, Audio-Router und Telefonhybrid angeschafft werden. Verstärker, Zuspielquellen und Lautsprechertechnik sind separat zu betrachten und in der Budgetkalkulation nicht mit aufgeführt, da die einzelnen Kundenwünsche an das Design zu großen Preisunterschieden führen können. Der Videokonferenz-Rückkanal kombiniert mit Empfangscodec und Monitor bildet eine Einheit und kann aus am Markt verfügbaren Standardsystemen zusammengestellt werden. Die oben aufgeführten Audiokomponenten werden jedoch mitbenutzt und bilden kein separates System.

7.3 *Beispiel für ein Business TV (Haupt-)Sendestudio*

Die Audio-Anforderungen für ein Business TV Sendestudio sind:

- Bis zu 8 drahtlose Mikrofone für volle Beweglichkeit im Raum

- Beschallung via Verstärker und Aktivlautsprecher
- Integration von Zuspielquellen (Video-Tapes, etc.)
- Bild und Tondokumentation mit einzelnen Eingängen für jedes Mikrofon
- Mehrfach Telefon-Integration (für die vollduplex und interaktive Einbindung von mehreren Experten)

In ein professionelles Studio kann und sollte man sehr viel Technik - und damit auch Geld - investieren. Für interaktive Anwendungen ist jedoch auch hier der professionelle Echo-Canceller von besonderer Bedeutung. Diese Geräte-Investition ist dann als separater Bestandteil zu sehen, erfordert für zuvor aufgeführte Funktionen jedoch nicht mehr als 7.000 Euro.

8. Resümee

8.1 Eine etwas höhere Anfangsinvestition zahlt sich schnell wieder aus

- Ohne Audiosignal findet kein interaktives Business TV statt. Fällt das Bildsignal aus, kann notfalls trotzdem Information via Audio stattfinden.
- Audio ist zwar im Zusammenhang mit Video immer unterrepräsentiert; es ist jedoch der wichtigste Bestandteil von Business TV.
- Wird von Anfang an die zentrale Audiokomponente, der Echo-Canceller, als professioneller Baustein mit eingeplant, spart man sich im Betrieb viel Ärger und Frustration.
- In der Video-Telekonferenztechnik wird auf Drängen der Benutzer die Echo-Cancelling Technik sehr oft nachgerüstet, um den neuen und interaktiven Weg der Kommunikation regelmäßig nutzen zu können; diese Variante ist aber die aufwendigste.

8.2 Ausblick in die Audio Zukunft

Ein weiterer Meilenstein in der interaktiven Telekonferenz- und hochprofessionellen Business TV Technik wird in Zukunft die Integration und Portabilität sein. Es macht durchaus Sinn, wenn Hersteller von interaktiver Audiotechnik noch mehr Komponenten als schon heute in ein Gesamtsystem integrieren. So wäre es wünschenswert auch externe Stereo-Zuspielungen von DVD´s über ein und das selbe Verstärkersystem wie die Konferenztechnik zu führen oder die Umgebungsgeräusch-Eliminierung weiter voranzutreiben.

Ein großes Manko heutiger Installationen in Schulungs- und Besprechungsräumen ist die Kabelverlegung zu den Mikrofonen, die ja so nahe wie möglich beim Sprechenden auf dem Tisch stehen sollten. Ein Kabel auf einem teuren Konferenztisch möchte keiner sehen. Es wird daher sicher in absehbarer Zeit vom Design ansprechende drahtlose Tischmikrofone geben, die nach Bedarf ausgelegt werden können.

Die Notwendigkeit für Gruppenkonferenzen und gemeinsamen Schulungen mit fühlbarem Kontakt zum Nachbarn wird es weiterhin geben. Business TV kann dazu einen guten Beitrag liefern, da das Gruppenerlebnis beim Lernen und Kommunizieren lern- und motivationsfördernd ist; Voraussetzung ist eine jedoch eine gute Tonqualität.

Improving the Return on Investment for Organizational Training+

by Nick Sacke* and William L. Simon**

Content

+ reprinted with permission of One Touch Systems Inc. 40 Airport Blvd., San Jose, CA 95110.

* Nick Sacke is Senior Consultant of One Touch Systems, London.

** William L. Simon, Ph.D., is the author of some 800 books, films and television programs.

1. The True Cost of Training: Higher Than You Think

In direct training costs alone, U.S. companies spend an average of $1,050, plus an additional $700 for travel, per person trained. With 49.6 million people being trained annually, the total expenditure is $52 billion, according to a 1995 report published by *Training* magazine.

But the total expense of a training session for one person involves much more than the direct cost and the travel expenses for the trainees or the instructor. The real price tag to the company also needs to account for two mostly overlooked items: lost productivity, the so-called "wage and salary cost of training" — representing the cost of the work that isn't getting done while people sit in a classroom; and the loss of potential revenue when sales representatives or billable support people are pulled away from the customer visits that generate income.

Even for factory workers, it isn't tote that barge, lift that bale any more - to a far greater extent than ever before, the bulk of their work is mental. That's why so many companies are gently pushing their workers into the classroom. According to the Bureau of Labor Statistics, the share of the country's 19 million factory workers with a year or two of college has soared 50% in a decade, up to 25%. An additional 19% have college diplomas today, up from 16% a decade ago.

In this analysis, we exclude the costly top-tier training — the "name brand" lectures and courses such as those offered by gurus like Tom Peters, Rob Lebow, W. Edwards Deming or reengineering champ James Champy. Instead we focus on the more typical efforts that include new-product training for the sales force, training that keeps the engineers abreast of emerging technologies, training for managers and staff on new software or new computer systems, and the vital on-going training that keeps factory workers up to date with new products, new machines and new techniques.

1.1 The Training Needs of Education and Government

Training needs aren't confined to profit-making companies, of course. The need for training employees is an on-going issue for government at all levels.

For education, the problem wears a different face — not training employees, but finding ways to teach large numbers of students that will be no less effective yet provide "more bang for the buck" in a time when all public institutions, even our schools, face challenging budget issues. In higher education, where the price tag on a college degree threatens to turn the bachelor's degree into an elitist emblem, the competition for limited class seats already forces many students into a five- or six-year college residency.

1.2 A Model for Current Training Costs

Too few companies know what their training actually costs, in part because the expenses often show up in the budgets of several different operations. But there is another reason: even when an attempt is made to assemble realistic picture of what the organization is actually spending for training, some of the key items are almost universally overlooked.

1.2.1 Direct Costs

The following analysis looks at the elements of typical training costs for large, midsize and small organizations, and provides a guide for calculating actual costs for your own company.

Instructors

The cost of conducting training using the traditional classroom model would seem to be straightforward, yet can be hard to extract from most training departments, simply due to the spread of costs for different types of training.

Take the case of a company we'll call Hercules Tractor, Inc. (HTI), which needs to bring the field sales reps and the support force up to speed on the company's new Model 8501 computerized thresher/baler. They need to train 1,000 people, the average class size in each location will be 10 students; the company has assigned four instructors to the program, and the courses will take five days, or one work week.

On this basis, it will take 25 weeks, or nearly 6 months, to complete the training of all 1,000 people. (Throughout, refer to the Appendix for details of the calculations.) We will assume the four instructors earn an average annual salary of $65,000, and are supported by two people earning an average of $40,000. Allowing 25% for benefits, the cost for developing and teaching the course will be:

Total salary and benefits, instructors plus support people	$ 219,270.

Facilities

If HTI has no facilities of its own in the cities where training will be done, they will need to include the cost of facility rental. In major cities, this cost can be upwards of $1,000; for this example, we use a modest figure of $375. Counting on the hotel to provide a VCR and monitor will add $100-200 to the daily rate. We assume that most of the Hercules training takes place in available company meeting rooms, with only 10% of the classes needing to take place in rented space.

Facilities	$ 19,000.

Travel

Travel is one of the most significant costs associated with training. In many cases, the cost of travel may exceed the training salaries and other direct-cost elements. A statistic used by one company in the information technology training market shows that more than 40% of total money budgeted for IT training is spent on travel. The cost can go even higher when revenue-generating employees are involved-such as sales representatives, consultants, and billable support personnel.

Using assumptions shown in the Appendix, the travel cost for the 1,000 trainees is:

Travel	$ 850,000.

Totals for Direct Costs

Instructors and support	$ 219,270.
Facilities	$ 19,000.
Travel	$ 850,000.
Total direct costs	**$ 1,088,270.**

1.2.2 Indirect Costs

Ask about the actual costs of a particular training program, and you're likely to get a response that includes only the direct costs as above. But there are, in addition, two other elements that don't show up in budgets yet represent a very real cost to the company: lost productivity, and lost revenue.

Lost Productivity

Every day a worker sits in a classroom is a day of productive work lost to the company. Over time, of course, the benefits of training should make the person more productive and of greater value to the company. Nonetheless, the anticipated payback should not be allowed to mask the fact that time spent in training represents lost productivity, which has a definite cost associated with it.

So what's the cost of lost productivity to HTI for the 1,000 person training on the Model 8501? The value can be calculated in terms of how much the average employee contributes to the company's revenues. Using the example of a $1 billion company employing 5,000 people, and achieving a respectable $200,000 annual revenue per employee, the lost productivity for a five-day training program would be:

Lost productivity: 5,000 days x $ 800 per day	$ 4,000,000.

Lost revenue

The calculation of lost productivity provides an important insight. But there's a different measure that is even more valid in one particular and very important case: for sales reps and others whose services bring direct revenues to the company. According to the Training magazine study cited earlier, employees in sales organizations receive more training than people in other parts of the enterprise. The impact in lost revenue can have a very significant on overall sales results, yet is rarely factored into the calculations.

A sales representative with $1 million annual quota accounts for an average of $4,000 per business day. No wonder it's often so difficult to get a sales person into a training class! Yet allowing sales people to avoid training is a costly double-edged sword for both the rep and the company — especially when ducking out on a training course means the rep will be unable to correctly present the business benefits of new products or services.

The lost revenue cost to HTI for the Model 8501 training program is based on the result of having 650 sales reps sit in a classroom for five days each, plus the lost billings of 350 sales support engineers for whom the company normally bills at $600 per day. The result is:

Lost revenue	$ 14,050,000.

Total Training Costs

So here's what have we now arrived at to this point for the training costs of the HTI program (using lost revenue instead of lost productivity, since we are here dealing with a training program for revenue-producing employees):

Direct costs	
Instructors & Support	$ 219,270.
Facilities	$ 19,000.
Travel	$ 850,000.
Indirect costs	
Lost revenue	$ 14,050,000.
Total	**$ 15,138,270.**

1.3 The Hidden Costs of Inadequate Training

There's a tendency to say, "A cost-cutting approach to training? Fine — dump it in with the other cost-cutting programs."

In fact, there are four compelling reasons for viewing a new approach to training as an opportunity for an impressive strategic initiative. HIDL offers a way to achieve real improvements in

- Time-to-market on new products or services
- Time to respond to rapidly changing market conditions
- Meeting competitive challenges in the marketplace
- Staying in the forefront of new technology.

Each of these represents a way in which the use of older, traditional training methods can becoming a damaging hidden costs of doing business.

1.4 A Model for the Hidden Costs

The hidden costs we'll consider for the purposes of this paper are the three detailed below:

Cost of Delays in Time-to-Market

The widely recognized virtues of cutting time-to-market in order to start the revenue flow of a product earlier have led many companies to put pressure on R&D, product prototyping and other related areas. The results have been dramatic, with product cycles on some high-tech areas down to as little as two months, and said to be dropping even further.

But with all the turmoil and whip-cracking on the development engineers, the impact of training on time-to-market has generally been overlooked. When sales reps, service engineers, customer support people and others all need to be trained in a new product, it can take weeks or even months to bring everyone up to speed. Thus training needs to be seen as a critical element in time-to-market.

The lost opportunity cost due to a delay imposed by the training cycle can be readily calculated, using just two items: the projected monthly revenue streams that a company would be able to achieve if it could immediately release the product or service; and the extent of the delay imposed by current training methods — how long it takes before the sales reps and others have received training. This is adjusted to account for the portion of the sales force completing training each month, and thus becoming productive in selling the new product.

Using the HTI example as before, and assuming that the new product is projected as being able to produce an incremental revenue stream of $2 million per month, the total costs to the company for this item turn out to be:

Total cost of Time-to-Market delay	$ 7,000,000.

Cost of Delays in Responding to Changing Market Conditions

In addition to the training required for new products or services, which we've focused on up to this point, training often also becomes an issue when there's a shift in market conditions. Executives and senior managers recognize that responding rapidly to changing market conditions is a test of corporate agility. It may mean altering marketing or product strategy to incorporate the Internet, or changing distribution channels when market maturity demands a shift in focus, or responding to some other marketplace shifts.

This calculation parallels the previous one. Here, though, the revenue per month represents the revenue that a company could achieve if it could immediately implement changes in marketing, product, or sales strategy. The amount of time that the revenue is delayed due to training equates to the revenue lost to the company:

Total cost of delay in responding to a change in market conditions	$ 7,000,000.

Competitive Challenges

Failing to respond to market challenges quickly enough can also lead to a draining away of the customer base, which makes meeting competitive challenges probably the most critical exercise facing any company. Losing a customer to the competition not only directly impacts revenue but also affects a company's cost structure because of the enormous expenditure of money and effort needed to regain the lost customer.

Each month it takes to get a large group of employees retrained means a further erosion of market share, so that delays in responding to market challenges have the effect of producing a cumulative impact of declining market share.

For the calculations detailed in the Appendix, we assume that the company is initially losing 1/12 of 1% of market share each month, but that the erosion is halted four months after the beginning of training, when a sufficient number of sales reps has been trained on the new product. From this point, we assume that the company slowly regains market share, until by the end of 12 months they have recovered all but 0.1% of share. For the full year, the result is:

Total loss of revenue due training time required to respond to competitive challenges	$ 28,700,000.

2. The Cost of Training with HIDL

In light of the escalating costs of training, many organizations have begun seeking alternate training delivery methods. These trends are evident in the dramatic growth of methods like computer-based training, web-based training, and multimedia training.

Highly Interactive Distance Learning is experiencing almost explosive growth, as large companies and small ones discover that this training modality is fast, effective, and affordable, and can enable a company to gain a significant competitive advantage. In the case of ONE TOUCH Systems, the company has nearly tripled every year for the past three years. These trends clearly show that businesses are actively adopting alternate delivery methods to meet their training needs.

Many organizations have found that the cost of an HIDL system is quickly recovered. The Federal Aviation Administration found that HIDL slashed its overall training budget by 40%[1], while at AT&T, "ONE TOUCH equipment paid for itself after six to eight saved trips."[2]

System Costs, Amortization, and Operating Costs

The components of an HIDL system are:

Host site — the broadcast location, equipped with a Presentation Server for controlling the network; an assistant station, and a phone controller, which handles the incoming phone calls from remote sites to the host.

Remote sites — the distant classrooms where learners gather for the training sessions. These classrooms are generally set up for 10 to 40 students, but may accommodate as many as 64. The equipment includes:
- Video monitor
- Keypads, one for each student, which the students use to enter respon ses

---

[1] Source: Hank Payne, Manager, IVT Network Interactive Video Teletraining, FAA Academy

[2] Source: Donald Blehm, IVBN Manager AT&T Corporation

Microphones (optional), one for each student, for asking questions and responding to teacher queries.

Transmission system — Communication between the Host and the Remote sites can be via satellite relay, or by phone line using TCP/IP networks via Ethernet, VSAT or LAN.

Based on 1997 prices, the cost for this system would work out to be on the order of $694,400. The pro-rated charges for the use of the system by the Hercules sales training program are $11,200 per month; the totals then become:

HIDL Operation Costs for the Sales Training		
System amortization	$	11,890.
Production costs, incl. satellite time	$	35,000.
Instructor & support, incl. development	$	22,395.
Travel costs	$	00.
Total	$	69,285.

Lost Productivity and Lost Revenue Costs

Assumptions: All 1,000 people to be trained attend one of the three three-day classes, a total of 3,000 training days. All training is completed in a single month. Using the earlier data for the Hercules Tractor new-product training program, the lost revenue for the time that the trainees sit in a classroom become:

Lost revenue	$ 8,850,000.

3. Payback: The Return on Investment

3.1 Savings Using HIDL

We can now compare the "before and after" costs of the Hercules sales training program — before, using traditional classroom training, and after, using HIDL.

	Traditional Classroom (in $ x 1,000)	HIDL (in $ x 1,000)
Direct Costs		
Traditional		
Instructors & support	219.	
Facilities		19.
Travel		850.
HIDL Amortization		12.
Production costs		35.
Instructor & support		22.
Travel costs		00.
Total Direct	1,088.	69.

Indirect Costs		
Lost revenue	$ 14,050.	$ 8,850.
Totals	$ 15,138.	$ 8,919.

The savings for this single training program then become:

Traditional classroom training	$ 15,138.	
Using HIDL		$ - 8,919.
Savings for new-product training program using HIDL		$ 6,219.

In other words, approximately $6.2 million in savings from this single training program.

We assumed that the one-week training effort would use 6% of the total time for the year on the HIDL system (see Assumption 3,). On this basis, and using only the direct, "out of pocket" costs,

the annual savings to Hercules would be ($1,088,000-69,000) / .06:

Annual savings using HIDL	$ 17 million

3.2 Payback: The Return on Investment

For an HIDL system costing $595,000 and an annual cost saving of $17 million (exclusive of the opportunity costs of the funds), the HIDL system would appear to provide a payback too quick to be credible:

Payback, savings per month / cost of HIDL system	2.4 months

Despite the suspicious nature of this conclusion, major companies have experienced results that support the calculations — for example, see the Hewlett-Packard story below.

4. Customer Experiences

The representative case presented in this paper, while based on experiential data and research studies, is hypothetical. So it's worth looking at the findings of actual HIDL users.

In 1987, Hewlett-Packard was preparing to introduce a new computer chip. Only a single training team was up to speed on the product, and would have to provide 80 hours of training to 700 engineers and technical people scattered throughout North America. Even after sharpening their pencils, the cost for travel and other expenses alone added up to more than $17 million. And it would be a year before all 700 people could be put through the classes. According to HP, "Clearly, this was unacceptable."

Sales training previously cost as much as $2 million a year and took 4-5 weeks per quarter of travel time for sales execs and trainers. With HIDL, "satellite training conferences take just two days and cost between $160,000 and $200,000 annually, which includes the cost of tele-course production and satellite time."

The system cost the company about $1.5 million, and "this start up cost was recovered in the first month of operation based on the travel costs that were saved." (Emphasis supplied.) According to David Lewis, H-P's product manager for media technologies, "The network is a competitive weapon for us."

Social Security Administration is nearing completion of a project that will see all 1500 of their field offices linked by an HIDL satellite system. When fully deployed, the system will cost $73 million, but the agency says it will save $24 million a year in reduced travel expenses and increased productivity.

5. Conclusion

Many companies devote enormous energy to the development of efficient processes and procedures, only to find themselves shifting into low gear in order to get the "people portion" of the formula up to speed. That's not so much a reflection on the people as it is an indictment of training in four-wall traditional classrooms. The ONE TOUCH Highly Interactive Distance Learning solution, by allowing the simultaneous training of entire groups, at their own locations, results in significantly shorter training cycles and very substantial cost savings.

Two underlying points that should not be missed:

The direct costs of training show up on budgets in various parts of the company and are rarely pulled together, so that managers and executives in most companies never have a true grasp of training expenditures

Even if the expenditures are accurately assembled, the total still represents only the actual "out of pocket" costs. Unfortunately, most companies never look beyond this number. The true cost reflects items that most companies have never considered: the impact of training on their revenue stream.

No business person would dispute the assertion that training is costly. Yet hardly any business person would dispute that, over time, not training is even more costly. Even so, the pressure to cut costs often shows up in the form of cuts in the training budget.

The best of all worlds would be to reduce the cost of training and compress the overall training cycle, while actually increasing the amount of training delivered. This explains why we now see a growing trend toward alternative training methods to replace the traditional classroom.

Appendix: Detailed Assumptions and Cost Calculations

This Appendix presents the line of reasoning and details of calculations that support the numbers shown in the main part of this document.

A Model for Current Training Costs

1. Direct Costs

Instructors

Assumptions: For training of 1,000 people with average class size of 10 students; four instructors; a five-day training course.

1,000 trainees / 10 trainees per class	100 classes
100 classes / 4 instructors	25 classes per instructor
25 classes x 1 week per class	25 weeks

Thus the four instructors will spend 25 weeks, or nearly 6 months, to complete the training. To this we need to add the time required for the instructors to develop the course; we'll assume this takes the efforts of two instructors working together for two weeks, or the equivalent of one month.

Assumption: The instructors earn an average annual salary of $ 65,000.

Salary $65,000, marked up 25% for health, retirement and other benefits	$ 81,250.
Total teaching salary cost, four instructors for 6 months	$ 162,500.
Development, one month	$ 6,770.
Total instructor's salary, teaching plus development	$ 169,270.

Salary cost of the support staff for the teachers (the people who register students, order materials, perform accounting functions, etc.) Assumptions: Members of the support staff earn an average annual salary of $65,000. A ratio of one support person for each two instructors; ie, two support people assigned to this project:

Total annual salary @ $40,000 plus benefits for two support people, for 6 months	$ 50,000.
Total salary for development and training, instructors plus support	$ 219,270.

Facilities

Assumptions: Of the 100 classes, we assume that all but 10 take place in available company meeting rooms. For these 10, we use a modest facility rental cost of $375 per day, plus $125 a day for VCR and monitor rental, for the five-day classes.

Facility rental @ $ 375 for 50 days	$ 18,750.
A/V rental @ $125 for 50 days	$ 6,250.
	$ 19,000.

Travel

Assumptions: Typical travel expenses costs as shown.

Airfare	$ 350.
Hotel room, 5 days @ $100	$ 500.
Meals, 5 days @ $ 40	$ 200.
Total per trainee	$ 850.
Total for 1,000 trainees	$ 850,000.

2. Indirect Costs

Lost Productivity

Assumptions: A $1 billion company employing 5,000 people

Revenue/employee:	$ 1 billion / 5,000	$ 200,000.
Revenue/employee per day:	$200,000 / 250 work days per year	$ 800.
Total training days for the program: 1000 trainees x 5 days per trainee	5,000.	
Revenue lost: 5,000 days x $800 per day		$ 4,000,000.

Lost revenue

Assumptions: Average annual quota for sales representatives, $1 million, or $4,000 per day.

Average billing rate for sales support engineers, $1,000 per day.

650 sales reps x $4,000 per day x 5 days of training	$ 13,000,000.
350 sales support engineers x* $ 600 per day x* 5 days	$ 1,050,000.
Total lost revenue	$ 14,050,000.

A Model for the Hidden Costs

Cost of Delays in Time-to-Market

Assumptions: Anticipated revenue stream for the new product projected to be $2 million per month. Also, since an equal number of people will be trained in each of the six months, at the end of the first month, 1/6 of the people have completed the training, and so on — thus mitigating the impact of the revenue loss.

Cost of Delays in Time-to-Market

$ x millions	1st month	2nd	3rd	4th	5th	6th
Revenue loss	2	1.67	1.33	1.0	.67	.33
Cumulative revenue loss	2	3.67	5.	6.	6.67	7.

Cost of Delays in Responding to Changing Market Conditions

This calculation parallels the previous one; the amount of time that the revenue is lost due to training equates to the revenue lost to the company:

Cost of Delays in Responding to Changing Market Conditions

$ x millions	1st month	2nd	3rd	4th	5th	6th
Revenue loss	2	1.67	1.34	1.0	.67	.34
Cumulative revenue loss	2	3.67	5.	6.	6.67	7.

Competitive Challenges

Assumptions: Our representative company, Hercules Tractor, has 50% market share in this product line, providing $600 million annual revenues; the company is currently losing 1/12th of 1% share (0.083%) each month. We assume the company can stabilize the loss after four months, when a sufficient number of sales reps have been trained in the new product. To simplify the calculations, we further assume that the size of the market and the company's market share are influenced only by training issues.

The lost revenues are found simply by multiplying the market share loss by the size of the overall market during that month: 1/12th of the total annual market of $1.2 billion, or $1 million per month.

Month:	1	2	3	4
Market share loss, %	.08	.17	.24	.33
Market share, %	49.92	49.83	49.75	49.67
Lost revenues, $ millions	1.0	2.0	3.0	4.0
Cumulative loss, $ millions	1.0	3.0	6.0	10.0

Assumption: Although the market-share erosion is assumed to be stabilized at this point, 0.33% has already been lost; winning these customers back will be notoriously difficult. However, we assume that the superiority of the new product, combined with the enhanced ability of the sales force as a result of the training, will result in recovering all but 0.1% of market share throughout the eight remaining months of the year.

Month:	5	6	7	8
Market share, %	49.7	49.73	49.76	49.79
Lost revenues, $ millions	3.6	3.2	2.8	2.5
Cumulative loss, $ millions	13.6	16.8	19.6	22.1

Month:	9	10	11	12
Market share, %	49.82	49.85	49.88	49.9
Lost revenues, $ millions	2.2	1.8	1.4	1.2
Cumulative loss, $ millions	24.3	26.1	27.5	28.7

The Cost of Training with HIDL

System Costs, Amortization, and Operating Costs

Assumptions:

1) HIDL system comprised of one Host location and a 50-site network seating 10 students at each location, and using an existing satellite system.
2) Amortization over 36 months.
3) The Hercules five-day new-product sales training program, when presented using HIDL instead of in the classroom, will require only three days (see fol-

lowing section). Training 1,000 people in this program will take 3,000 training days. The total system usage for the year is assumed to be as follows:

Annual Training - Assumptions

1,000 sales-organization employees @ average of 20 days of training	20,000 days
1,000 non-sales employees @ average of 3 days of training	30,000 days
Total annual training days with HIDL system	50,000 days

Thus the sales training program will take 3/50th, or 6%, of the total HIDL training time for the year.

The costs of the HIDL system for Hercules Tractor, and the monthly cost based on a three-year payout, are[1:]

	Oty	Total Cost	Mo. Depreciation
Host location			
Presenter Station (hardware)	1	$ 17,400.	$ 385.
Assistant Station (optional - HW & SW)	*1*	*9,750.*	*140.*
Phone controller	1	1,800.	30.
High-res touch monitor	1	6,200.	125.
500 seat licenses	500	119,000.	2,365.
Instructor Toolkit (SW)	1	6,250	125.
Remote locations			
Keypads	500 @ $244	122,000.	2,710.
Site Controllers (HW & SW)	50 @ $2,490	124,500.	2,770.
Downlink equipment	50	237,500.	6,600.
Furnishings (TVs, furniture, etc.)	50	50,000.	1,390.
Totals		$ 694,400.	$ 16,640.

To permit a comparison to the figures developed earlier for the classroom situation, we complete the calculation by adding operating costs. For this purpose, we'll assume that Hercules Tractor will use the HIDL training facilities as follows:

Amortization charges for the HIDL system for the year are 12 x $16,515, or $198,180. The new-product training program, which represents 6% of the system usage for the year, will bear $11,890 of this cost.

[1] *Note: As per International List before discount - for budgetary purposes*

Instructor

Assumptions: The sessions can all be handled by a single instructor, whose time for presenting this training will be 9 days, or (9/250) of his fully allocated annual salary, $81,250. Development time for HIDL training will take three times longer than for traditional training (to design in opportunities that take advantage of the greater flexibility and interactivity of the HIDL approach):

Instructor, teaching time	$ 2,925.
Support, 4-1/2 days	720.
Instructors, development, 12 weeks	18,750.
Total instructor costs	$ 22,395.

Lost Revenue

Assumptions: Findings by Wayne State University show that 20% to 90% more course content can be covered in the same amount of time using HIDL. In the One Touch 1996 customer survey, customers reported content coverage gains ranging from 10% to 100%. These data both yield a median value of a 55% gain in content coverage. For our illustration of the Hercules Tractor sales training course, this means that the five-day classroom course, when presented instead by HIDL, will take only about three days (25 hours instead of 40).

Using the same figures as earlier for numbers of sales, support, and billable reps trained, average salaries, etc., (see page 4), the lost revenue for the training becomes:

	Lost Revenue
Lost sales, 650 sales reps	7,800,000.
Lost billings, 350 support engineers*3*	1,050,000.
Total lost revenues using HIDL	$ 8,850,000.

Qualifikation für den Mittelstand im Spannungsfeld innovativer Technologien - Der IQ-TV-Ansatz[+]

von Christian Tölg und Martina Schäfer[*]

Inhalt

[+] Die damals geplante Realisierung von IQ-TV ist nicht zustande gekommen.
Dennoch zeigen die hier skizzierten Überlegungen die Notwendigkeit einer solchen Konzeption für den Mittelstand. Aus diesen durchaus grundlegenden Überlegungen heraus haben wir uns entschlossen, diesen Beitrag beizubehalten.

[*] Christian Tölg und Martina Schäfer waren zum Zeitpunkt der Erstellung dieses Beitrags (Herbst 1999) Mitarbeiter am Fraunhofer IAO Stuttgart.

1. Motivation und Hintergrund

Die Wettbewerbsfähigkeit der Bundesrepublik Deutschland auf den Weltmärkten beruht auf der Innovationsfähigkeit von Wirtschaft und Gesellschaft und damit zu großen Teilen auf den Kompetenzen, Fähigkeiten und dem Wissen von Unternehmen und deren Mitarbeitern. Die folgenden Daten sollen deutlich machen, welche Rolle das Management von Qualifikation in der Zukunft spielen wird. In einem modernen Unternehmen werden durchschnittlich 50 Prozent des Kundenstammes nach fünf Jahren, der Belegschaft nach vier Jahren und der Investoren nach einem Jahr erneuert (HBR). Expertise und Erfahrungen verlassen das Unternehmen, gleichzeitig kommen neue Impulse herein. Dies macht deutlich, welcher Veränderungsdynamik ein Unternehmen unterworfen ist. Hinzu kommt, dass bislang rund 42 Prozent des Wissens in einem Unternehmen ausschliesslich in den Köpfen der Mitarbeiter existiert, 46 Prozent in Dokumenten, davon 26 Prozent auf Papier und 20 Prozent elektronisch, davon wiederum nur etwa 12 Prozent in Datenbanken gespeichert (Delphi Consulting Group, VDI 4.6.99). Vor allem das in den Köpfen vorhandene Wissen soll durch Knowledge Management dem gesamten Unternehmen nutzbar gemacht werden. Der Massstab für Business Excellence eines Unternehmens der Zukunft wird die individuelle Performance seiner Mitarbeiter und Führungskräfte und die organisatorische Performance in der erfolgreichen Umsetzung der Kompetenzen zeigen. Eine der wichtigsten Gestaltungsaufgaben der Zukunft besteht darin, diese Business Excellence durch intelligente Lernmodelle zu erhalten.

Die klassischen Lernformen mit Schwerpunkt auf Präsenzschulungen sind hier zunehmend überfordert. Dies gilt sowohl, was die verfügbaren Kapazitäten betrifft, vor allem aber auch was die Geschwindigkeit angeht, mit der neue Inhalte von Tutoren aufgenommen und an die Schüler weiter vermittelt werden können. Gegenüber traditionellen Lernkonzepten muss zukünftig in etwa einem zehntel der Zeit und Kapazität dieselbe Menge und Qualität an Wissen erfasst, verarbeitet und kommerzialisiert werden (SRI). Dies wird nur möglich durch neue Lernmodelle für das Lebenslange Lernen und durch Technology based Learning (TBL).

Die Konvergenz von PC-Welt und digitalem TV erscheint die ideale technologische und qualitativ akzeptable Basis zur Realisierung innovativer Lernszenarien. Die Integration interaktiver und kommunikativer Medien vermag alle Sinnesmodalitäten so anzusprechen, dass dadurch eine optimale Wirkung erzielt werden kann. Die Vorzüge der Visualierung, Emotionalisierung und Erzähltechnik des Mediums Fernsehen werden verknüpft mit der natürlichen Neigung des Menschen zu explorativem und forschendem Interagieren mit sich und der Umwelt, wie es das Internet ermöglicht.

1.1 Zielsetzung

Die Forschung hat ermittelt, dass etwa 76% von Business Bildungsinhalten in den Unternehmen, die Training einkaufen, entwickeln und an ihre Mitarbeiter verteilen, weitgehend identisch sind (CUX99). Hier stellen sich aus Anbietersicht die Herausforderungen durch ein konsortiales Modell Ressourcen zu teilen und Kosten zu senken und gleichzeitig die Trainingsergebnisse zu verbessern. Ein solches Geschäftsmodell sollte durch IQ-TV realisiert werden. Ziel dieses Konsortium aus Inhalteanbietern, Service- und Technologieprovidern war es, zum einen die infrastrukturellen Voraussetzungen zu schaffen und zum anderen Programmbouquets für Qualifikation, Wissensmanagement und Kulturerlebnisse zu entwickeln, die über eine gemeinsame Plattform angeboten werden.

1.2 Marktpotentiale und Chancen für IQ-TV

Besteht überhaupt ein nennenswerter Bedarf an innovativen Formen von TBL oder gehen neue Angebote am Bedarf der Unternehmen vorbei? Dies ist eine Fragestellung einer vom Fraunhofer IAO durchgeführten Umfrage[1], an der sich 108 Unternehmen beteiligt haben und der einige Ergebnisse entnommen wurden. Unternehmen sind sich der Bedeutung der Weiterbildung ihrer Mitarbeiter durchaus bewußt, so schätzen rund 70% der Befragten die Bedeutung des Bildungsbereich gegenüber anderen Bereichen ihres Unternehmens als hoch bis sehr hoch ein (vgl. Abb. 1).

Abbildung 1: Stellenwert des Bildungsbereichs gegenüber anderen Bereichen innerhalb eines Unternehmens

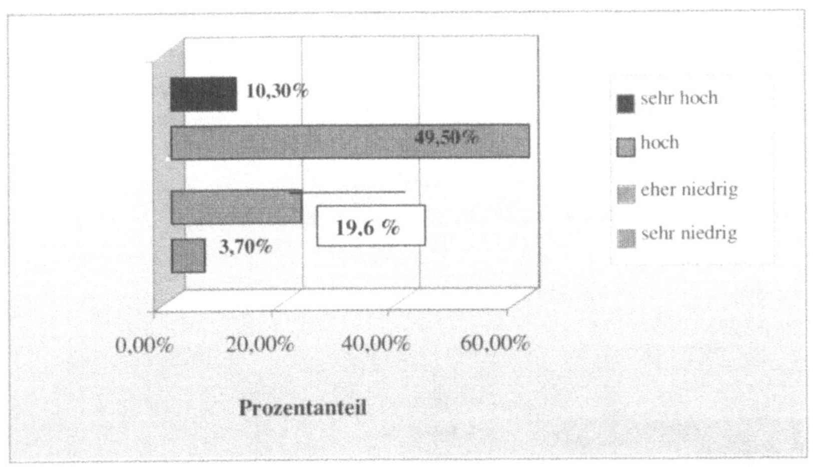

Dem steht jedoch die Feststellung entgegen, daß über 60% der Unternehmen 1999 und 2000 keine Erhöhung ihres Bildungsbudgets planen, rund 10% sogar von einer Verringerung ausgehen (vgl. Abb. 2).

[1] Studie "Multimedia in der innerbetrieblichen Weiterbildung", Fraunhofer IAO, Stuttgart, Mai 1999.

Abbildung 2: Geplante Ausgaben in der innerbetrieblichen Weiterbildung

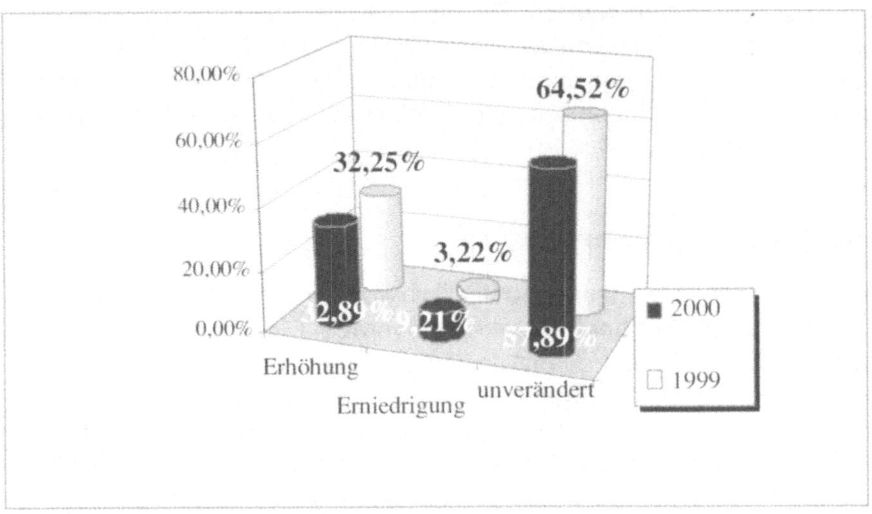

Wachsendem Bildungsbedarf stehen so stagnierende Budgets gegenüber. Die Unternehmen sind also gezwungen, Wege zu finden, mit denen sie ohne Budgeterhöhung ihr Bildungsangebot ausdehnen können. Hierzu bietet sich in erster Linie TBL an; dessen Marktpotential ist daher als in Zukunft stark wachsend einzuschätzen. Dies wird auch in der Umfrage deutlich: Zwei Drittel der befragten Unternehmen planen den Einsatz neuer Medien im Bildungsbereich, über 90% davon bereits in den nächsten beiden Jahren (vgl. Abb. 3).

Abbildung 3: Einsatz neuer Medien in der innerbetrieblichen Weiterbildung

geplant: 67,2%
nicht geplant: 32,8%

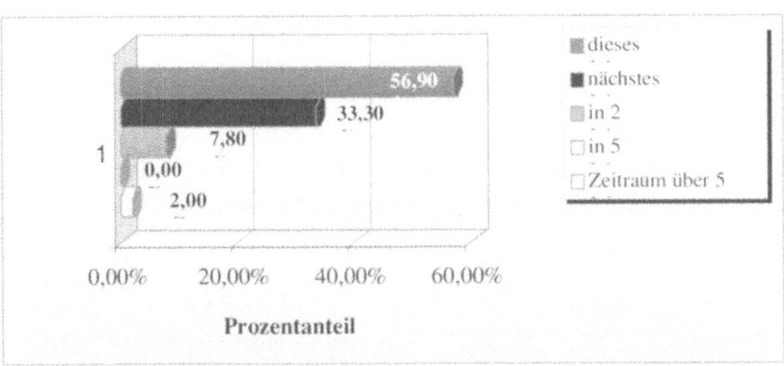

Ein interessantes Ergebnis der Umfrage ist die Beobachtung, daß vor allem Unternehmen, die bereits Business TV einsetzen, mit sinkenden Bildungsbudgets rechnen. Offensichtlich greifen hier die Einsparpotentiale durch den Einsatz dieses neuen Medium bereits soweit, daß trotz hoher Anlaufkosten für das einzelne Unternehmen relativ schnell relevante Einspareffekte (Reise-/Ausfallkosten) erzielt werden konnten. Dies sollte über IQ-TV auch für kleinere Unternehmen realisierbar werden.

Der Markt der beruflichen Weiterbildung umfaßt insgesamt ein Volumen von 57,5 Mrd. DM jährlich[1]. Den größten Anteil hieran haben die Betriebe der privaten Wirtschaft mit 24,7 Mrd. DM, es folgen die Bundesanstalt für Arbeit (19 Mrd. DM), die Weiterbildungsteilnehmer (9,8 Mrd. DM) und die Öffentliche Hand (4 Mrd. DM). IQ-TV bietet hier in folgender Weise Einsatzpotentiale:

Privatwirtschaft

IQ-TV liefert kostengünstige Schulungen, wenn eine entsprechend kritische Masse an Teilnehmern erreicht wird. Zusatzkosten für den Einsatz müssen nicht entstehen, wenn eine Mittelverschiebung stattfindet. Dazu muß eine grundsätzliche Entscheidung für IQ-TV als TBL-Standardschulungsmedium neben Präsenzschulungen in den Unternehmen getroffen werden.

Bundesanstalt für Arbeit

Prinzipiell liefert IQ-TV für Aus- und Fortbildungsbereiche, die durch die BfA finanziert werden, einen höheren „Value for Money„ unter der Voraussetzung, daß die Mittelverwendung gezielt für die Unterstützung der Produktion von Bildungsprogrammen eingesetzt wird. Darüber hinaus kann die Erreichbarkeit bis in die Privathaushalte hinein breite Bevölkerungsschichten ansprechen. Es würde hier den Rahmen sprengen, die Möglichkeiten zur Verbesserung von Bildungschancen für viele Arbeitnehmer aber auch Minderheiten durch dieses Medium aufzuzeigen.

Weiterbildungsteilnehmer

Für die Nutzer von Weiterbildungsangeboten liegen die Vorteile auf der Hand: Bei gleichem Budget erhalten sie ein breiteres Angebot, qualitativ bessere Inhalte durch mehr Wettbewerb und Qualifizierung zu jeder Zeit an jedem Ort.

Öffentliche Hand

Hier gilt ähnliches wie für die Privatwirtschaft und BfA. Die Angebote können gezielter produziert werden. Eine breitere Wirksamkeit durch flächendeckende Angebote macht die eingesetzten Mittel kosteneffizienter und wirtschaftlicher.

Formen der beruflichen Weiterbildung

Die dominierenden Formen der beruflichen Weiterbildung sind Selbstlernen am Areitsplatz mit einer Teilnahmequote von 74 Prozent, Vorträge und Seminare mit 37 Prozent und Selbstlernen in der Freizeit mit 37 Prozent[2]. Mediengestütztes

[1] Grünwald/Moraal, Bundesinstitut für Berufsbildung, Schaubilder zur Berufsbildung. Fakten, Strukturen, Entwicklungen. Band II. Berlin, Bonn: Bundesinstitut für Berufsbildung, 1996.

[2] Berichtsystem Weiterbildung IV. Integrierter Gesamtbericht zur Weiterbildung in Deutschland. Bonn: Bundesministerium für Bildung, Wissenschaft, Forschung und Technologie (BMBF), 1996.

Lernen am Arbeitsplatz wird dagegen bislang nur von 12 Prozent aller Erwerbstätigen genutzt. IQ-TV kann durch die Technologien des digitalen Fernsehen und interaktiver Medien (Internet) die drei dominierenden Weiterbildungsformen in folgender Weise zusätzlich unterstützen und erweitern:

Selbstlernen

Selbstlernen wird integriert in betreute Lernprozesse. Livekonferenzen mit Interaktion und Feedbackmöglichkeiten wechseln mit ruhigen Lernphasen und Lernsequenzen. Selbstlernprozesse sind eingebunden in Lernkooperationen.

Vorträge und Seminare

Die Angebotsvielfalt wird hier zunehmen, auch aufgrund des Wettbewerbs. Neben der Möglichkeit, Vorträge auf Tagungen zu besuchen, können diese über IQ-TV virtuell als Live-Events und Abrufdienst besucht werden. Die beliebige Wiederholungsrate ermöglicht in Vergessenheit Geratenes aufzufrischen.

Freizeit

Die Lernprozesse in der Freizeit unterliegen einer besonderen Selbstmotivation des Anwenders. Hier ist nicht nur der unmittelbare Nutzen gefragt, beispielsweise ein prüfungsrelevantes Angebot zu erhalten, sondern Abwechslung, Attraktivität, Erholung und Unterhaltung müssen gleichermaßen kombiniert werden. Die Herausforderungen an die Inhaltegestaltung firmieren unter dem Begriff „Edutainment„.

2. Digitales Fernsehen als technologische Basis

Digitale Technologiekonzepte im Fernsehbereich setzen sich zunehmend durch und das aus gutem Grund[1]. Digitales Fernsehen ermöglicht

- die Nutzung einer erheblich größeren Anzahl von Kanälen. Die Anzahl von Satellitenkanälen kann auf digitaler Basis um einen Faktor 10-20, die terrestrischer Netze um einen Faktor 12-40 gesteigert werden,
- eine erheblich höhere Empfangsqualität von Video und Audio,
- die Integration von Audio, Video und Daten in einem Medium,
- die Integration von TV- und internetbasierten Anwendungen und deren Einsatz mit unterschiedlichen Endgeräten (TV/PC),
- das Angebot interaktiver Services zu niedrigen Preisen für breite Konsumentenschichten,
- die Bildung geschlossener Nutzergruppen
- den Einsatz elektronischer Programmführer (EPG) mit deren Hilfe Nutzer die Auswahl von Inhalten und die Personalisierung des Programms steuern können,
- Near-Video-on-Demand, Infotainment und Services,

[1] Digital Broadcasting Media, Studie, Ovum Ltd., 1998

- Interaktive Services unter Ausnutzung der Prozessorkapazitäten der Set-Top-Box sowie des Internets.

In Großbritannien und den USA wird der Eintritt in digitales Fernsehen nicht zuletzt durch Initiativen der Regierungen forciert. In Großbritannien müssen Sender bis Juli 1998 mit der Ausstrahlung digitaler Inhalte beginnen, in den USA innerhalb der nächsten zwei Jahre. In Deutschland ist ein erheblicher Teil der Fernseh- und Radiosender dabei, auf digitale Standards umzustellen. Die folgende Abbildung zeigt die Zukunft des digitalen Fernsehens am Beispiel Großbritanniens. Das analoge Fernsehen wird bis in 10 Jahren nahezu abgelöst sein (vgl. Abbildung 4).

2.1 *Übertragung und Kompression*

Als Kompressionsstandard für Inhalte in TV-Qualität hat sich inzwischen MPEG2 (Motion Picture Expert Group[1]) durchgesetzt. Für die Übertragung stellt Digital Video Broadcasting (DVB) eine Basis für weltweite Standards dar, die die Integration von Übertragung via Satellit (DVB-S), terrestrisch (DVB-T) und per Kabel (DVB-C) erlauben und Hardwareproduzenten erst die Massenproduktion und damit niedrigere Kosten für Komponenten digitalen Fernsehens ermöglichen. Technologische Innovationen, z.B. der kombinierte Einsatz von ATM und ADSL für terrestrische Netze sowie von digitalen Satellitenkanälen verringern das Bandbreitenproblem und erlauben das Broad- oder Multicasting großer Datenvolumina wie es beim Einsatz von Videoinhalten erforderlich ist. Bei entsprechender Anbindung der Nutzer können so Bandbreiten von 2-8 Mbit/s durchgängig realisiert werden.

Abbildung 4: Ablösung des analogen Fernsehens durch digitales Fernsehen am Beispiel Großbritannien[1]

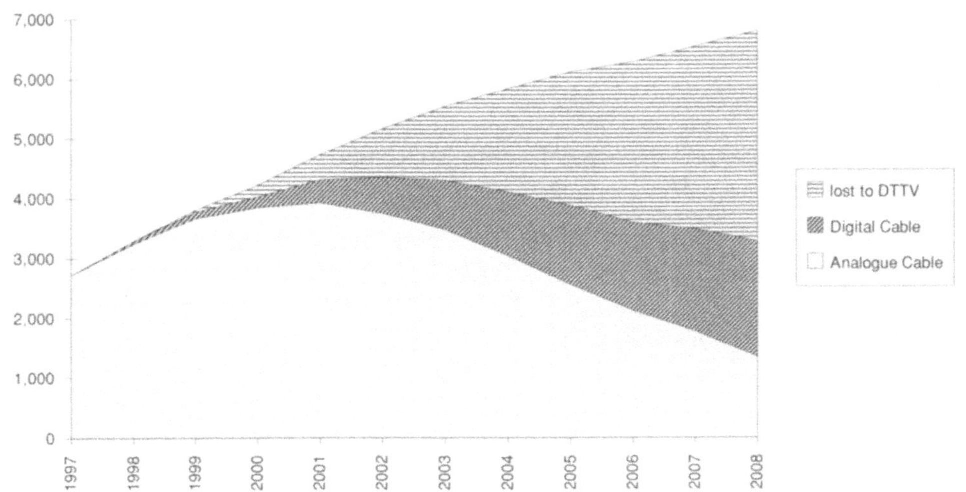

[1] http://www.mpeg.org

Die Einführung des digitalen Fernsehens erhöht die Verfügbarkeit digitaler Kanäle und erlaubt somit geringere Kosten für Produktion und Distribution. Dies erlaubt auch kleineren Anbietern, Inhalte erfolgreich zu vermarkten. Kleine Interessensgruppen werden für Anbieter als Zielgruppe interessant.

2.2 Zusammenspiel von – digitalem – TV und Internet

Die Zusammenführung von Internet-Technologien und Digital TV als IQ-TV Plattform beschreibt damit ein innovatives Feld, das die Mächtigkeit von Broadcasting und die Interaktivität des Internets miteinander koppelt. Ein solches System sollte lieferanten- und kundenneutral sein. Das bedeutet, daß ein Playout-Center bzw. Server sowohl Point-to-Point (Single user access, Unicasting) als auch Point-to-Multipoint (Broad- bzw. Multicasting) senden kann. Zur weiteren Gewährleistung der Neutralität müssen auf der Seite des Clients zukünftig alle Endgeräte die Möglichkeit haben, die Inhalte zu empfangen.

IQ-TV macht sich die Vorteile von digitalem TV und Internet zunutze, um Qualifikationsinhalte unterschiedlicher Anbieter wie Unternehmen, Organisationen und Verbände, Hochschulen, privater Anbieter und TV-Sender zusammen zu führen und über eine einheitliche technische Plattform der Öffentlichkeit zugänglich zu machen. Die eigentlichen TV-Inhalte werden um Handbücher, interaktives web-based Training (WBT), Präsentationen und andere Inhalte ergänzt und encodiert. Die Ausstrahlung geschieht dann verschlüsselt für kostenpflichtige Inhalte bzw. solche mit geschlossenen Nutzergruppen (z.B. Kursteilnehmer) oder unverschlüsselt für öffentliche Inhalte die von jedem kostenfrei empfangen werden können. Eine Vielzahl von Inhalten kann hierbei über mehrere digitale Kanäle zeitgleich verteilt werden. Die medienrechtliche Seite ist dabei sichergestellt.

Der Nutzer kann über Satellitenschüssel und Settop Box die für ihn freigegebenen Inhalte auf TV-Gerät oder PC empfangen. Er kann über den Electronic Program Guide (EPG) auf dem Fernseher bzw. über einen Webbrowser auf dem PC seine persönliche Auswahl treffen. Parallel oder anschließend zum videobasierten Lehrinhalte kann er beispielsweise interaktive Übungen durchführen, oder über das Internet per Chat, Email oder Videoconferencing Fragen an seinen Tutor stellen. Eine schematische Übersicht zeigt die Abbildung 5.

Zur Umsetzung der technischen Plattform hatten sich die Partner Siemens, SES Astra, SWR, KlettSatcom und das Fraunhofer Institut für Arbeitswirtschaft und Organisation (IAO) zusammengeschlossen. Es war geplant, mit weiteren internationalen Technologiepartner zu kooperieren.

Abbildung 5: Ursprünglich geplante Architektur IQ-TV (Quelle: SWR)

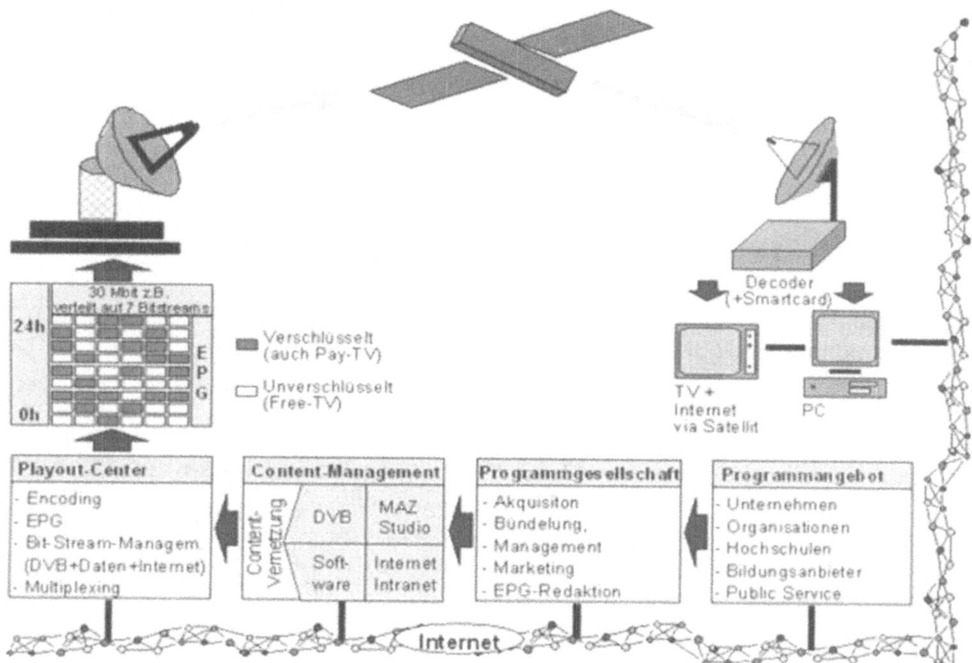

3. Inhalte und Anbieter

IQ-TV soll im Sinne einer multimedialen Akademie dem Nutzer beruflich wie privat die Erstellung seines persönlichen Bildungsprogramms aus einem breiten Angebot zertifizierter Lerninhalte unterschiedlicher Anbieter eröffnen. So könnte

- der IT-Verantwortliche eines mittelständischen Unternehmens an einer Schulung zum Thema Netzwerktechnik einer IHK und anschließend an Produktschulungen der ausgewählten Hard- und Softwareanbieter teilnehmen. Zusätzlich könnte er eine Vorlesung zu Projektmanagement einer Hochschule "besuchen",
- ein Personalmanager könnte eine Vorlesung zu Personalrecht eines juristischen Lehrstuhls belegen und an einem Kurs in Führungskompetenz eines privaten Schulungsanbieters teilnehmen,
- ein Malermeister könnte Kurse zur Verarbeitung eines neuen Farbtyps eines Farbenproduzenten, zur Arbeitssicherheit einer Berufsgenossenschaft und zur Angebotserstellung auf dem PC einer Handwerkskammer belegen,

- ein Student könnte neben Vorlesungen seiner Hochschule auch an denen anderer Hochschulen teilnehmen und seine Grundkenntnisse über Angebote des Public Service wieder auffrischen.

Dies erfordert die Integration von Inhalten unterschiedlichster Anbieter aus den Bereichen (1) Unternehmen/Branchen, (2) Hochschule und Forschung sowie (3) Bildungsträger.

3.1 Programmtypen und Zugansvoraussetzungen

Einige Beispiele unterschiedlicher Programmtypen und Zugangsvoraussetzungen zeigt die nachfolgende Tabelle 1.

Im Rahmen des weiter unten angesprochenen Forschungsprojektes „MittelstandsTV„ sollte unter Beteiligung der Plattformgruppe (Siemens, SES Astra, SWR, KlettSatcom und Fraunhofer IAO) sowie mehrerer Industrie- und Handelskammern, Handwerkskammern, privater Bildungsanbieter und Großunternehmen ein inhaltliches Angebot für den Mittelstand zunächst in den Bereichen Meisterschulung, berufliches Spezialwissen sowie Schlüsselqualifikationen geschaffen werden. Dieses sollte dann basierend auf den erzielten Ergebnissen im operativen Betrieb qualitativ und quantitativ ausgebaut werden.

3.2 Nutzenpotentiale

Da weitgehend noch über die Barrieren für den Einsatz von Business TV in mittelständischen Unternehmen spekuliert werden muß, aber die Anforderungen an eine effektive und effiziente berufliche und betriebliche Weiterbildung weiter steigen werden, wird eine qualifizierte Aufklärung und Beratung im Hinblick auf die organisatorische Integration medienbasierter Lern- und Qualifizierungskonzepte in die Geschäftsprozesse und Unternehmensabläufe kleiner und mittlerer Unternehmen immer zwingender. Als Momentaufnahme konnten sich folgende Nutzenpotentiale von IQ-TV insbesondere für KMU aufzeigen lassen:

Tabelle 1

Sparte	Zugang			IQ-TV - Die Programmtypen
	frei	kodiert	kosten-pflichtig	Beispiele
	■			Promotion, Produktinformationen, Events
Mittel-standsTV	■	■		Mitarbeiterinformationen, Schulungen, neue Produkte
		■	■	Schlüsselqualifikationen, Dienstleistungen
	■			Virtuelle Hochschule
Hochschul-TV	■	■		Medizinische Vorlesungen
		■	■	Manager-Seminare, Repetitorien
	■			Offene Sendungen als Trailer/geförderte Angebote
Bildungs-träger	■	■		Freie Qualifizierungsangebote für spezielle Nutzer
		■	■	Kurse (Sprache, Computer), Weiterbildungsmaßnahmen
	■			Begleitendes Informations-/PR Angebot von Kongressen
Kongress-TV	■	■		Virtuelle Konferenzen
		■	■	Virtuelle Teilnahme an Seminaren/Kongressen
	■			Bildungskataloge/-informationen/-verzeichnisse
Daten-dienste	■	■		Firmendienste, Datenbanken, Tutorien
		■	■	Kommerzielle Online-Angebote, Software, Tutorien
	■			Werbefinanzierte Qualifizierungsangebote
Privater Bildungs-kanal	■	■		Finanzierte Bildungsangebote für spezielle Nutzer
		■	■	Pay-TV-Bildungsangebote
Public Service	■			Öffentlich-rechtliche Bildungs-/Basis-Programme

Kosteneffektivität

Ein unternehmensübergreifendes inhaltliches Angebot kann dem einzelnen Unternehmen wesentlich günstiger angeboten werden. Der Multiplikatoreffekt führt dazu, daß eine Schulungssendung simultan von mehreren Mitarbeitern genutzt werden kann. Insgesamt entstehen so pro Mitarbeiter erheblich geringere Kosten, bzw. können bei einem vorgegebenen Budget mehrere Angebote genutzt werden.

Zeitliche und örtliche Flexibilität

Die Schulungen können stundenweise erfolgen, was vor allem kleineren Unternehmen mit wenigen Mitarbeitern eine erheblich größere zeitliche Flexibilität ermöglicht.; die Wahl des Lernortes (Off/Near/On the Job) steigert dies zusätzlich.

Organisatorische Flexibilität

Mitarbeiter können Schulungsinhalte auch selbst auswählen und durch Unterschrift mit ihrer privaten Signatur bestellen. Die Abrechnung kann automatisch und auch anonymisiert erfolgen, solange ein vom Arbeitgeber zur Verfügung gestelltes persönliches Bildungsbudget dabei nicht überschritten wird.

Schnelle und gezielte Programmwahl

Stellt sich während einer Schulung heraus, daß der Inhalt nicht den Erwartungen entspricht, so kann sie durch Umschalten auf eine andere Quelle oder Ausschalten sofort abgebrochen werden. Irrelevante und wenig interessante Inhalte lassen sich bereits im Vorfeld durch Previews ausschalten. Die gezielte Vorinformation zur inhaltlich richtigen Programmauswahl verhindert so unnötige zeitliche Verluste. Durch die Integration interaktiver Möglichkeiten des Internets lassen sich Inhalte auch „vorspulen„. Der zeitliche Verlust läßt sich anders als bei räumlicher Bindung minimieren, wo es kaum Möglichkeiten gibt, die Zeit anders zu nutzen. Wie oft hat man Seminare „ausgesessen„ in Erwartung dessen, was noch kommt.

Verbesserung des Qualifikationsniveaus

TV-gestützte Lernangebote zielen auf eine weite Verbreitung. In erheblich kürzerer Zeit kann somit ein wesentlich besserer Ausbildungsstand aller Mitarbeiter erzielt werden. Die Wissensgenerierung wird gleichzeitig in erheblich kürzerer Zeit möglich. Die Individualisierung und das Customizing ermöglichen darüber hinaus eine kunden- und zielgruppengenaue Gestaltung.

Schulungsqualität

Das Schulungsangebot kann in inhaltlicher und mediendidaktischer Qualität durch einen Zertifizierungsprozeß optimiert werden. Unabhängig von der Qualität der Tutoren, können Schulungsprogramme durchgängig mit hohen Qualitätsstandards ausgezeichnet werden. Gleichzeitig werden Tutoren und Coaches zertifiziertes Schulungsmaterial zur Verfügung gestellt.

Anreiz für die Schulungsteilnehmer

Die Schulungen sollen nach Möglichkeit in bestehende Programme mit Abschluß (z.B. Meisterschulungen) eingebunden werden, um auch auf der Nutzerseite Anreize zu schaffen. Auch Prüfungen können online an verteilten Standorten, etwa in Schulungsräumen durchgeführt werden. Zur Identifikation der Teilnehmer werden digitale Signaturen eingesetzt.

Wettbewerb

Das Angebot nimmt zu, wodurch ein Wettbewerb des Best in Class bzw. Best Practise entstehen wird. Mediendidaktik und -kompetenz entscheidet letztlich über die Qualität eines Lehrers und Tutors.

Modularisierung von Wissen

Die Anzahl unterschiedlicher Berufsbilder hat sich in den letzten Jahren verzehnfacht. Die zukünftigen Veränderungen in Aus- und Weiterbildung werden zu einer weiteren Zunahme führen. Zur Zeit sind ca. 80% der Basisinhalte gleich, 20% müssen unternehmensspezifisch angepasst werden. Um dem Unternehmenswandel und der Halbwertszeit des Wissens zukünftig Rechnung tragen zu können, werden sich die Anteile im Laufe eines Arbeitslebens verschieben, d.h. 20% Basis- und 80% Spezialwissen. Die Möglichkeiten von audio-visuellen in Kombination mit interaktiven Medien bieten durch ihre Modularisierung zum einen eine kostengünstige Produktion von Basiswissen und zum anderen eine unternehmensgerechte Aufbereitung von Spezialwissen.

4. „MittelstandsTV„ als erstes Erprobungsprojekt für IQ-TV

Business TV, als unternehmensinternes Fernsehangebot zur Information und Qualifikation von Mitarbeitern, stößt vor allem bei Großunternehmen seit einiger Zeit auf wachsendes Interesse. Die Möglichkeiten, die Business TV als Kommunikationsmedium bietet, nutzen die Unternehmen zur gezielten und schnellen Information ihrer Mitarbeiter. Die Einsatzfelder reichen hierbei von der Service- und Vertriebsschulung mit Möglichkeiten der Interaktion bis zum Broadcasting von Unternehmensnachrichten. Business TV hat sich dadurch bewährt, daß es audiovisuell attraktiv aufbereitete Inhalte aktuell und in hoher Qualität gleichzeitig an viele Adressaten verteilen kann, wobei zusätzliche Möglichkeiten des Feedbacks und der Interaktion über Telefon oder Videoconferencing eingerichtet werden können. Aus Umfragen und Erfahrungen aus den USA[1] geht hervor, daß zukünftig alle größeren Unternehmen mit verteilten Standorten Business TV einführen werden.

Die Tatsache allerdings, daß Business TV bisher nur in großen Unternehmen eingesetzt wird, legt die Frage nahe, was kleine und mittlere Unternehmen (KMU) bisher davon abhält, dieses Kommunikationsmedium zu nutzen. Sind die Kosten für die Konzeption und Produktion von Business TV-Sendungen zu hoch, fehlen entsprechende Angebote auf dem Markt oder stehen organisatorische Barrieren dem Einsatz im Wege? Oder brauchen KMU aufgrund ihrer Größe kein Business TV? Zur Beantwortung dieser Fragen muß man sich heute weitgehend auf Spekulationen stützen. Befragungen in KMU[2] lassen jedoch vermuten, daß zum einen mangelnde Transparenz in bezug auf die Möglichkeiten und Einsatzfelder und zum anderen Angst vor der Überforderung von Mitarbeitern durch neue Medientechnologien dazu führen, daß KMU einem professionellen Einsatz von Business TV bislang eher ablehnend gegenüber stehen. Diese Haltung wird zu einem Aufholwettbewerb führen, wenn zwar marktmäßige Faktoren wie Kosten und technologisch einfache Machbarkeit kein Hindernis mehr darstellen, aber Einsatzerfahrungen nie gemacht wurden.

Daher wird derzeit ein vom Bundesministerium für Wirtschaft unter der Bezeichnung "MittelstandsTV" gefördertes Erprobungsprojekt realisiert, das repräsentative Anwendungsszenarien umsetzt und dafür sorgt, daß die Ergebnisse als Wissensbasis für den Auf- und Ausbau einer neuen flächendeckenden Lern- und Wissensplattform genutzt werden. Der Zugang zu diesem Wissen soll über eine zukünftig integrierte und standardisierte Plattform - digitales Fernsehen plus Internet- ermöglicht werden. Ziel des Projektes ist es, die Chancen und Machbarkeit einer neuen Form des Lernens im Bereich der betrieblichen und privaten Weiterbildung zu ermitteln und ausgehend davon ein umfassendes mediengestütztes Bildungsprogramm unter Einsatz

[1] Vgl. z.B. http://www.convergent.com

[2] Zur Antragsstellung eines Leitvorhabens zu einem Globalen Lernmarktplatz wurden Befragungen in KMUs, insbesondere Handwerk und Handels-, Vertriebs- und Kooperationspartner von IT-Unternehmen, durchgeführt, die zur Spezifikation neuer audiovisueller Medienkonzepte im Bereich der Aus- und Weiterbildung erforderlich waren.

von digitalem Fernsehen und Internettechnologien zu schaffen. Dazu werden zunächst unterschiedliche Anwendungsszenarien realisiert und erprobt, die typische Qualifizierungsdefizite im Mittelstand aufgreifen.

Besonders berücksichtigt werden Anforderungssituationen, in denen der Einsatz von TV herausragende Vorteile im Vergleich zu anderen Medien bietet. Dazu gehören Zeiteffizienz (Arbeitsausfallzeiten) und Kosteneffektivität (insbesondere Reise- und Ausfallkosten). Qualitätsverbesserungen von Inhalten sind durch mediendidaktische Aufbereitung und multimediale Präsentation von Trainingseinheiten vor allem dort zu erwarten, wo audiovisuelle Eindrücke eine wesentliche Rolle im Hinblick auf den Lernerfolg spielen.

5. Ausblick

Auch wenn IQ-TV in dieser Form und Konzeption nicht realisiert wird: Wir verfügen heute über die erforderlichen Technologien zur Umsetzung solcher Vorhaben, und was interaktives Fernsehen angeht, ist Europa auch in der Umsetzung führend. Als erfolgreiches Beispiel ließe sich Canal Plus in Frankreich nennen.

Weitaus schwieriger ist es, ein inhaltliches Angebot im Bildungsbereich zu schaffen und unterschiedlichste Anbieter zusammenzubringen. Hier zeichnet sich eine Lösung auf Grund des wachsenden Bedarfs ab. Bildungsanbieter wie Unternehmen sind gezwungen neue Wege zu gehen und erkennen dies auch zunehmend. Gleichzeitig ist auch offensichtlich, daß Plattformen einzelner Anbieter in Entwicklung und Betrieb zu teuer sind und aufgrund des beschränkten inhaltlichen Angebots und fehlender Interaktivität nur eingeschränkt von den Nutzern akzeptiert werden.

Schaut man über den Atlantik, so findet man dort proprietäre Plattformlösungen einiger Universitäten und Unternehmen, die diese jedoch in der Regel nur für interne Zwecke nutzen. Breiter angelegte Projekte sind in der Regel nicht über die Pilotphase hinausgekommen, vor allem deshalb, weil sie entweder nicht skalierbar waren oder den Anforderungen einiger weniger Inhalte entsprechend umgesetzt wurden und dann für andere Inhalte nicht geeignet waren. Jeder Entwicklungsansatz muss von den Bedürfnissen der potentiellen Nutzer getrieben sein, bis hin zur Umsetzung der Inhalte. Bei fehlender Akzeptanz und Nutzerfreundlichkeit scheitert die aufwendigste Lösung.

Hätte IQ-TV die Zukunft des Lernens - nicht nur für KMU - dargestellt? Sicherlich werden in den nächsten Jahren nach wie vor Präsenzschulungen dominieren, allerdings zunehmend ergänzt durch Angebote wie sie durch IQ-TV hätten geschaffen werden sollen. Dies gilt vor allem in Bereichen, in denen es auf Schnelligkeit und Aktualität, räumliche und zeitliche Flexibilität sowie globale Verbreitung ankommt sowie für Inhalte, die sich visuell besonders anschaulich darstellen lassen. Man rechnet, dass ab 2003 von den zweitausend Corporate Universities, die es derzeit weltweit gibt, etwa 93 Prozent technologiebasierte Trainings über Web-basierte Technologien, Intranets und Streaming Video durchführen werden (CUX 99). Die Zeit ist reif für ein offenes Bildungs TV-Konzept wie IQ-TV.

Business TV im Kontext neuer Ausbildungsmedien

von Uwe A. Dudday* und Bernd Jancker**

Inhalt

* Uwe A. Dudday, Deutsche Bank 24 , Business-TV
** Dr. Bernd Jancker, Deutsche Bank AG, Leiter Business Communication im Geschäftsbereich Private Banking.

1. Nichts ist so teuer wie Ausbildung. Ausgenommen Unwissenheit

Im Grundsatz unbestritten ist die Grundannahme: Gut ausgebildete und informierte Mitarbeiter sind die Basis für einen dauerhaften Geschäftserfolg. Das heisst, Mitarbeiter, die ihre Produkte, den Markt und die Prozesse im eigenen Bereich kennen, werden mit ihren Kunden in einem Dialog stehen können, der in Geschäftsabschlüssen mündet und somit den Fortbestand des Unternehmens sichert. Ständiger Wissenserwerb und -erneuerung ist **der** ausschlaggebende Faktor für die Erreichung der Produktivitäts- und Wettbewerbsziele.

Wesentliche Voraussetzung für diesen hohen Kenntnisstand ist jedoch ein gut funktionierendes Informations- und Wissensmanagement in den Unternehmen, das auf die Notwendigkeiten aber auch auf die Bedarfssituation der Mitarbeiter vor Ort ausgerichtet ist.

Schlagworte wie Globalisierung, Kostendruck und optimale Resourceneinteilung machen auch vor der Weiterbildung nicht halt. Somit ist alleine schon aus diesen Gründen eine Optimierung in diesem Bereich immer wieder erforderlich, um im Wettbewerb bestehen zu können.

Folglich stellt sich die Frage, wie Weiterbildung zukünftig praktiziert werden wird? Welche Lernformen sind im Zeichen der Informationsgesellschaft überhaupt praktikabel und effizient? Wie wird die Weiterbildung in den Arbeitsalltag integriert und vor allen wie akzeptiert?

Fest steht heute nur, dass es nicht die "eine Lernform" geben wird. Im Wettbewerb oder besser, aufeinander abgestimmt und intelligent verbunden, werden Präsenzveranstaltungen genauso wie CBT´s, Online-Formen und Business-TV im Medienmix und -verbund genutzt werden.

Um im Ergebnis ein genau auf die Anforderungen des Unternehmens zugeschnittene Infrastruktur und damit einhergehend ein optimales Bildungsangebot zur Verfügung stellen zu können, gilt es, die Stärken und Schwächen der einzelnen Lernformen gegeneinander abzuwägen. In der folgenden Übersicht sind die u.E. wesentlichen Formen gegenübergestellt:

Übersicht 1:

	Seminare und Workshop	Offline-Lernen (CBT)	Online-Lernen (WBT Internet)	Business-TV
+	Lernen in der Gruppe Lernkontrolle über Trainer/Referent Trainer/Referent können direkt auf Erfordernisse in der Gruppe reagieren Bekannte und akzeptierte Bildungsform	Lernen dann, wenn es zeitlich passt Geringe zeitliche Abwesenheit vom Arbeitsplatz (z.B. Einsparung von Reisezeiten) Geringe Kosten für die Durchführung	Lernen dann, wenn es zeitlich passt Geringe zeitliche Abwesenheit vom Arbeitsplatz (z.B. Einsparung von Reisezeiten)	Schnelle, flächendeckende und demokratisierte Form der Information und Schulung Kostengünstig Geringe zeitliche Abwesenheit vom Arbeitsplatz
-	Hohe Kosten durch Abwesenheit vom Arbeitsplatz Reisekosten, Durchführungskosten Wie stetig/aktuell ist das Seminarangebot?	Ist immer die Aktualität der Medien gewährleitet?	Infrastruktur noch nicht für alle Arbeitsplätze gewährleistet	Soziale Akzeptanz noch nicht immer gegeben.

Im Ergebnis gibt es nicht die eine optimale Lernform. Vielmehr ist für jedes Bildungsangebot die passenste Form bzw. Mixtur zu wählen. Jedoch ist gerade vor dem Hintergrund der rasant ansteigenden Technisierung der Arbeitsplätze und privaten Nutzung von PC´s eine Lernform besonders stark im Kommen: Das Stichwort hierfür heißt: e-learning.

2. Vormarsch des Web-gestützen Lernens unaufhaltsam

Ähnlich des e-commerce (Kaufen und handeln über das Internet , online-banking etc.) wird die Nutzung des PC´s für die Weiterbildung in der Zukunft unabdingbar sein und auch mehr und mehr zur Selbstverständlichkeit werden. Getrieben von dieser Notwendigkeit zu Veränderungen in der Qualifizierung kann sich praktisch kein Unternehmen diesem Prozess entziehen.

Kostendruck auf der einen und Nachfragedruck durch die potenziellen Nutzer auf der anderen Seite werden als Katalysatoren diesen Prozess beschleunigen. Virtuelle Universitäten – in den USA aus der Bildungslandschaft nicht mehr wegzudenken –

sind in Deutschland schon in einigen Unternehmen Realität. Und wenn nicht, dann sind Projektgruppen schon mit Studien und Planungen hierzu betraut.

Traditionalisten mögen noch auf klassische Präsenzseminare in abgelegenen Bildungseinrichtungen und Hotels hoffen. Mit der nachhaltigen Nutzung des Internets auch am Arbeitsplatz aber werden Bildungsinhalte an den Arbeitsplatz geliefert oder von dort aus abgerufen werden. Mehr und mehr werden Bildungsangebote auch in der Freizeit und am Wochenende genutzt werden.

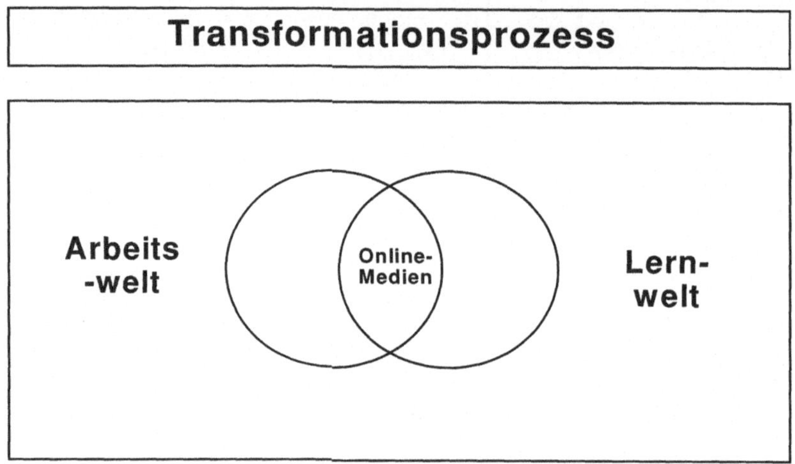

Zudem wird Wissen nicht mehr auf Vorrat gehortet, sondern dann abgerufen, wenn es gebraucht wird. Hierbei spielt es aktuell nur eine untergeordnete Rolle, ob dieses Wissen near-demand oder on-demand geliefert wird. Als on-demand bezeichnet man die Lösung, dass der Lernende jederzeit alle Informationen z.B. über seinen PC direkt verfügbar hat; d.h. er kann entscheiden wann und wo er auf diese zurückgreift. Dies können auf der einen Seite klassische Sequenzen eines CBT´s, auf der anderen Seite aber auch Filmsequenzen aus dem Bereich des BusinessTV´s sein.

Wenn beispielsweise Inhalte über BusinessTV zu feststehenden Zeiten z.B. über Satellitentechnik auf den Fernseher am Arbeitsplatz geliefert wird, spricht man von near-demand-Lösungen.

Der technische Aufwand, BusinessTV-Sendungen on-demand zur Verfügung zu stellen, ist auf Basis der aktuellen Möglichkeiten sehr hoch und damit auch kostenintensiv. Sobald aber entsprechende Bandbreiten für die Übertragung über das Internet zur Verfügung stehen, braucht nicht mehr auf die Satellitentechnik zurück gegriffen zu werden. Dann wird es für den Nutzer möglich sein, sich einzelnen Beiträge oder gar ganze Sendungen dann abzurufen, wenn er es unabhängig von Sendezeiten für sich persönlich für erforderlich und nützlich hält. Das Bewegtbild wird in die Web-gestützte Lernwelt langfristig integriert. Die Grenzen zwischen Lernen und Informationsaufnahme verschwinden immer mehr. es geht um das richtige Wissen zur richtigen Zeit am richtigen Ort.

Unter Berücksichtigung der aufgezeigten Entwicklungen stellen sich weitreichende Anforderungen an neue Ausbildungsmaßnahmen.

Es muß eine Modularisierung in der Aufbereitung der Lerninhalte erfolgen; d. h. um auch den unterschiedlichen Anforderungen der zumeist heterogenen Zielgruppe Rechnung zu tragen, müssen unterschiedliche Schwierigkeitsgrade in den Lernzielen gegeben sein und Lerngeschwindigkeiten ihre Berücksichtigung finden. . Zudem bezieht sich Modularisierung auch auf den Umfang der einzelnen Lerninhalte.

Wenn Wissen eben nicht mehr auf Vorrat gehortet wird, muss es schnell und einfach und in überschaubaren Einheiten verfügbar sein. Dies setzt naturgemäss aber eine Art Kulturrevolution im Bildungsprozess voraus. Moderne Medien sind nun einmal nicht mehr mit Kreide und Schwamm zu handeln. Die Veränderung der Lernkultur stellt sich als eigene, umumgängliche Aufgabe

3. Neue Medien im Wissensmanagement erfordern Veränderungen in Unternehmenskultur und Verhalten

In den Unternehmen wird ein Kulturwandel bezgl. der Nutzung der neuen Medien und Lernformen initiiert werden. Die altbekannte Form des face-to-face Unterrichts tritt zu Lasten der Online-Medien und BusinessTV in den Hintergrund, jedenfalls dort, wo es nachhaltig sinnvoll ist.

Dieser Kulturwandel muß durch weitreichende Investitionen in Bildung begleitet werden. Vor diesen Investitionen wird aber oftmals zurückgeschreckt. Ganz im Gegenteil ist im Zeichen der Globalisierung der Bereich der Weiterbildung häufig das Sparschwein Nummer eins. Die Weisheit, das wer an der Weiterbildung spart, um Kosten zu sparen, auch gleich seine Uhr anhalten kann, um Zeit zu sparen, scheint wohl noch nicht bei jedem Qualifizierungsverantwortlichen bzw. Controller oder Firmenchef angekommen zu sein.

Sofern aber ein Unternehmen Geld in die Hand nimmt, um neue Lern- und Informationsplattformen zu installieren, muss die Verankerung in der Unternehmenskultur einherlaufen mit dem Committment der Führungskräfte zu den neuen Medien. Dies kann aber nur dann gewährleistet werden, wenn dies nicht nur in Form von "Sonntagsreden und Allgemeinplätzen" geschieht, sondern Sponsoren in allen Führungsebenen gewonnen werden, die die neuen Lernformen als Protagonisten begleiten und fördern.

Es muss ein massives Inhouse-Marketing zur Implementierung erfolgen. Hierbei spielt auch der Spassfaktor in der Konzeption eine erhebliche Rolle für den Erfolg und die Akzeptanz. Alle Prozessbeteiligten müssen sich aber der Tatsache bewusst werden, dass für eine erfolgreiche Implementierung nur eine Chance gibt.

Wenn beispielsweise Business-TV in einem Unternehmen lediglich als nice-to-have-Tool eingeführt wird, weil es gerade "in" ist und eine Begleitung durch Führungskräfte nicht erfolgt, ist der Mißerfolg schon absehbar. Mitarbeiter, die zwar von der Notwendigkeit neuer Lern- und Informationsformen überzeugt sind, werden oftmals die Einführung in ihrem eigenen Arbeitsumfeld skeptisch betrachten. Dies nicht unbedingt aus einer persönlichen Ablehnung heraus, sondern ganz einfach aus dem Verhalten der Führungskräfte abgeleitet.

So wurde bei einer Evaluierung zum BusinessTV festgestellt, dass die Nutzung des Mediums durch die Mitarbeiter immer dann sehr gering war, wenn auch der direkte Vorgesetzte dieses nicht nutzte. Bei der Befragung wurden diese Vorgesetzten auf ihre geringe Nutzungsquote hin befragt. Das Ergebnis ist wenig überraschend. Begründung für das Verhalten war die wiederum nicht gegebene oder geringe Nutzung durch die nächst höhere Hierarchiestufe. Dieses Verhaltensmuster führt im Ergebnis fast schon zu einer Karikierung des Mediums.

So ist vielfach zu beobachten, dass Mitarbeiter die das aktuelle Medium BusinessTV zur Informationsbeschaffung nutzen, von Kollegen und Vorgesetzten angesprochen werden, ob dies denn so in den Arbeitsalltag passt und ob nicht andere Dinge zur Zeit wichtiger seien.

Dies geschieht weniger aus Vorsatz heraus, sondern mehr aus Unkenntnis über die Handhabung. Ebenso ist oftmals der gewünschte Stellenwert dieses Mediums im Unternehmen nicht bis an die Basis kommuniziert. Hinzu kommt, dass die Nutzung von Selbstlernmedien eine Verhaltensänderung bedingt, die Zeit und Unterstützung benötigt, geht es doch um das Abstreifen längst verinnerlichter Verhaltensmuster aus Schule und Beruf.

Aus diesen Ergebnissen abgeleitet, ist die o.g. Vorgehensweise zum Implementierungsmarketing unabdingbar. Denn immer dann, wenn der direkte Vorgesetzte die neue Welt vorlebt und seine Mitarbeiter ermutigt, diese zu nutzen, erfolgt dies in aller Regel auch.

Die Heranführung der Mitarbeiter an eine geänderte Lern- und Informationswelt wird aber nur dann gelingen, wenn zusätzlich die Vermittlung von Kompetenzen in den Bereichen Multimedia, selbstgesteuertem und eigenverantwortlichem Lernen parallel zur Einführung der neuen Lernformen erfolgt..

Die immer wieder beschworene "Selbst-GmbH", d.h. die Eigenständigkeit des einzelnen Mitarbeiters in seiner Informationsbeschaffung und Organisation seines Arbeitsumfeldes ist zwar vielfach diskutiert, die Nachhaltigkeit in der Praxis oftmals aber nicht gegeben.

Grundlegende Basics zum Zeitmanagement z.B. sind nicht immer bekannt oder werden nicht immer angewandt. Somit kann es zu unterschiedlichen Einschätzungen der für die Arbeit zur Verfügung stehenden Zeitrecourcen kommen. Ein Mitarbeiter fühlt sich z.B. dann überlastet, wenn er das Gefühl hat, in der gleichen Zeit immer mehr leisten zu müssen. Die Vorgesetzten gehen in der gleichen Situation davon aus, das zwar mehr gefordert ist, zur Vereinfachung z.B. aber auch neue Informationstechnologien zur Verfügung gestellt wurden.

Es muss somit Teil der Führungskultur und –verantwortung werden, den Change-Process aktiv zu begleiten und die Mitarbeiter an die Nutzung der neuen Medien und die ständige Optimierung ihres Arbeitsplatzes und Arbeitsstils heranzuführen. Dies vor allem vor dem Hintergrund der schon angesprochen Notwendigkeiten durch weitgehende Strukturveränderungen in der Wirtschaft.

Am augenscheinlichsten und für viele immer mehr nachvollziehbare Veränderungen sind im deutschen Bankgewerbe gegeben. So bezeichnete schon Mitte der achtziger Jahre ein Vorstandsmitglied der Deutschen Bank das Bankgewerbe mit Blick auf die Entwicklung der Mitarbeiterzahlen als Stahlindustrie der neunziger Jahre.

Die aktuell gegebenen Veränderungen scheinen diesen Trend zu bestätigen. So ist das Online-Banking für viele Kunden schon zur Selbstverständlichkeit geworden. Direktbanken starten grosse Marketingkampagnen und selbst die traditionellen Banken öffnen sich für diese Art des Banking. So hat z.B. die Deutsche Bank aktuell die Zusammenarbeit mit Yahoo, AOL und SAP in diesem Bereich angekündigt. Die Commerzbank wird mit T-Online zusammenarbeiten und die anderen Institute werden dem wohl folgen. Aber nicht nur die Gewohnheiten der Kunden in Bezug auf die Nutzung der verschiedenen Zugangsformen wird sich verändern, sondern auch die Informationsbeschaffung der Bankmitarbeiter.

So wird es zukünftig für Mitarbeiter der Finanzbranche Standard sein, dass sie für ein terminiertes Kundengespräch bezogen auf die Fachinhalte vorab ihre PC-Systeme nutzen, um aktuelle und zeitnahe Informationen zu generieren. Geht es beispielsweise um steuerliche Fragen im Zusammenhang mit einer Geldanlage, werden Wissensdatenbanken so aufgebaut sein, dass eine Stichworteingabe genügt; vom System die entsprechenden fachlichen Informationen geliefert zu bekommen. Aber auch Querverweise zu Produkten und Produktvorteile für Verkaufsargumente werden abbildet sein und stets aktualisiert.

Diese sich derzeit stark wandelnde- Form der Qualifizierung führt auch zu neuen Anforderungen in der Personalentwicklung. Da sich durch die stärkere Nutzung von Online-Medien die Zahl der Präsenzseminare reduzieren wird – und damit einhergehend auch die Zahl der sozialen Kontakte der Teilnehmer – muss für diese wichtige Funktion eines Seminares ein Äquivalent geschaffen werden. Dies kann beispielsweise über ein Chat abgebildet werden; mit Multimediaausstattung des Arbeitsplatzes kann sogar das Bild mit eingestellt werden. Die Kollegen sind nicht nur über Schrift oder Ton, sondern sogar live und in Farbe präsent.

4. Bildungsarchitektur und Prozesse müssen gemanaget werden

Was führt ins letzter Konsequenz zum Einsatz neuer Lern- und Informationsformen?

Durch Nutzung der Online-Medien und Business-TV sind nicht nur alle Daten aktuell, flächendeckend und kostengünstig verfügbar, sondern es sind auch nicht unerhebliche Einsparpotentiale gegeben. (siehe Berechnungsbeispiel im Anhang)

So sind große Teile einer rein fachlich orientierten Weiterbildung über Online-Medien und Business-TV subtituierbar. Je nach Schwierigkeitsgrad der zu vermittelnden Informationen können dies nach Meinung von Experten bis zu 80 % der Inhalte sein.

Mit zunehmender Komplexität der Themen; aber auch einer höheren Notwendigkeit zur Steigerung der Trainingsanteile reduziert sich dieser Prozentsatz. Es ist leicht nachvollziehbar, dass beispielsweise ein Seminar zum Thema "Mitarbeiterführung" hohe Trainings- und Diskussionsanteile beinhaltet. Hier kann nur ein geringer Teil des Wissens vorab substituiert werden.

Für den Bereich der Fachinhalte scheint dies einfach nachvollziehbar zu sein. Wie sieht es jedoch im Bereich der übergreifenden Inhalte oder gar der Führungsausbildung aus.

Ein Beispiel soll dies verdeutlichen:

Ein Unternehmen führt zur Steigerung der Verkaufserfolge 3-tägige Verkaufsseminare durch. Jeweils ca. 15 Teilnehmer werden zum sogenannten "Verhaltenstraining" zusammengerufen.

Eigentliches Ziel: Entwicklung von Fähigkeiten zur Steigerung der Verkaufserfolge.

Was jedoch steht vor den Übungen, die oftmals mit der Kamera aufgezeichnet und anschliessend in der Gruppe besprochen werden?

Die Antwort hier: Vermittlung von Fachwissen. Wie ist ein Verkaufsgespräch aufgebaut? Welche Phasen gibt es? Worauf habe ich bei der Bedarfsermittlung und beim Angebot zu achten? Wie gehe ich mit Einwänden des Kunden um?

Je nach Vorbildung der Seminarteilnehmer benötigt der Trainer mehr oder weniger Zeit zur Vermittlung dieser Inhalte. Und genau hier greifen die Vorteile des Online-Lernens und Business-TV. Feststehend fachliche Inhalte eignen sich die Seminarteilnehmer bereits vor dem Präsenzseminar an. Ein Tele-Learning (Vermittlung der Inhalte über ein "Lernvideo") übernimmt hier die Funktion des Trainers vor Ort. Der Volksmund sagt: "Ein Bild sagt mehr als tausend Worte". Wenn dies schon für nur ein Bild zutrifft, dann sagt ein Film wohl auch mehr als tausend Bilder. Diesen Punkt, die Aufbereitung von Informationen und Wissen über Bewegtbilder, macht sich das BusinessTV zu Nutze.

Die Effizienz des Lernens wird deutlich gesteigert. So sind komplexe Zusammenhänge, die über Worte nur schwer verständlich sind, visuell kurz und knapp und dennoch klar und eindeutig vermittelbar.

Aber nicht nur fachliche Inhalte, sondern auch Sequenzen des Training können über diese Lernform vermittelt werden. Sicherlich können nicht alle Eventualitäten und

Sonderfälle abgebildet werden. Aber Beispiele können ein Musterverhalten aufzeigen und mittels Metaphern und Analogien können Sachverhalte noch effizienter dargestellt werden.

Hat der potenzielle Seminarteilnehmer das Tele-Learning zur Vorbereitung absolviert, steht im Seminar dann das reine Verhaltenstraining im Vordergrund. Der Trainer kann auf gleiche Voraussetzungen bei den Teilnehmern bauen. Die reine Seminarzeit konnte von drei auf zwei Tage verkürzt werden. Zusätzlich sei bemerkt, dass ein höerer Lerneffekt durch Nutzung von Videotapes, die aufbauend auf die Vorbereitungssequenzen z.B. alternativ mögliche Lösungsansätze darstellen, während der Präsenzveranstaltung erreicht werden kann.

In diesem Beispiel dient die Nutzung des Tele-Learnings der Seminarvorbereitung. Ebenso ist es aber auch denkbar, dass Seminare vollständig über Online-Lernen und Business-TV substituiert werden. Dies gilt insbesondere dann, wenn ausschliesslich Fachwissen vermittelt werden soll. Es ergibt sich aber auch ein unerheblicher Zusatznutzen: alle Nutzer einer Bildungsmaßnahme erhalten exakt den gleichen Wissensinput – es entfällt die aus Seminaren oftmals bekannte Prioritätensetzung unterschiedlicher Referenten – Ausbildung hat eine verbindliche, für alle gleiche Werthaltigkeit.

Die Nutzung und Akzeptanz speziell von Business-TV steigt immer dann an, wenn der Lernprozess interaktiv gestaltet wird. Interaktivität bedeutet, der Lernende kann sich über Telefon, E-mail und Fax in die Sendung "einklinken" , Fragen stellen und mit diskutieren. Technisch bestehen sogar schon weitreichendere Möglichkeiten. So nutzt beispielsweise der Gerling Konzern in seinen Sendungen das sogenannt One-Touch-System. Hier kann er über ein Eingabegeräte aktiv in die live ausgestrahlten Sendung einklinken und z.B. an Abstimmungen teilnehmen.

Die Grundüberlegung für die Bereitstellung von interaktiven Angeboten ist, dass in traditionellen Lernprozessen der persönliche Beziehungsaufbau durch den Trainer bzw. Moderator und der direkte Kontakt mit den Teilnehmern eine notwendige Voraussetzung für zielführende Lernprozesse ist. Dies gilt dann verstärkt für Business-TV.

Auch hierzu ein Beispiel aus der Praxis:

Ein Unternehmen musste innerhalb kürzester Zeit alle Mitarbeiter im Vertrieb auf die Einführung eines neuen Produktes vorbereiten.

Über traditionelle Präsenzseminare war dies in der kürze der Zeit nicht darstellbar. (Abwesenheitszeiten vom Arbeitsplatz/Kapazität der Trainer und Referenten). Aufgrund dieser Gegebenheiten wurde dann ein Workshop via Business-TV entwickelt. Diese Workshops wurden auf regionaler Ebene durchgeführt. (die Ausstrahlung über Satellit kann technisch so gesteuert werden, das nur Empfangsgeräte innerhalb dieser Region angesteuert werden).

Zur Sicherstellung der logistischen Voraussetzungen wurde in Absprache mit den Regionen ein genauer Sendetermin fixiert. Die potenziellen Teilnehmer wurden über den Workshop, die Inhalte und die Sendezeit informiert und die Führungskräfte stark in die Begleitung mit einbezogen. Im Fernsehstudio waren neben dem Moderator, mehreren Experten zum Thema auch regionale Vertreter eingeladen.

Über diese Konstellation war es möglich, dass die Teilnehmer per Telefon, Fax und e-mail Fragen und Diskussionsbeiträge direkt in das Studio leiten und die Experten direkt antworten konnten. Diese Form der Produkteinführung wurde durch Begleitmaterial, das über das firmeneigene Intranet zur Verfügung gestellt wurde, fachlich angereichert.

Durch den direkt Kontakt der "Macher" zu den Teilnehmern und das im Anschluss an die Sendung gegebene Feed-Back konnten die Workshops sogar im laufenden Prozess optimiert werden. So wurden beispielsweise die Diskussions- und Fragerunden deutlich erweitert und rein fachlich gehaltene Vorträge reduziert.

Als besonders wichtig wurde gewertet, dass neben den Experten der Zentrale auch regionale Vertreter die Sendung mitgestaltet haben. Die Hemmschwelle, sich aktiv in die Sendung mit einzubringen, wurde deutlich gesenkt. Die alleinige Tatsache, den/die Kollegen im Studio zu kennen (als täglicher Ansprechpartner in der Region; aus anderen Seminaren heraus etc.) hat geholfen, die Teilnehmer in den Filialen vor Ort zur aktiven Mitarbeit und Diskussion zu bewegen.

Weitere Praxisbeispiele

Die Nutzung der modernen Lernformen wird sich nicht nur auf die großen Privatbanken beschränken. Auch die Sparkassen und Genossenschaftsbanken sind hier bereits auf dem Weg.

So startete am 1. Juli 1999 die Sparkassenakademie in Bonn ihr Projekt "S-WiN – Wissen im Netz der Sparkassen-Finanzgruppe" ein Pilotprojekt zum netzbasierten Lernen im Internet. Während dieser Pilotphase hatte etwas 250 Mitarbeiter aus Sparkassen, Sparkassenakademien und Landesbanken die Möglichkeit, an einem von insgesamt 14 Kursen (z.B. Projektmanagement, Präsentationstechniken, Finanzanzinnovationen) teilzunehmen.

Für die Durchführung der Maßnahmen wurde folgender Aufbau gewählt:

Präsenzphase	- Kick-off-Meeting
Netzbasiertes Lernen	- Wissenvermittlung
Präsenzphase	- Umsetzung/Übungen (inkl. Feed-Back)
Netzbasiertes Lernen	- Wissenstransfer
Präsenzphase	- Abschluss/Lernerfolgskontrolle.

Begleitet wurden die Kurse -die auf zentraler, regionaler und lokaler Ebene angeboten wurden- von insgesamt 16 Tutoren. Diese standen den Teilnehmern aus der Distanz beratend zur Seite (fachlich, didaktisch, organisatorisch). Die Evaluation der Bildungsmaßnahmen erfolgte über die Universität Bamberg.

Durch die Teilnehmer wurden die Maßnahmen insgesamt als positiv bewertet, wenngleich es auch Verbesserungspotenziale gibt. So bestanden oftmals Probleme der

Mitarbeiter mit ihrer neuen Rolle, eigenständig und eigenverantwortlich zu lernen (in Abgrenzung zum bisherigen - eher - passiven Lernen im klassichen Seminar). In diesem Zusammenhang wurde aber auch die Rolle der Tutoren positiv bewertet, die aus ihrer Erfahrung heraus wichtige Hinweise geben konnten.

Auch der zeitliche Rahmen ist hier nicht zu unterschätzen. So mussten pro Woche und Kurs 10 Zeitstunden aufgewendet werden, was wiederum von einigen Teilnehmern doch als sehr anspruchsvoll angesehen wurde.

Im Ergebnis konnten jedoch –im Vergleich zu bisher durchgeführten Seminaren- 15-40 % der Zeit eingespart werden; und dies bei einem tendenziell höheren Lernerfolg. So konnten z.B. beim Kurs "Projektmanagement" von bisher 15 Präsenztagen 10 eingespart werden.

Die positiven Ergebnisse haben innerhalb der Deutschen Sparkassenakademie dazu beigetragen, das eine technische, inhaltliche und organisatorische Weiterentwicklung angestrebt wird.

In der Akademie Deutscher Genossenschaftsbanken wurde im Frühjahr 1999 das erste Seminar über Internet durchgeführt. Mit diesem Angebot startete die genossenschaftliche Bankenorganisation in das Zeitalter des Virtuellen Lernens.

Im Unterschied zu dem o. g. S-WiN-Beispiel wurde jedoch ausschliesslich über Online-Phasen gelernt. Lediglich ein eintägiger Kick-Off-Workshop wurde durchgeführt (kennenlernen der Teilnehmer, Check der Internetfunktionen – viele TN hatten bis dato noch keinen Kontakt zu diesem Medium- etc.).

Vor diesem Kick-Off-Workshop gab es aber schon eine 3-wöchige Selbstlernphase der Seminarteilnehmer. Im Anschluss an den Workshop gab es dann eine 6-wöchige Online-Phase. Hier wurden beispielsweise Einzelarbeitern genauso durchgeführt, wie Praxisübungen und die Bearbeitung der Fallstudien. Die Teilnehmer wurden in ihren ausschliesslich aus der Praxis eingebrachten Fällen via Internet durch einen fachkundigen Tutor intensiv betreut und beraten.

Die Beurteilung der Bildungsmaßnahme durch die Teilnehmer war auch hier überwiegend positiv. So bewerteten 80 % der Teilnehmer den Nutzen als sehr hoch oder hoch. Positiv wurde auch die Möglichkeit zum Erfahrungsaustausch und zur direkten Klärung offener Fragen bezeichnet.

Als noch fremdartig und gewöhnungsbedürftig wurde die neue Art des Lernens im Netz gewertet. Auch der zeitliche Aufwand wurde von einigen Teilnehmern als hoch bewertet, was aber nicht immer nur mit dem tatsächlichen Zeitaufwand begründet wurde, sondern eher auf die Integration in den Arbeitsalltag abzielte. Es waren jedoch alle Teilnehmer an weiteren virtuellen Maßnahmen interessiert.

5. Einführung muss evaluiert werden

5.1 Fragestellungen

Die genannten Beispiele zeigten das breite Leistungsspektrum der neuen Lernformen auf. Allen gemein ist aber, das mit ihrer Einführung natürlich auch die Frage nach Nutzen und Akzeptanz der Medien gestellt wird.

Klassische Fragestellungen der Entscheidungsträger sind hier:

- Wird es überhaupt gesehen/genutzt?
- Wenn ja, von wie vielen?
- Wie ist der Lernerfolg?
- Was hat es gekostet?
- Was sparen wir im Vergleich zu traditionellen Maßnahmen?
- etc.

5.2 Nutzerfeedback

Doch nicht nur diese Fragestellungen sind bei einer Evaluierung von Interesse. Genauso wichtig ist es, das Feed-Back der Nutzer einzuholen. Aussagen zu "Nutzen und Wirkung" von BusinessTV lassen sich aber nicht durch die üblichen Meßinstrumente, wie z.B. die Ermittlung der Einschaltquoten treffen. Hier eigenen sich eher die Meßinstrumente der Meinungsforschung.

Wichtig ist es, vor der Evaluation das Untersuchungsziel (Was genau soll untersucht werden?) und den Verwendungszweck (Was soll mit den erhobenen Daten geschehen; wozu werden sie verwendet?) festzulegen. Mit dem parallelen Einsatz unterschiedlicher Instrumente können Daten gewonnen werden über:

- die langfristige strategische Ausrichtung
- die operative Programmplanung
- das zielgruppengerechte Themenangebot und
- die Umsetzung von BusinessTV.

Alle beschriebenen Maßnahmen eignen sich für eine spezielle Ausrichtung. Je nach Bedarf liefern sie, auf das Untersuchungsziel und den Verwendungszweck ausgerichtet, die benötigten Daten. Um die Vielschichtigkeit der benötigten Daten abzubilden, Unterscheidungen zwischen strategischer Ausrichtung und operativer Programmplanung zu treffen oder aber auf die Zielgruppe ausgerichtete Besonderheiten zu berücksichtigen, empfiehlt sich die Datenerhebung über alle beschriebenen Instrumente.

Hieraus lässt sich sehr einfach ableiten, dass die neuen Medien nicht immer ausreichend akzeptiert sind. Zum einen mag dies an unzureichender Aufklärung liegen. Zum anderen stellen die neuen Lernformen aber eine Abkehr von traditionellen face-to-face-Veranstaltungen dar.

5.3 Meßverfahren

Folgende Meßverfahren können genutzt werden.

	Tiefeninterviews	Nachträglich-Lautes Denken	Fragebogen	Telefonbefragung
Verfahren	Erhebung relevanter Daten als Basis für Veränderungsprozesse	NachträglichLautes Denken: Direktes Feedback-Verfahren zur Beurteilung von Beiträgen und Programmstruktur	Erhebungsverfahren auf der Basis vorgegebener Items, die eng an die Items der Tiefeninterviews gehalten sind	Erhebungsverfahren zur Messung im laufenden Prozeß über einen längeren Zeitraum hinweg
Vorteile	Erkennen relevanter Items (bereits ab ca. 25 Interviews aussagekräftig) Hohe Effizienz durch die Möglichkeit des direkten und tiefen Nachfragens durch den Interviewer	Gesprächspartner sehen Beiträge gemeinsam an. Durch Nutzung von Elementen der Interviewtechnik sehr direkte und tiefgehende Informationen über mögliche Veränderungs-Potenziale	Schnell und einfach zu handhaben. Breiter Datenkranz durch Vielzahl der Erhebungen; hieraus auch Messung der Teilnehmerzahl abzuleiten	Analog Fragebogen Aufgrund Dialog mit dem Nutzer zusätzliche Informationen der Befragten über den Fragebogen hinaus möglich
Menge	ab ca. 25 Interviews aussagekrägtig	je Thema 3 Feed-Backs erforderlich	ab ca. 200 Fragebögen aussagekräftig	Ab ca. 200 Telefonaten aussagekräftig
Dauer	je 1 – 1 ½ Std.	je 1 – 1 ½ Std.	ca. 10 Min. je Fragebogen	ca. 3-5 Min. je Telefonat
Besonderheit	Einbindung des Betriebsrates je nach Intension: **Interview:** Zustimmung Erforderlich **Gespräch:** Keine Zustimmung erforderlich	Einbindung des Betriebsrates je nach Intension: **Interview:** Zustimmung Erforderlich **Gespräch:** Keine Zustimmung erforderlich	Wegen quantitativer Messung ist Zustimmung des Betriebsrates erforderlich	Wegen quantitativer Messung ist Zustimmung des Betriebsrates erforderlich

Zusammenfassend soll festgehalten werden, dass eine Einführung neuer Medien ohne begleitende Evaluation die möglichen Vorteile nicht umfassend zu erschließen vermag, weil letztlich eine Übertragung bestehender und auch erfolgreicher Konzepte bei anderen Unternehmen wegen der jeweils eigenständigen Lernkultur häufig suboptimal sein wird.

5.3 Kostenbasierte Vergleichsrechnung

Die nachfolgende Vergleichsrechnung basiert auf folgenden Annahmen:

- Mitarbeiter im Angestelltenbereich mit einem Durchschnittsbruttoeinkommen von DM 4.500,--.
- 4.500,-- x Faktor 2 (100% Lohnnebenkosten) x 13,5 Monate -inkl. Weihnachts- und Sonderzahlungen : 220 Arbeitstage = 550,-- DM/Tag bzw. 70 DM/Std.)

- Für die Entwicklung des Tagesworkshops sind DM 20.000,-- zu veranschlagen. Die Durchführung wurde pro Person mit DM 200,- berechnet (Räumlichkeiten etc.).
- Um die Lerninhalte der Schulung über BusinessTV in gleichem Umfang auch innerhalb eines Workshops zu absolvieren, wurde der Workshop mit einem 1/2 Tag berechnet.
- Bei der Durchführung des Tele-Learnings wurden neben der reinen Sendezeit von 20 Minuten noch 1 Std. 10 Minuten für die Vor- und Nachbereitung veranschlagt (Gespräch mit dem Vorgesetzen, lesen des Begleitmaterials etc.)

Vergleichsrechnung
Präsenzveranstaltung vs. BusinessTV

	Präsenz-Workshop				Tele-Learning			
Teilnehmer	Entwicklung	Durchführung	Kalkulator. Kosten hier: Abwesenheit vom Arbeitsplatz	Gesamtkosten	Entwicklung	Durchführung: Ausstrahlung	Kalkulator. Kosten hier: Abwesenheit vom Arbeitsplatz	Gesamtkosten
	Tagesworkshop	Je Tag und TN DM 200,--*	Je Tag und TN DM 550,--* Hier: ½ Tag		Telelearning Ca. 20 min.		Je Std. und MAK DM 70,--* Hier: 1,5 Std.	
1.000	20.000,--	200.000,--	275.000,--	495.000,--	70.000,--	10.000,--,--	105.000,--	185.000,--
3.000	20.000,--	600.000,--	825.000,--	1.445.000,--	70.000,--	10.000,--	315.000,--	395.000,--
5.000	20.000,--	1.000.000,--	1.375.000,--	2.395.000,--	70.000,--	10.000,--	525.000,--	595.000,--
7.000	20.000,--	1.400.000,--	1.925.000,--	3.345.000,--	70.000,--	10.000,--	735.000,--	815.00,--
9.000	20.000,--	1.800.000,--	2.475.000,--	4.295.000,--	70.000,--	10.000,--	945.000,--	1.025.000,--

Wie die Auswertung zeigt, ist ein Kostenvorteil bei Nutzung von BusinessTV bereits bei einer Größenordnung von 1.000 Teilnehmer gegeben. Die Berücksichtigung von Reisekosten und Opportunitätskosten würde den Kostenvorteil von BusinessTV noch deutlich erhöhen.

Web Based Training und Business TV

von Joachim Eyl* und Werner Sauter**

Inhalt

* Joachim Eyl, Geschäftsführender Gesellschafter, M.I.T newmedia Friedrichsdorf
** Dr. Werner Sauter, Professor Berufsakademien Baden-Württemberg, Fachleiter Bankwirtschaft sowie Projektleiter Multimedialer Diplomstudiengang E-Commerce.

1. Auf dem Weg zur Wissensgesellschaft

Nach den jahrzehntelangen Phasen des Taylorismus erleben wir zur Zeit die Reintegration von Lernen, Arbeit und Freizeit zu ganzheitlichen Lebensmodellen. Lebenslange Berufe, fixe Arbeitsorte, Arbeitsraster und Arbeitszeiten verlieren an Bedeutung. Hinzu kommt, daß eCommerce mit digitalen und virtuellen Produkten, Services, Vertriebskanälen einerseits und Tele-Arbeitsplätze andererseits unsere Freizeit und Arbeitswelt revolutionieren. Die Märkte werden zunehmend hybriden Charakter aufweisen: Mischungen aus klassischen Marktformen und elektronischen Vermarktungsformen entwickeln sich. Es entstehen neu definierte, digital organisierte Arbeitsprozesse und Arbeitsplätze.

Damit entstehen auch neue Dimensionen in der Qualifizierung der Mitarbeiter. Nicht nur in Bezug auf die Menge des neuen Wissens, sondern vor allem auch auf die Qualität der Wissensvermittlung: Die Lernmethoden müssen die Elemente innovativer Geschäftsprozesse im Arbeitsleben widerspiegeln. Dies erfordert integrative Lernprozesse, mit denen neue Aufgabenstellungen, neue Inhalte und Methoden sowie der Umgang mit neuen Instrumenten und Medien gelernt werden. Lerninhalte und Lernmethoden müssen letztlich auch Wandlungen in der Unternehmenskultur integrieren. Dazu gehören die wachsenden Bedürfnisse nach Eigenverantwortung, Individualität, Teamorientierung, Aktualität und Unabhängigkeit.

1.1 Eigenverantwortung

Die Mitarbeiter sollen und können in veränderten Führungs- und Steuerungssystemen zunehmend Eigenverantwortung tragen. Der Lernende wird deshalb auch immer mehr selbst über seine Lernziele bestimmen . Er wird entscheiden, in welchem Modell er was, wie schnell und wofür lernt. Die Führungskräfte übernehmen verstärkt die Funktion des Coaches, das heißt des Entwicklungspartners der Mitarbeiter. Die Bildungsbereiche in den Unternehmen haben die Aufgabe, diesen Prozeß zu fördern. Sie entwickeln technologiegestützte Lern- und Wissenssysteme, steuern die Implementierungsprozesse, coachen die Führungskräfte und beraten Teams und Mitarbeiter. Im Bereich des Wissensmanagements übernehmen sie die Rolle des Wissensbrokers.

1.2 Teamorientierung

Inner- und überbetriebliche Teamorientierung setzt zunehmend die Fähigkeit zur Teamkommunikation und zum Dialog voraus. Diese zentrale Kompetenz muß deshalb in den Qualifizierungssystemen systematisch gefördert werden. Dies erfordert Lernkonzeptionen, in denen der einzelne Mitarbeiter mit seinen Lernpartnern regelmäßig kommuniziert, um seine Lernprobleme selbständig zu lösen. Bei offenen Lernproblemen muß er die Möglichkeit erhalten, in selbstgesteuerten Lerngruppen, mit seinem Coach oder einem Tutor ins Gespräch zu kommen. Letztendlich sind Wissensmanagementsysteme erforderlich, in denen die Mitarbeiter eines Unternehmens ihre Informationen, Erfahrungen und Eindrücke einbringen und in einem gemeinsamen Kommunikationsprozeß im Sinne der Vision der Lernenden Organisation weiterentwickeln.

1.3 Individualität

Die Lernenden benötigen Lernangebote, die ihre individuellen Problemstellungen lösen und Lernprozesse ermöglichen, die auf ihr Vorwissen und ihre Lerngewohnheiten und –geschwindigkeiten abgestimmt sind. Die Lernenden müssen deshalb die Möglichkeit erhalten, ihre „Lernpakete" in Absprache mit ihrem Coach nach den jeweiligen Erfordernissen zusammenzustellen.

1.4 Verfügbarkeit von Informationen unabhängig von Zeit und Raum

Die Zielgruppe will in dem Moment lernen, wenn sie Problemstellungen lösen muß bzw. wenn sie Zeit und Gelegenheit hat, sei es in der betrieblichen Bildungsakademie, zu Hause, beim Kunden oder bei der Arbeit. „Learning on demand" ermöglicht es dem Mitarbeiter, gezielt und bedarfsgerecht zu lernen. Damit wird es möglich, das Lernen immer mehr problemorientiert zu gestalten. Lernprozesse werden durch Aufgabenstellungen in der Praxis ausgelöst.

1.5 Größere Reichweite in Kommunikation und Informationsrecherche

Die Lösung der immer komplexer werdenden Problemstellungen erfordert die Einbeziehung von Experten und Informationsquellen, unabhängig von Ort und Zeit. Erst durch die Nutzung des weltweiten Wissens können global Probleme gelöst werden. Das Internet eröffnet eine beinahe unermeßliche Informationsbreite. Dies erfordert wiederum effiziente Suchsysteme, die problemorientierte Informationen herausfiltern können.

2. Web Based Training (WBT) – Lernen im Internet

Bereits heute sind in Deutschland 7,1 Mio. Haushalte an das Internet angeschlossen. Die Anzahl der Webauftritte wächst sogar noch deutlich schneller. Wir werden deshalb in den betrieblichen Aus- und Weiterbildungsmaßnahmen einen sprunghaft wachsenden Anteil von Mitarbeitern vorfinden, die es als Internet-Nutzer gewohnt sind, Online-Recherchen über dieses System durchzuführen oder Problemstellungen in Diskussions- und Chatforen einzubringen und mit Partnern gemeinsam zu lösen. Die Affinität zum Internet wächst und so auch die zum Lernen im Internet/Intranet.

Abb. 1: Marktentwicklung Web Based Training in den USA (Quelle: IDC 2000)

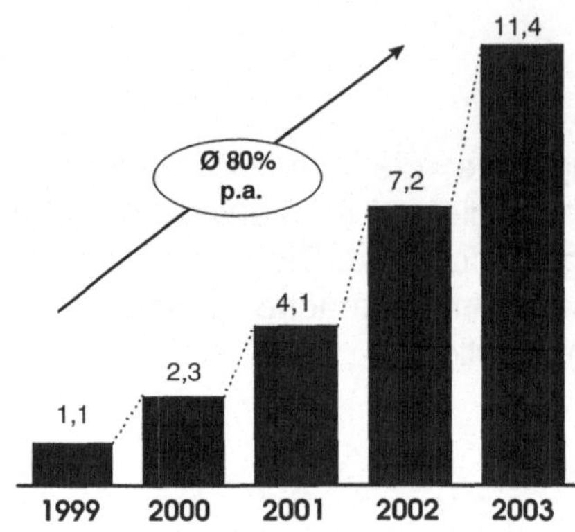

Damit bietet das Internet bzw. Intranet ungeheure Potentiale, die explodierenden Informations- und Lernbedürfnisse in die Praxis umzusetzen. Das geht von der Listung und Buchungsmöglichkeit traditioneller Bildungsangebote über die Online-Kommunikation zwischen Lerner und Tutoren/Experten bzw. innerhalb von Lerngruppen als Vorbereitung, Begleitung und Nachbereitung von Präsenzveranstaltungen oder Fernlehrgängen bis hin zu Online-Lermmodulen (Web Based Training). Diese Möglichkeiten lassen auch den Mehrwert des Online-Mediums WBT gegenüber dem Offline-Medium CBT (Computer Based Training) erkennen:

- Inhalte werden bei Bedarf geladen: Sie sind aus einer zentralen Quelle verfügbar und können dann abgerufen werden, wenn sie benötigt werden.
- Inhalte lassen sich schnell und einfach aktualisieren: In einer zentralen Datei werden Inhalte schnell und relativ wirtschaftlich ausgetauscht oder geändert. Dadurch wird eine hohe Aktualität erreicht .
- Inhalte lassen sich individualisieren: Lerninhalte lassen sich beim Laden individuell oder an ein allgemeines Lernerprofil anpassen.
- Lernen im Netz ermöglicht vielfältige Kommunikation: Durch die Verfügbarkeit zusätzlicher Kommunikationsmöglichkeiten können diese in die Konzeption des gesamten Lernmodells wie auch einzelner Lernmodule integriert werden (siehe Kommunikation).

Letztlich ist Web Based Training kein einzelnes, abgegrenztes Lernprogramm, sondern die Nutzung diverser System-Module und Inhalte-Module.

2.1 System-Module

Lern-Systemplattformen wie zum Beispiel COLUMBUS/eDBU im Intranet der Deutschen Bank oder VLWZ (Vernetztes Lern- und Wissenszentrum) von REFA im Internet bieten verschiedene Funktionalitäten für ein Informations- und Trainingsmanagement und ermöglichen dabei u.a.

- die Bereitstellung von Informationen durch das System
- den einfachen Zugang zu den System- und Programmodulen
- die Eingabe von Informationen durch Teilnehmer
- die Steuerung des Informationsflusses durch System und Experten
- die Verwaltung von Teilnehmern und Inhalten.

2.2 Inhalte-Module

Die Inhalte eines innovativen Lern- und Wissenssystems weisen ebenfalls grundlegend neue Strukturen auf. Kennzeichnend ist, daß die Lernenden entsprechend ihres Bedarfes aus einem modularisierten Angebot, differenziert nach Themen, Blickwinkel, individuellen Vorkenntnissen etc. auswählen können.

Abb.2: Vielfältiger Medienmix beim Web Based Training

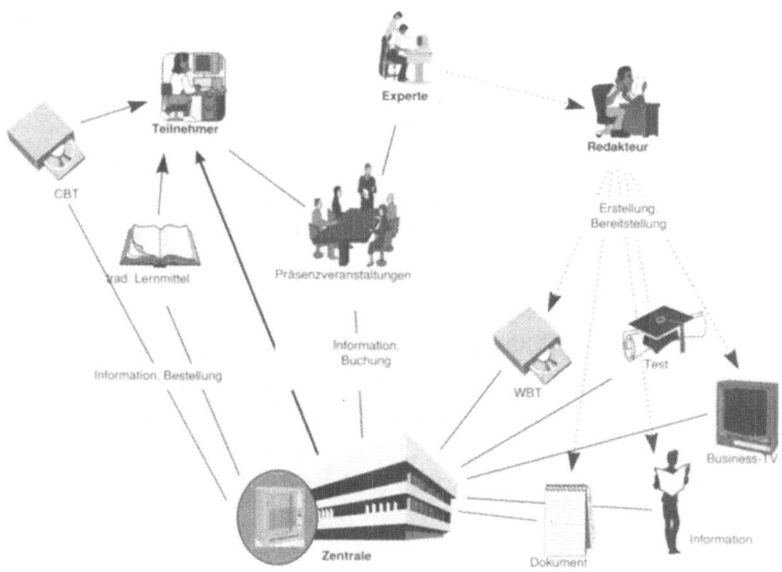

Durch die Kombination von Inhalte-Modulen und System-Modulen ist im Rahmen von WBT eine Vielfalt von Modultypen entstanden, die im folgenden beispielhaft dargestellt werden:

2.2.1 Lineare WBT-Module

Lineares WBT

Die einfachste und kostengünstigste Form sind lineare (HTML-) Lernmodule. Sie bestehen aus untereinander verlinkten HTML-Seiten mit Text, Grafik sowie Multiple-Choice-Tests.

BTV-Module

Business TV primär linear strukturiert, so daß die Teilnehmer nur begrenzt die Möglichkeit haben, ihren Lernprozeß individuell, entsprechend ihrer Vorbildung und Problemstellung, zu gestalten.

2.2.2 Interaktive WBT-Module

Interaktivität Typ CBT

Bei diesem Modultyp wird die angestrebte Interaktivität innerhalb des Programms erreicht. Durch die Umsetzung komplexer Strukturen und Aufgabenstellungen sowie multimediale Kombinationen von Text, Grafik, Standbild, Animation, Ton und Video entstehen interaktive WBT-Trainings-Module (Trainings-WBT). Der Mehrwert gegenüber einem traditionellen CBT besteht darin, daß es über das Web abspielbar ist.

Interaktivität Typ Internet

Hier nutzt man die Möglichkeiten des Internet, indem man die einzelnen Programmelemente wie Information, Tests, Diskussionen, Übungen usw. verschiedene System- und Inhaltemodule verteilt und miteinander verlinkt. Ein Beispiel dafür ist die Lern- und Wissensmanagementplattform BRAINPLUS (www.brainplus.de).

Der Inhalte-Bereich im BrainPlus gliedert sich in einen statischen und einem dynamischen Teil. Der statische Teil besteht aus zentral erstellten Kursinhalten. Den dynamischen Teil bilden jeweils dazugehörende Foren, Chats und vor allem ein Wissensbroker. Im Wissensbroker ergänzen Redakteure und Tutoren die statischen Kursinhalte durch FAQs, zusätzliche Informationen, aktuelle Änderungen sowie Übungsaufgaben. Dadurch entstehen dynamisch wachsende Wissenspools, auf die alle Lerner jederzeit Zugriff haben.

2.3 Mischtypen

CBT + Internet

Dieser WBT-Typ kombiniert interaktive CBT-Module mit Lernplattformfunktionen wie kontextbezogene Fachforen, Chats, Wissensbroker und Personen wie Tutoren und Lernpartner.

CBT / WBT + BTV

WBT bzw. CBT kann BTV ergänzen und umgekehrt. Beispiel für die Ergänzung des Business TV ist die Integration von interaktiven Informations- und Lernmodulen, wie sie unter dem Punkt 9 beschrieben werden. Für WBT kann BTV sowohl bei der asynchronen Kommunikation wie zum Beispiel Tele-Tutoring oder Videokonferenzen von Lerngruppen als auch bei der synchronen Kommunikation wie zum Beispiel das Einspielen von Videos eine wesentliche Effizienzsteigerung beim Wissenstranfer bedeuten.

3. Integration von WBT und BTV

Die Integration von Business TV in das Web Based Training kombiniert die Vorteile 0von Business TV um eine für das geplante und situative Lernen wichtige Komponete:

Hohe Individualität und Interaktivität. Das bietet die Möglichkeit, den Informations- und Lernprozeß individuell zu gestalten, immer entsprechend der jeweiligen aktuellen Aufgabenstellung einerseits und des individuellen Vorwissens andererseits.

Die folgende Abbildung zeigt eine schematische Abbildung für ein Beispiel eines Business-TV Systems in Verbindung mit dem PC:

Netzbasierte Lernplattformen bieten einen großen Anwendungsbereich für Business-TV Anwendungen. Dabei gibt es neben der Übertragung Informationen über Satellit die Übertragung über das Medium Netz. Übertragungen erfolgen in diesen Fällen über die Netzinfrastrukturen von LAN, Intranet und WAN (Internet) Netzen.

Abb.3: Technologische Integration BTV in WBT

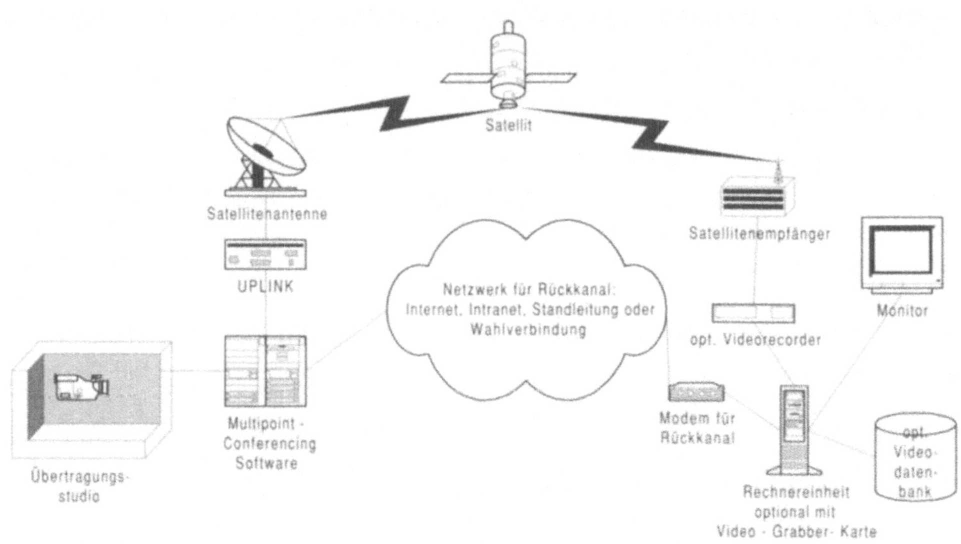

3.1 Datenhaltung

WBT-Lernplattformen bieten die Möglichkeit, Videodaten in Dateien zu speichern und für die Teilnehmer einer Lernplattform als Informations- oder Lernmodul abrufbar zu machen.

3.2 Übertragung von Videodaten im Netz

Die Übertragungsmethoden per Satellit sind in anderen Beiträgen ausführlich beschrieben. Deshalb konzentriert sich das folgende auf die Übertragung der Videodaten über das Medium Netz. Dieser Übertragungsweg kann als Alternative zur Satelliten-Übertragung gewählt oder parallel genutzt werden. Diese Übertragung kann sowohl dateibasiert erfolgen als auch über Datenströme, mittels Streaming-Verfahren.

Bei der dateibasierten Übertragung werden die Daten zunächst übermittelt und auf dem lokalen Rechner eines Benutzers gespeichert. Danach kann das Video abgespielt werden. Da Videoinhalte speicherintensiv sind, können beim Übertragen der Videodatei hohe Download-Zeiten entstehen. Die dateibasierte Übertragung bedeutet deshalb in der Regel eine oft unzumutbare Wartezeit des Anwenders.

Einen besseren Ansatz bietet die kontinuierliche Übertragung per Datenströme in kleinen Paketen, die sogenannte Streaming Technologie. Hier wird ein Teil der Videodaten vorgeladen und ein kontinuierlicher Videostrom zum Streaming-Server aufgebaut. Gleichzeitig kann das Video über einen Streaming-Client angesehen werden.

3.3 *Qualität der Übertragung*

Um eine qualitativ hochwertige Übertragung zu erhalten, sind Bandbreiten von bis zu 128 kBit (2B Kanäle ISDN) und mehr erforderlich. Diese Werte beziehen sich auf eine Darstellungsfläche eines ¼ Bildschirms bei einer Auflösung von 800 x 600 Pixel. LAN und Intranet-Netzwerke haben i.d.R. entsprechende Bandbreiten und erreichen damit die besten Übertragungsqualitäten. Aktuelle Software (z.B. RealVideo) ermöglicht den ständigen Abgleich der Übertragungsrate mit dem Streaming Server. Der Abgleich bewirkt eine ständige Anpassung der Bildrate und Auflösung an die schwankenden Übertragungsraten der heutigen Netze. Dadurch wird ein kontinuierlicher Bildaufbau garantiert.

3.4 *Verwaltung von Videodaten*

Um eine Suche in den Videoressourcen zu ermöglichen, werden die Dateien mit Metadaten (z.B. Erstellungsdatum, Producer, inhaltsbezogene Informationen etc.) auf der WBT-Systemplattform gespeichert und können so bei einer Recherche gefunden werden. Wählt der Teilnehmer eine Videoressource aus, wird automatisch der entsprechende Player geladen und eine Verbindung zu einem Videoserver aufgebaut. Moderne Suchmaschinen ermöglichen eine Bilderkennung in Verbund mit KI-Systemen (Künstliche Intelligenz).

3.5 *Medienkombination*

Neben den Videodaten werden häufig auch weitere Informationselemente wie z.B das zeitgenaue Einblenden von Grafiken, Charts etc. benötigt. Um diese Anforderungen zu erfüllen, können Multimediainhalte in Verbindung mit Streamingdaten programmiert werden.

4. WBT und BTV im Maßnahmenmix

Ein integriertes didaktisches Konzept verknüpft die bisherigen Stärken in der Bildungsarbeit mit den Vorzügen der neuen Medien.

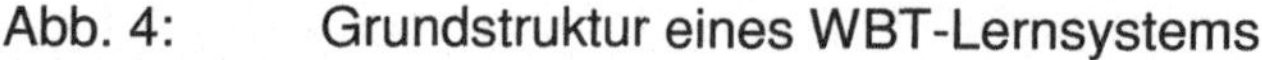

Abb. 4: Grundstruktur eines WBT-Lernsystems

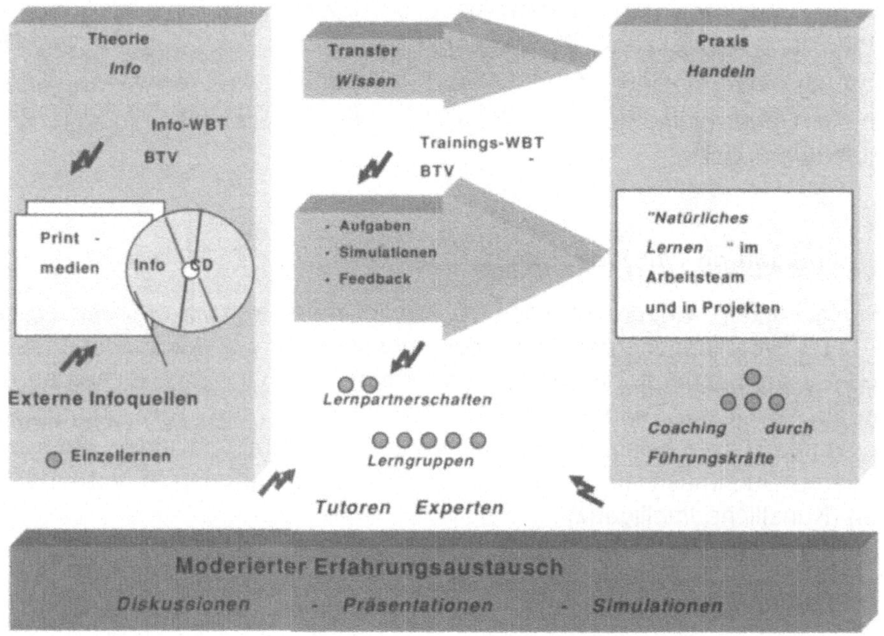

Daraus ergibt sich folgende schwerpunktmäßige Aufgabenverteilung der einzelnen Lernorte bzw. -medien:

- Praktische Problemlösungen werden im Rahmen des natürlichen Lernens - mit Coaching durch die Führungskräfte - erstellt. Die Mitarbeiter steuern damit ihre Lernprozesse innerhalb des mit der Führungskraft vereinbarten Zielsystems weitgehend eigenverantwortlich.
- Basisinformationen werden auf der Grundlage von Printmedien, WBT, BTV und in vermindertem Umfang in Lehrveranstaltungen vermittelt.
- Präsenzveranstaltungen erhalten zunehmend den Charakter von Workshops zur Lernsicherung, zum Erfahrungsaustausch und zur Entwicklung von Handlungskompetenz. Die reine Informationsvermittlung rückt in diesem Rahmen noch

mehr in den Hintergrund. Die Mitarbeiter beschaffen sich die notwendigen Informationen weitgehend selbständig.

- Trainings-WBT ersetzen immer mehr die Aufgaben, welche bisher mittels Kontroll-, Übungs- und Trainingsaufgaben in Printmedien oder in den Lehrveranstaltungen erfüllt werden sollten. Die Lernprogramme dienen in erster Linie dazu, die Lernsicherung zu optimieren. Der PC bietet deshalb schwerpunktmäßig Übungs- und Trainingsaufgaben, gibt dem Lernenden ein individuelles Feedback und stellt bedarfsgerecht die erforderlichen Informationen zur Abdeckung eventueller Lerndefizite zur Verfügung.

Abb. 5: Beispiel für Integration von WBT in einen Lernprozeß

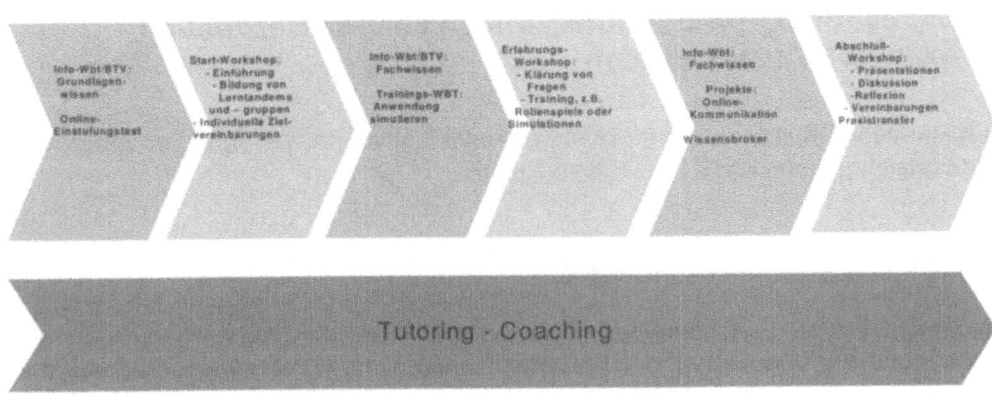

Dieses Lernkonzept ist durch den Transfer von der Theorie in die Praxis geprägt. Lerninhalte werden nicht Punkt für Punkt abgearbeitet, sondern ganzheitlich und handlungsorientiert in einer Reihe von Fällen interaktiv behandelt. Über die fachliche Kompetenz hinaus werden Fähigkeiten trainiert, welche die Lernenden zur Lösung von Praxisproblemen benötigen.

5. Lernbasiertes Wissensmanagement

Wie bringt man Mitarbeiter dazu, Ihre eigenen Erfahrungen auch anderen zur Verfügung zu stellen? Für dieses Kernproblem des Wissensmanagements bietet Web Based Training einen zusätzlichen Lösungsansatz. Dieser Ansatz basiert auf der Erfahrung mit Lernprozessen: Beim Lernen besteht eine besonders hohe Bereitschaft – oft sogar das Bedürfnis – anderen eigene Erfahrungen mitzuteilen. Während der Mitarbeiter sein Wissen auffrischt oder ergänzt, beurteilt und vergleicht er die Lerninhalte mit seinen persönlichen und beruflichen Erfahrungen. Dies schlägt sich dann nieder in Äußerungen wie "Ich habe aber die Erfahrung gemacht, daß..." oder "Bei uns ist das anders, weil.." oder "Ich schlage vor, das anders zu machen ..." Diese Situation kann Web Based Training nutzen.. In die Lernmodule werden Fragen integriert wie „Was meinen Sie dazu?" oder „Wie ist Ihre Erfahrung?" Die Lerner werden aufgefordert, ihre Antwort in Form von Erfahrungen, Ideen, Best Practices, Arbeitsergebnissen oder Verbesserungsvorschlägen einzugeben und im Gegenzug das darin abgelegte Wissen anderer abzurufen. So entsteht eine permanente Rückkoppelung zwischen Fachleuten, Tutoren und Lernern. Verdecktes Wissen wird offengelegt und allen Systemteilnehmern jederzeit abrufbar zur Verfügung gestellt.

6. Technologische Anforderungen an die Konzeption von WBT-Lernmodulen

Im folgenden geht es um ausgewählte technologische Rahmenbedingungen, die bei der Gestaltung eines WBT eine Rolle spielen.

6.1 Einsatz audio-visueller Medien

Grundsätzlich ist die Darstellung audio-visueller Medien wie Ton- und Videosequenzen oder Live-Video über die Browsertechnologie möglich. Voraussetzung hierfür sind allerdings bestimmte Software-Erweiterungen (Plug-ins), über die der Browser verfügen muß, oder eine Lösung in der Programmiersprache JAVA. Auch server- und netzwerkseitig sind beim Einsatz von audio-visuellen Medien spezielle Voraussetzungen notwendig.

Ein häufiges Problem sind unternehmensinterne Sicherheitsvorkehrungen. Beispielsweise Sicherheitsvorkehrungen im Firmennetz, die bestimmte Daten oder Aktionen ausfiltern (Firewall) oder die fehlende Möglichkeit Plug-ins unternehmensweit zu installieren.

Durch die mangelnde Bandbreite, d.h. die Übertragungsmöglichkeiten im Internet sind audio-visuelle Medien im Moment nur sehr beschränkt einsetzbar. Gerade im Hinblick auf Business-TV-Lösungen bietet sich hier eine interessante Verknüpfung zwischen Broadcastlösung für Video und Netzwerklösungen für Informations- und Kommunikationsanwendungen auf Basis von Texten und Bildern.

6.2 Volumenanpassung im Netzwerk

Die Ladezeit einer Seite im Browser hängt von der verfügbaren Bandbreite im Netzwerk und der zu übertragenden Datenmenge der Seite ab. Grundsätzlich sind deshalb Internet- und Intranet-Anwendungen zu unterscheiden, da ein Intranet normalerweise eine wesentlich höhere Bandbreite als das Internet bietet.

Dabei ist zu beachten, daß die tatsächliche Bandbreite eines Netzwerks kein konstanter Wert ist, sondern von der Gesamtzahl der Nutzer abhängt, die den Server und das Netzwerk benutzen. Im Internet schwankt deshalb die tatsächliche Bandbreite im Tagesverlauf sehr stark, je nachdem wie viele Nutzer gerade im Netz sind.

Die Datenmenge der Web-Seiten ist abhängig von den verwendeten Medien. Die geringste Datenmenge benötigt eine reine Text-Seite. Auch Vektorgrafiken benötigen wenig Bandbreite. Bitmap-Bilder benötigen je nach Qualität und Größe bereits mehr Bandbreite. Audio und Video, Plug-ins und JAVA-Applets bedingen im allgemeinen signifikante Wartezeiten, weswegen ihr Ladevorgang entweder im Hintergrund (Streaming) oder mit einem Hinweis auf die zu erwartende Ladezeit erfolgen sollte.

Eine Alternative für die mangelnde Bandbreite im Netz bieten sog. Hybrid-Lösungen, bei denen sich die speicher- und bandbreitenintensiven Medien wie Grafik, Video, Audio und Programme auf einer CD-ROM befinden und nur aktuelle Textinformation wie Termine, Preislisten, technische Daten aus dem Netz geladen werden.

Auch ein Mischkonzept aus BusinessTV und Internet-Anwendung ist im Hinblick auf die derzeitigen eingeschränkten Möglichkeiten der Videoübertragung im Internet eine interessante Lösung.

7. Fazit

Die Lernende Organisation ist ein Prozeß, der niemals endet. Virtuelle Lern- und Wissenssysteme können dazu beitragen, diese Entwicklung aktiv zu fördern und zu beschleunigen. Erst durch ihre Integration wird es möglich, Lernen und Arbeiten zukünftig zu verzahnen und Wissen zu einem gemeinsamen Gut aller Mitarbeiter zu machen.

Die wesentlichen Chancen dieses Lern- und Wissensmanagementsystems liegen in der hohen Aktualität und Verfügbarkeit von Informationen und Wissen, unabhängig von Zeit und Raum. Sie schaffen größere Reichweite bei Kommunikationsprozessen und Informationsrecherchen sowie eine stärkere Individualisierung des Lernens. Sie unterstützen damit die Unternehmensstrategie und die Veränderung der Lernkultur in Richtung der Wissenden Organisation.

Diesen überzeugenden Vorteilen stehen jedoch Barrieren, insbesondere im Bereich der Akzeptanz neuer Medien und der Ängste der Mitarbeiter und Führungskräfte vor Veränderungen gegenüber. Es sind deshalb integrierte Wissens- und Lernkonzeptionen erforderlich, die sich an den strategischen Zielen der Unternehmen und den Bedürfnissen der Mitarbeiter orientieren und in einem schrittweisen Entwicklungsprozeß implementiert werden.

Business TV in der betrieblichen Bildung der Deutschen Bank - Beschreibung einer Evaluation

von Michael Christ* und Gernold P. Frank**

* Dr. Michael Christ, inzwischen Deutsche Lufthansa AG, Frankfurt am Main, Bildungspolitik und Weiterbildungsmanagement Konzern; davor: Deutsche Bank AG, Frankfurt am Main, Corporate Learning

** Dr. Gernold P. Frank ist Professor für Allg. BWL insbesondere Personal und Organisation an der FH Technik und Wirtschaft in Berlin.

1. Hintergrund

Business - TV (BTV) findet als neues Medium nicht nur zunehmend Eingang in das ursprünglich intendierte Feld der Information zur aktuellen Geschäftspolitik, sondern es kann auch in der betrieblichen Weiterbildung zum Einsatz kommen. Die Deutsche Bank AG mit rund 1600 Filialen und Geschäftsstellen sieht BTV für beide oben genannten Aufgabenbereiche als praktikabel an.

Für die betriebliche Weiterbildung steht jedoch neben der reinen Information die Frage im Vordergrund, ob mit Hilfe dieses Mediums eine effiziente Form der Weiterbildung additiv zu den bestehenden Alternativen möglich ist. Dies ist Aufgabe eines entsprechend ausgestalteten Bildungscontrollings. Der nachfolgend beschriebene Feldtest ist Instrument des Bildungscontrollings und hatte die Aufgabe, Aussagen zur Lerneffizienz im Vergleich zwischen konventionellem Seminarlernen und Lernen via BTV zu treffen. Neben den Fragen zur Lerneffizienz wurden darüber hinaus Ansatzpunkte zur Akzeptanz und zu möglichen organisatorischen Überlegungen hinsichtlich des Einsatzes von BTV aufgezeigt.

2. Weiterbildung im Spiegel der wirtschaftlichen Entwicklung

2.1 Neue Aufgaben in der betrieblichen Bildung

Die jüngsten Veränderungen in der Arbeitswelt, seien es immer kürzer werdende Innovationszyklen, die vielbeschworene Globalisierung oder neue Anforderungen an die Arbeitsplätze von morgen, lassen auch und gerade der Personalentwicklung in ihrem sozio-technisch-ökonomischen Umfeld eine besondere Bedeutung zukommen.

Um die Erreichung der Unternehmensziele zu gewährleisten, fällt der Personalentwicklung u.a. die Aufgabe zu, die Mitarbeiterinnen und Mitarbeiter durch Trainingsmaßnahmen jedweder Form für die aktuellen Erfordernisse an ihrem Arbeitsplatz zu qualifizieren. Immer mehr treten jedoch Faktoren wie "Zeit" und "Schnelligkeit" in diesem Qualifizierungswettlauf in den Vordergrund. In immer kürzerer Zeit müssen pädagogisch ausgereifte Bildungskonzepte erstellt werden, die ein effizientes Lernen seitens der Teilnehmer ermöglichen und die Handlungskompetenz der Mitarbeiter gewährleisten. Dabei müssen die Abwesenheitszeiten der Mitarbeiter möglichst gering gehalten werden.

Von der betrieblichen Bildung wird seit langem mehr erwartet, als nur auf Anforderungen zu reagieren. Eine strategische Ausrichtung der Weiterbildung an den Unternehmenszielen verlangt weitsichtige Bildungsplanung und dennoch spontane Impulsgebung an die „community of practice" vor Ort. Dies ist durch das traditionelle Seminarwesen nicht mehr zu gewährleisten. Um just-in-time und tailor-made Bildungsmaßnahmen entwickeln und anbieten zu können, wurde die betriebliche Weiterbildung in dem international agierenden Konzern Deutsche Bank erstens hinsichtlich ihrer "Sortimentspolitik" und zweitens im Hinblick auf ihre Aufbau- und Ablauforganisation so positioniert, daß sie ihren veränderten Aufgaben gerecht wird.

2.2 Bildungsstrategische Veränderungen in der Deutschen Bank

Man kann mittlerweile von einer Weiterbildungs"industrie" sprechen, wenn man sich die Vielfalt der existierenden Trainingsprodukte und die am internen Bildungsmarkt plazierten Volumina verdeutlicht. Die Lernarchitektur der Deutschen Bank setzt sich aus den verschiedensten Methoden zusammen. Bildung wird zum einen über die "klassischen" Verhaltens-, Fach- oder Intercultural-Seminare bzw. Workshops distribuiert. Zum anderen trainieren wir mehr und mehr über unser weltweites Videokonferenzsystem, mit Video- und Audiokassetten und self-study-packs, die wir paper- oder PC-based mit tutorieller Online-Unterstützung anbieten. Wir nutzen das Action Multiplier System, coachen vor Ort, verwenden computergestützte(Fern-)Planspiele und Business TV als ein Instrument zur schnellen und einheitlichen Informationsdistribution.

Derzeit in Planung ist die Gründung der db University, mit deren Einführung ein Lern- und Forschungsumfeld geschaffen werden soll, in dem Menschen, Ideen, Erfahrungen und Wissen zusammengebracht werden können, um so persönlichen und organisationalen Erfolg zu erlangen - Ziel ist die Verbindung von Lernen, Geschäft und Strategie.

Innerhalb der dbu wird die gesamte, bereits geschilderte, Lernarchitektur zur Anwendung kommen. Sowohl "traditionelle" Lehr- und Lernmethoden als auch der virtuelle Zugang zu inter-/intranet-basierten Lern- und Kommunikationsformen existieren neben- und miteinander. Für sich allein zu lernen ist genauso machbar wie die Kooperation mit einem oder mehreren Lernpartnern, der bzw. die dasselbe Lernmedium bearbeiten. Ein Vergleich und Austausch über die Lernergebnisse und eventuell auftretende Probleme wird via e-mail, Video-Konferenz, Application- und Screensharing ermöglicht. Ebenfalls ist die Einbindung von Online-Workshops mit oder ohne Moderation in projektorientiertes Gruppenlernen durchführbar. Tutorielle Unterstützung gehört bei den web-basierten Trainingsangeboten zum Standard.

Die Bildungsproduktionsprozesse dieses vielfältigen Leistungsspektrums können und sollen nicht mehr ausschließlich im eigenen Haus vonstatten gehen. Schon vor einigen Jahren fand eine strategische Umpositionierung von der "make" zur "buy"-Strategie statt. Eine ausführliche Anbieterdatenbank hilft bei der Suche nach geeigneten externen Providern für das jeweilige Bildungsprodukt. Zunehmend komplexere Trainingsmaßnahmen, die modular und im Methodenmix aufgebaut sind, werden entwickelt, die ebenso ökonomischen wie lernpsychologischen Maßstäben entsprechen.

Welche Folgen ergeben sich nun aus dieser bildungsstrategischen Veränderung?

Nicht mehr die Herstellung, sondern der Einkauf und die Koordination der Bildungsproduktion steht im Mittelpunkt der Tätigkeit als Weiterbildner. In interdisziplinären Teams, ähnlich bspw. der IT-Branche, arbeitet er im projektorientierten Kunden-Lieferanten-Verbund.[1] Er fungiert als Projektmitarbeiter, der nach umfangreichen Analyse- und Consultingaufgaben die Bildungsproduktionen in Zusammenarbeit mit

[1] **Vgl. hierzu auch Frank, G.: Funktionen und Aufgaben des Weiterbildungspersonals, in: Kompetenzentwicklung '96 – Strukturwandel und Trends in der betrieblichen Weiterbildung, Münster u.a. 1996, S. 337-400**

diversen externen Providern, der auftraggebenden Fachabteilung oder Tochtergesellschaften und Vertretern der Zielgruppe koordiniert, um anschließend das Trainingsprodukt im definierten Markt über geeignete Distributionskanäle zu plazieren. Parallel werden mehrere solcher – teilweise langfristigen – Projekte bearbeitet. Das Expertentum dieses Typus des Weiterbildners beweist sich in der zielgruppenadäquaten Entscheidung für einen bestimmten Methodenmix und in der genauen Kenntnis des externen Bildungsmarktes.

3. Bildungscontrolling: Qualitätssicherung im Bildungsproduktionsprozeß

Um die getroffenen Entscheidungen zu untermauern, ist es nötig, qualitätssichernde Kontroll- und Steuerungsinstrumente für den gesamten Wertschöpfungsprozeß - von der Bildungsmarktanalyse über das Bildungsproduktionsmanagement bis zur Transfersicherung - bereitzustellen.[1] Dies ist die Aufgabe des Bildungscontrollings, das jedoch nicht nur die bereits existierenden Bildungsprodukte betrachten darf. Heute ist solch ein Outputcontrolling nur noch beim Instructor Based Training überhaupt möglich, denn nur dort können am bestehenden Produkt noch Modifikationen vorgenommen werden. Moderne Lernarchitekturen sind auf diese Weise nicht mehr erfaßbar, denn die "neuen Lehrmedien" sind nach der Produktabnahme kaum noch veränderbar.

Der umgekehrte Weg muß also beschritten werden: Bildungscontrolling muß Daten liefern, die eine Entscheidung für ein bestimmtes Trainingsinstrument bereits nach erfolgter Bildungsbedarfsanalyse ermöglichen.

Vergleichbar mit der Produktion von Investitionsgütern, muß es eine "konstruktionsbegleitende" Kalkulation geben, die bereits in der Planungsphase beginnt und Einfluß auf den Lernmedienentscheid hat. Nur so kann tatsächlich Einfluß auf die Qualität und die Gesamtinvestition der Bildungsmaßnahme genommen werden. Denn auch bei Bildungsprodukten der neuen Art wird ein Großteil der Kosten bereits in der Planungs- und Konstruktionsphase festgelegt.

Entscheidungen für ein bestimmtes Bildungsprodukt gelten oft noch als sachlich schwer begründbar, als Bauchentscheidungen, die intuitiv getroffen werden. Den verantwortlichen Weiterbildnern geben Qualitätssicherungsmaßnahmen die Möglichkeit, ihre Wahl transparent und sachlich einwandfrei zu begründen. Gerade im Consultingbereich möchten die Auftraggeber eine nachvollziehbare – wenn möglich auch quantifizierbare – Argumentation für oder gegen ein bestimmtes Medium.

Die von uns zum Medienentscheid verwendete Break-Even-Analyse beispielsweise ist Grundlage einer "Go-or-Not-Go"-Entscheidung. Eine identische Lerneffizienz

[1] In der Literatur wird hier vom Funktionszyklus des Bildungscontrollings gesprochen, um sowohl den Gesamtzusammenhang als auch die gegenseitigen Abhängigkeiten zu verdeutlichen; vgl. bspw. Becker, M.: Bildungscontrolling – Möglichkeiten und Grenzen aus wissenschaftstheoretischen und berufspraktischer Sicht, in: Landsberg, G.v. und Weiß, R. (Hrsg.): Bildungscontrolling, Stuttgart 1995, S. 57-80.

zweier Trainingsalternativen vorausgesetzt, kann sie eine Entscheidung für oder gegen den Einsatz eines CBT/Videos darstellen.

Abbildung 1: Bildungsinvestitionsrechnung

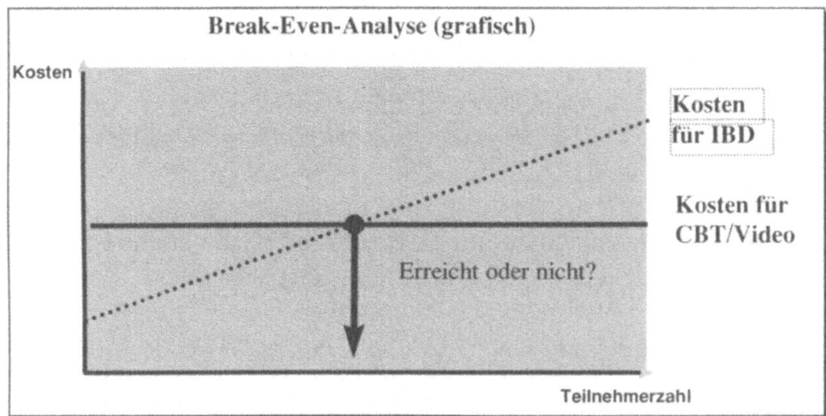

Der Break-even point in Abbildung 1 verdeutlicht, ab welchem Punkt der Einsatz neuer Medien durch die Einsparung variabler Kosten einen höheren return on investment bringt. Voraussetzung ist eine identische Lerneffizienz der zu betrachteten Alternativen.

Zur Verdeutlichung eine Beispielrechnung: Ausgehend von den vorgenannten Annahmen, kann eine Berechnung vorgenommen werden, bei der die Produktionskosten und die Umgestaltungskosten für das entsprechende Seminar (Kosten Video) verglichen werden mit der Kostengeraden, die sich aus den Fixkosten für die Seminarentwicklung und den durch die Seminartage verursachten Kosten je Teilnehmer (Kosten IBD) ergibt. Angenommen wird die Reduzierung eines klassischen 3 Tage Präsenz-Seminars (Wertpapiergeschäft) durch CBT/Video auf 1 Tag Follow-up Seminar. Die neuen Medien dienen dabei der Vermittlung der kognitiven Inhalte, bzw. der Homogenisierung der Teilnehmer-Wissensbestände. Das Follow-up Seminar dient dem Erfahrungsaustausch und der Wissensverfestigung.

Geht man von folgenden Annahmen aus:

- Produktionskosten rd. 400.000 DM
- Umgestaltungskosten Seminar rd. 30.000 DM
- Tagessatz für Seminar 500 DM

dann ergibt sich folgende Grenzkostenbetrachtung:

430.000 = (2x500) x TN TN: Teilnehmer

break-even: 430 Teilnehmer.

Dies bedeutet, dass bereits bei einer Teilnehmeranzahl von 430 beide Methoden gleich teuer sind, bzw., dass bei Teilnehmerzahlen größer 430 das Video vorteilhafter ist. Hierbei müssen allerdings zwei Aspekte beachtet werden:

1. Die unterstellte gleiche Lerneffizienz muß belegbar sein

2. Die Kostenstrukturen sind insbesondere beim Video/TV-Lernen realistischerweise um weitere Kostenkomponenten zu ergänzen, wie z.B. den Sendekosten, den - anteiligen - Hardware/Ausstattungskosten oder/und auch Reisekosten für die Teilnehmer, sofern der TV-Standort nicht am Arbeitsort liegt. Als Konsequenz führt dies dazu, dass die zu betrachtende Gerade keine Parallele zur x-Achse mehr ist, sondern ebenfalls - leicht - mit der Teilnehmeranzahl ansteigt. Gleichzeitig müssen aber auch auf der Seminarkostenseite weitere Kosten wie z.B. für die längere Abwesenheit vom Arbeitsplatz und/oder sprungfixe Kosten durch feste Gruppengrößen berücksichtigt werden, so dass diese Gerade steiler (und eigentlich auch nicht stetig) verläuft.

   Im Ergebnis führt das dazu, dass sich der break-even Wert etwas nach rechts zu höherer break-even Zahl (Teilnehmerzahl) verschiebt; er bleibt jedoch bei allen bisherigen, auch umfassenden Analysen i.d.R. unter 1000.

Um eine betriebswirtschaftlich fundierte Entscheidung - der eigentliche Medienentscheid - zu treffen, muß nach der Betrachtung der Zielgruppengröße die unterstellte gleiche Lerneffizienz belegt werden; dies ist Aufgabe der im Rahmen des Bildungscontrollings durchgeführten Evaluation, die nachfolgend beschrieben ist.

4. Evaluation Business TV

4.1. Ziele

Die beschriebenen Instrumente stellen für uns wesentliche und praxistaugliche Entscheidungshilfen dar. Sie nehmen zu Beginn des Bildungsproduktionsprozesses eine strategische Rolle ein. Durch die geringe Modifizierbarkeit bereits fertiger Bildungsprodukte gewinnen sie zunehmend an Bedeutung. Fehler während der Kalkulationsphase könnten fatale Folgen für den gesamten weiteren Bildungsproduktionsprozeß haben.

Die beschriebenen Tools der Bildungsinvestitionsrechnung können jedoch nur zu validen Ergebnissen führen, wenn die (restriktiven) Annahmen, die bei der Verwendung eine Rolle spielen, berücksichtigt werden. Eine Untersuchung und Quantifizierung dieser Annahmen ist also vonnöten, um den internen Kunden eine zielgerichtete und zugleich zukunftsorientierte Berechnungsmöglichkeit für den Medienentscheid an die Hand zu geben.

Hier ist besonders die Annahme der identischen Lerneffizienz der betrachteten Trainingsalternativen von Bedeutung. Um Business TV in seiner vollen Breite nutzen und effektiv und effizient in unsere Lernarchitektur einbringen zu können, mußten im Vorfeld Fragen geklärt werden. Diese Fragen erwiesen sich als so spezifisch, daß die Durchführung eines Feldtests unumgänglich war.

4.2 Aufbau des Feldtests

Ziel sind Aussagen zur Lerneffizienz im Vergleich zwischen konventionellem Seminar und Business-TV am Beispiel der Schulung "Grundlagen Internationales Geschäft" sowie zur Akzeptanz von Business-TV. Unter Lerneffizienz soll hier das Behalten und die Wissensakkumulation der im wesentlichen kognitiven Lerninhalte verstanden werden. Darüber hinaus, wenngleich eher sekundär, sind auch Aussagen zu den unterschiedlichen Lernmethoden vorgesehen. Da für das Pilotprojekt Business-TV in seiner "reinen" Form als zentral ausgesendete Filmsequenz noch nicht zu Verfügung stand, jedoch aus dem Pilotprojekt auch Rückschlüsse und Ansatzpunkte für die spätere tatsächliche Umsetzung herausgefunden werden sollten, wurde eine Simulationsvariante gewählt. Dabei wurden die Filminhalte entsprechend einer fiktiven Sendelänge auf Videos aneinandergereiht und zu festen, allerdings zuvor individuell bzw. gruppenspezifisch abgesprochenen Zeiten vor Ort kontrolliert abgespielt. Wiederholungen wurden ebenso ausgeschlossen wie ein zwischenzeitliches Stoppen; geachtet wurde auch - analog zum späteren Business-TV - auf die pünktliche Einhaltung des vereinbarten Sendebeginns.

4.3 Evaluationskonzept

Beim methodischen Konzept zur Überprüfung der Lerneffizienz steht die ex-post-Evaluation im Vordergrund, die im Gegensatz zur sog. ongoing-Evaluation - als prozeßbegleitende Evaluation - das Ziel hat, Kausalitäten zur Wirksamkeit nach Abschluß der Maßnahme und in der Transferphase nachzuvollziehen. Wesentlicher Aspekt sind dabei vergleichende Analysen der maßnahmespezifischen Wirksamkeiten einzelner Alternativen. Semantisch werden in der Literatur neben diesen beiden Evaluationsformen auch die summative (zur ex-post-Form) und die formative (zur ongoing-Form) Evaluation unterschieden.

Wichtiger als die Benennung der Form ist jedoch der inhaltliche Anspruch jeglicher Evaluation. Inzwischen ist zwar Evaluation im Sinne einer Einschätzung ("to put a value on") des Erfolges nahezu Kernelement jedes Bildungscontrolling im Fall der Wissensvermittlung und man ist sich darüber im klaren, daß ohne solche Formen einer Bewertung keine vergleichenden Aussagen zu Qualität oder gar Erfolg möglich sind. Betrachtet man jedoch die Realität, dann werden oftmals "Versuche unternommen, die durchgeführten Maßnahmen irgendwie zu bewerten, es fehlt aber der theoretische Hintergrund"[1]. Hinzu kommt, daß Evaluation mehr ist und will: Evaluation als systematisches Verfahren zur Informationsgewinnung, um Trainingseffekte zu messen und Basis für den Entscheidungsprozeß zu liefern, damit Verbesserungen umgesetzt werden können.

Damit wird Evaluation zu einem eigenständigen Regelkreis, der letztlich verdeutlicht, daß jedes Pilotprojekt ex-post/summative und ongoing/formative Evaluation zugleich

---

[1] **Jansen, Th.: Evaluation eines didaktischen Designs für selbstgestaltete Weiterbildung, in: Schenkel/ Holz (Hrsg.): Evaluation multimedialer Lernprogramme und Lernkonzepte, Nürnberg 1995, S. 75**

ist. Voraussetzung für beide Formen aber ist, daß in der Initiierungsphase bereits das Evaluationskonzept vorliegt; Versäumnisse zu Beginn können im Projektverlauf i.d.R. nicht mehr ausgeglichen werden. Es wurde deshalb von Anfang an auf ein klares Evaluationskonzept geachtet.

Das Evaluationskonzept sah neben einer als Vergleichslerner bezeichnenden Kontrollgruppe, die den gewählten Seminarinhalt auf konventionellen Weg vermittelt bekam, insgesamt 6 Testgruppen vor, die sich hinsichtlich der Kriterien

a) Professionalisierung der Filmsequenzen

b) Dauer der einzelnen Lernsequenzen

c) Anzahl der Lerner

unterschieden.

Im Rahmen einer systematischen Informationsgewinnung (vgl. hierzu Abb. 2) wurden mit Hilfe von multiple-choice-Fragebogen das Ausgangswissensniveau (T_0) sowie das Wissensniveau zu zuvor festgelegten Zwischenzeitpunkten (T_1, T_2) und dem Abschluß (T_4) ermittelt. Zu einem Zwischenzeitpunkt T_3 wurden begleitend Interviews durchgeführt und in einem eigenständigen Fragebogen Einstellungen, Akzeptanz und Verbesserungshinweise ermittelt.

Nach Abschluß der TV-Lernsequenzen (T_1) wurde eine Nachbereitungsveranstaltung als 1,5 tägiges Follow-up-Seminar zum Erfahrungsaustausch entwickelt, die regional stattfanden. Als Abschluß dieser Nachbereitungsveranstaltung wurde der Fragebogen T_2 von den Teilnehmern bearbeitet. Ziel dieses Teil des Feldtests war es, herauszufinden, ob und inwieweit ein gemeinsamer Erfahrungsaustausch über das Thema mit einem entsprechend sachkompetenten Moderator einen Beitrag zum Lernerfolg leistet. Zum anderen gab uns diese Veranstaltung Gelegenheit in der Gruppe zu den via Interviews gewonnenen Einzeleinstellungen etc. zu diskutieren und somit herauszufinden, in wieweit diese valide und übertragbar sind.

Abbildung 2: Testablauf

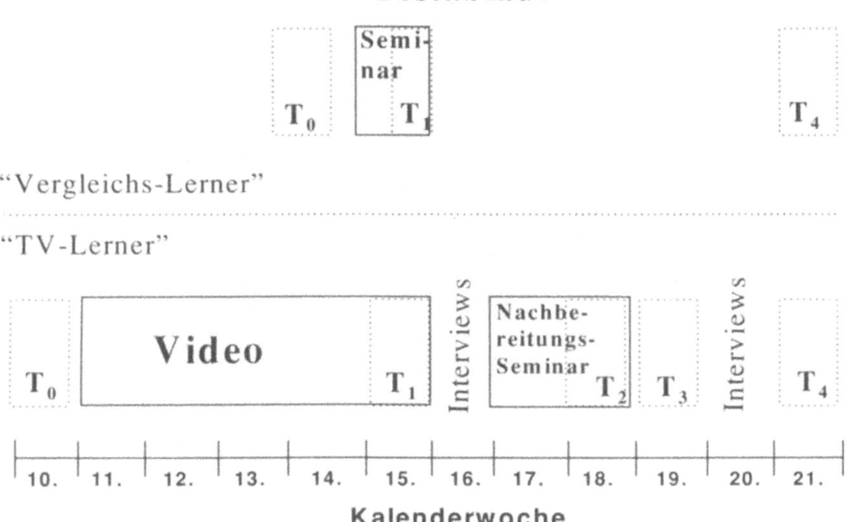

4.4 Resultate

Der Abschluß ergibt ein verblüffendes Ergebnis: Der Durchschnitt aller TV - Lerngruppen (Testgruppen) liegt mit 67,6 % der erreichbaren Maximalpunktzahl auf dem nahezu exakt gleichen Wert der Vergleichslerner mit 67,3 %. Bezogen auf das Ausgangswissensniveau T_0 ergibt sich allerdings ein deutlicherer Wissenszuwachs für die Testgruppen, die mit einer Bandbreite von 40% bis 53% bei einem Durchschnitt von 44,8% antraten im Gegensatz zu den Vergleichslernern mit einer vergleichsweisen hohen Ausgangsbasis von 56,8%, die unter Umständen auf eine bessere und gezieltere individuelle Vorbereitung schließen läßt (vgl. Abb. 3).

Abbildung 3: Lernergebnisse

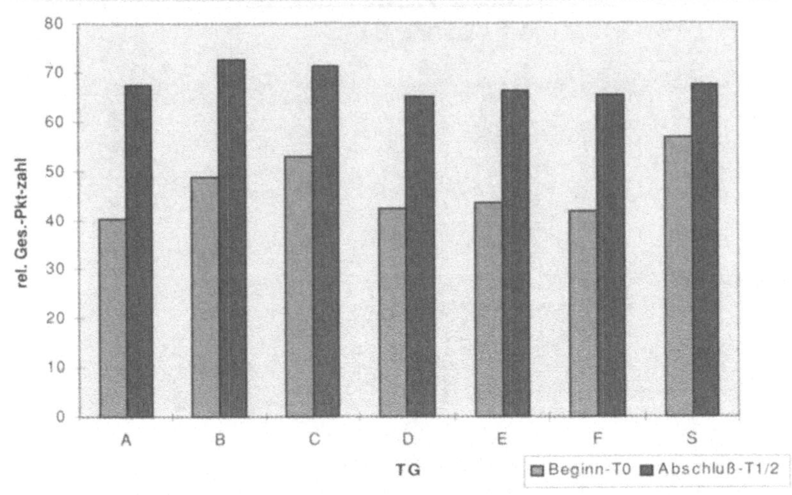

Damit ist einerseits für alle Gruppen ein Lernerfolg nachzuweisen, der zudem noch dadurch gestärkt wird, daß die jeweils erzielten individuellen Bandbreiten gegenüber der Ausgangssituation erheblich enger geworden sind. So liegt beispielsweise die schlechteste Testgruppe mit 64,9% am unteren Rand und die beste Testgruppe mit 72,5% am oberen Rand; das Wissensniveau insgesamt hat sich aber entsprechend auf diesem hohen Niveau nivelliert. Dieses enge Zusammenrücken der erzielten Ergebnisse nach T_2 verdeutlicht zugleich, daß sich die der zu kontrollierenden Einflußkriterien - Professionalisierung, Videodauer und Anzahl der Lerner - als keineswegs signifikant herausgestellt haben.

Neben der Lerneffizienz standen Fragen der Akzeptanz etc. bei der begleitenden Evaluation im Vordergrund. So wurde deutlich, daß trotz nachgewiesener Leistungsfähigkeit von Business-TV das Ansehen dieses Mediums und die Einstellung zu diesem Medium schlecht angesehen ist. Mit Interviews, einem eigenständigen Fragebogen und Gruppenfeedbacks konnten eine Reihe von signifikanten Ansatzpunkten herausgefunden werden, die diese recht negativen Einstellungen erklären.

Es ergeben sich folgende *Ansatzpunkte für eine erfolgreiche Umsetzung* von Business-TV im Bereich der betrieblichen Weiterbildung:

1. Ansatzpunkte die *unmittelbar mit Business-TV im Zusammenhang* stehen; hierzu wurde beispielsweise bemängelt

   - Monotonie der Darstellung, d.h. es ist dem Medium entsprechend darauf zu achten, daß häufige Szenenwechsel, Einschub von Clips, Trailern etc. vorgenommen werden
   - unterstellte Inkompetenz bei einem Moderator, d.h. es kommt weniger auf einen Moderationsprofi als auf einen sachkompetenten Moderator an
   - schlechte Lesbarkeit der Grafiken, d.h. es ist darauf zu achten, wie der spätere Abstand TV - Lerner vorgesehen ist; zudem müssen gerade bei diesem Medium die Möglichkeiten der Farbgestaltung und Animation intensiv geprüft werden.

2. Faktoren, die *außerhalb des Business-TV* liegen; diese betreffen sehr viele Maßnahmen in unmittelbaren Umfeld der Teilnehmer, wie beispielsweise

   - die technisch-organisatorische Umsetzung wie die Bereitstellung entsprechender Räumlichkeiten vor Ort, die vom Kundengeschäft abgeschirmt sind und die eine gleichzeitige Bearbeitung der begleitenden Lernmaterialien zulassen;
   - bei Lerngruppen muß die Möglichkeit zur anschließenden kurzen Diskussion/ Gedankenaustausch eingeplant werden
   - das Zusammenspiel zwischen der unternehmensweit geforderten Kundenorien-tierung, die sich durchaus in zeitlicher und organisatorischer Konkurrenz zu den Business-TV - Beiträgen befindet, d.h. es muß ein Verständnis für diesen Lernweg geschaffen werden, der `von oben´ nachhaltig gestützt werden muß
   - vor allem aber - die Einbeziehung der Vorgesetzten, die über die Leistungsfähigkeit des neuen Mediums gesondert und gezielt informiert werden müssen, um nicht nur eine Einplanung von Lernzeiten in den Arbeitsplatzprozeß analog zu den bisherigen Zeiten für betriebliche Weiterbildung vorzunehmen, sondern vor allem dies als weitere Alternative der betrieblichen Weiterbildung akzeptieren.

5. Fazit

Zusammenfassend läßt sich sagen, daß die mit Business-TV erzielten Lernerfolge, bei entsprechender Aufbereitung der TV-Beiträge, mit denen bisheriger Seminarvermittlung unmittelbar vergleichbar sind. Die deutlich geringere Akzeptanz seitens der Betroffenen und seitens der Vorgesetzten läßt jedoch darauf schließen, daß unternehmensseitig geeignete Vorbereitungsmaßnahmen zu treffen sind. Wichtig ist zudem, daß seitens der Organisatoren entweder auf ähnliche Wissensstände zu Beginn zu achten ist oder aber im Rahmen der Business-TV-Sequenzen entsprechende Hinweise zu Beginn gegeben werden. Berücksichtigt man diese Faktoren, so zeigt unsere Untersuchung, daß der gewählte Methodenmix mit einer kurzen regionalisierten Präsenzphase und entsprechenden Business-TV-Lernsequenzen einen Lernerfolg erzielt, der im Vergleich zum reinen Seminarlernen mindestes die gleichen Erfolge aufweist.

Schwäbisch Hall TV - Eine Kommunikationsplattform mit Zukunft

von Gerhard Hinterberger*

Inhalt

* Gerhard Hinterberger ist Leiter des Bereiches Vertrieb und Moderator von Schwäbisch Hall-TV

1. Informationslogistik - ein entscheidender Erfolgsfaktor im Wettbewerb

Der Grundsatz, die "richtige Information zur richtigen Zeit am richtigen Ort in nutzerfreundlicher Form" erhebt immer mehr den Anspruch eines kritischen Erfolgsfaktors, insbesondere in der Finanzdienstleistungsbranche. Dieser Anspruch führt aber oftmals dazu, dass es ein Überangebot an schriftlichen Informationen gibt. Fachabteilungen eines jeden Dienstleistungsunternehmens erstellen fast täglich die unterschiedlichsten Auswertungen, Statistiken und Rundschreiben. Es werden buchstäblich Tonnen von Papier an sämtliche Vertriebseinheiten verschickt, um den oben definierten Ansprüchen annähernd Rechnung zu tragen.

Auf dem Weg zur Informationsgesellschaft par excellence wird es immer wichtiger werden, frühzeitig zu erkennen, daß nicht allein die Quantität, sondern die Qualität von Informationen der entscheidende Wettbewerbsfaktor sein wird. Denn nur hohe Informationsqualität führt zu sachgerechten Entscheidungen. Aus einem reichhaltigen Informationsangebot gilt es, zweckgebundene Daten, die über die unterschiedlichsten Informationskanäle transportiert werden, zu bündeln und in rascher und nutzerfreundlicher Form dem Informationskonsumenten zur Verfügung zu stellen.

So sieht sich jedes Dienstleistungsunternehmen der Schwierigkeit ausgesetzt, mit seinem Informationswesen unterschiedlichsten Adressaten und Informationsbedürfnissen gerecht werden zu müssen. Zum einem sind hier Kundenbedürfnisse zu befriedigen und zum anderen den Anforderungen der dem Unternehmen im Innendienst und Außendienst verbundenen Mitarbeiter sowie Geschäftspartner zu entsprechen. Ein Finanzdienstleister mit einer großen, dezentral organisierten Vertriebsorganisation und unterschiedlichen Akquisitionswegen ist hier bei der sachgerechten Übermittlung von Informationen besonders gefordert. Die Unternehmen erkennen immer mehr, dass dieser Informationslogistik mit den konventionellen Kommunikaitonsmedien nur bedingt nachzukommen ist. Papier, Workshops, Seminare etc. reichen längst nicht mehr aus, um über Vertriebs- und Marketingmaßnahmen oder Weiterentwicklungen im Produktangebot kompetent beraten zu können.

Die Informationsvermittlung in sog. Stufen birgt weiteres zusätzliches Gefahrenpotential in sich. Kommunikationswissenschaftler beziffern die Informationsverluste pro Kommunikationsstufe mit bis zu 20 Prozent. Allein dieser Mangel im bisheriger Kommunikationskonzept führte zu Unzufriedenheit und Ineffizienz. Die Lösung, um nicht zu sagen, das Zauberwort, kommt wie so oft aus den Vereinigten Staaten und heißt Business-TV. Business-TV soll als neue Kommunikationsplattform das Komminkationskonzept der Unternehmen ergänzen und in einer Art Kommunikationsmix zur idealen Informationslogistik beitragen. Just in time, heißt es künftig auch in der Dienstleistungsbranche.

2. Business-TV oder ganz einfach Unternehmensfernsehen

Die Produktion von TV-Sendungen als Instrument vertikaler Information und Kommunikation innerhalb eines Unternehmens wird als Business-TV oder - ins Deutsche übersetzt - als Unternehmensfernsehen bezeichnet. Seit einigen Jahren erfreut sich Business-TV bei amerikanischen Unternehmen immer größer werdender Beliebtheit. Die Möglichkeit, alle Mitarbeiter aller Hierarchiebenen gleichzeitig mit Informationen zu versorgen, schien bis vor kurzem undenkbar und rangiert somit an der Prioriätenliste - was die strategische Ausrichtung bzgl. Kommunikation anbelangt - ganz oben. Die gewohnte Darstellung von Informationen in Form von Texten und Grafiken mit Sprache, Animation und persönlicher Kommunikation zu kombinieren und über eine große räumliche Distanz zu transportieren, schafft neue Visionen.

Im Zuge der Globalisierung der Märkte beginnt Unternehmensfernsehen in Deutschland gerade der Importschlager schlechthin zu werden. Zeitnahe, schnelle und direkte interne Übermittlung von Informationen über Landesgrenzen hinweg, stellen für die Entscheider im Unternehmen einen entscheidenden Wettbewerbsfaktor dar. Grundsätzlich sollte sich jedes Unternehmen, das Informationen an einen umfangreichen Adressatenkreis verbreiten möchte, sich diesem Thema gegenüber offen zeigen.

Die steigende Zahl von Pilotsendungen ist Zeugnis eines wachsenden Interesses. Bisher scheuten sich die Unternehmen vor der Umsetzung in der Fläche. Vielleicht liegt dies an fehlender Kenntnis, wie man die Theorie hierbei erfolgreich in der Praxis abbildet. Dass der angesprochene Kommunikationsmix, in dem Business-TV integraler Bestandteil ist, über die Pilotierungsphase hinaus, in der Fläche erfolgreiche Anwendung findet, machen folgende Zahlen über den Nutzungsgrad einzelner Branchen deutlich:

- 31% Finanzdienstleister (Bausparkasse Schwäbisch Hall, Advance Bank, Hypovereinsbank, Deutsche Bank, Gerling-Konzern, Bankakademie)
- 26% Automobilbranche (Ford, DaimlerChrysler, Nissan, Renault, VW)
- 16% Handel (Allkauf, Kaufhof, Schlecker)
- 16% IT und Telekommunikation (Hewlett Packard, Microsoft, Deutsche Telekom)
- Sonstige (Würth, Deutsche Post)

2.1 Ein buntes Spektrum von Rahmenbedingungen

Heutzutage entscheidet mehr denn je professionelles Informationsmanagement über Erfolg oder Misserfolg eines am Dienstleistungsmarkt agierenden Unternehmens. Wettbewerbsvorteile erzielt derjenige, der die unternehmerische Informationslogistik zwingend optimiert und Informationen just in time liefern kann. Besondere Bedeutung kommt hierbei, neben einer gezielten Informationsaufbereitung, einem ungehinderten und schnellen Informationsfluss wie auch einer effizienten Aus- und Weiterbildung zu. Durch die sich immer schneller wandelnden Umweltanforderungen wird auch der einzelne Mitarbeiter, als elementare unternehmerische Ressource, ein den Wettbewerb bestimmender Faktor.

Resultierend hieraus werden an die Unternehmen äußerst hohe Ansprüche an die Anpassungs- und Veränderungsfähigkeit gestellt. Diesen neuen Herausforderungen gilt es, konsequent gegenüberzutreten. Die Integration neuer Kommunikationstechnologien schaffen die Basis für immer noch kürzere Innovationszyklen und sind deshalb auch Initiatoren wirtschaftlichen Strukturwandels.

Dies setzt sich in der Ausweitung von Kooperationen fort, einem Synonym für die Globalisierung der Märkte. Fusionen von Großkonzernen sind längst keine Seltenheit mehr. Gerade dieser Umstand beschreibt in eindrucksvoller Weise den sich verschärfenden Wettbewerb, dem jedes Unternehmen ausgesetzt ist und dem es sich zu begegnen gilt; und dieser Trend scheint sich unaufhaltsam fortzusetzen

2.2 Was macht den Erfolg von Business-TV aus?

In Zeiten wirtschaftlicher Rezession und eines äußerst niedrigen Zinsniveaus müssen sich die Unternehmer - gerade, wenn sie am Finanzdienstleistungsmarkt agieren - danach ausrichten, den Service am Kunden nicht aus dem Mittelpunkt zu verlieren. Die Kundenzufriedenheit ist hierbei entscheidend. Daher sind Bestrebungen, in Sachen Zeit und Kosten die Führungsrolle zu übernehmen und sukzessive auszubauen, durchaus legitim. Den Stellenwert, den die Unternehmenskommunikation dabei einnimmt, bedarf somit keiner Kommentierung.

Die Möglichkeit, schnell und umfassend über neue Strategien und Produkte zu informieren, läßt in etwa die Dimension dieses Mediums erkennen. Die Vielfalt der Anwendugsgebiete zeigt sich auch in einer immer intensiveren Nutzung im Schulungsbereich. Informationsverluste werden nahezu ausgeschlossen.

Der Zugriff auf das Know-how einzelner Mitarbeiter kann das Unternehmen zur Motivation der ganzen Belegschaft nutzen. Jeder erhält unmittelbar vom Experten Input für seine tägliche Arbeit. Die Unternehmensidentifikation präsentiert Unternehmensstärke und nimmt positiven Einfluss auf die Fluktuationsquote von Mitarbeitern.

Unverzichtbar stellt in jeder Unternehmens- und Kommunikationskultur die Meinungsäußerung ein elementarer Bestandteil dar. Die vielfältigen Interaktionsmöglichkeiten, mit denen sich die Zuschauer bei Business-TV mit ihren Fragen und Anregungen in eine laufende Sendung einbringen können, unterstreichen den Vorteil dieses Mediums. Rückfragen und Rückmeldungen sind hier durch Interaktion zwischen Unternehmen und Mitarbeiter jederzeit möglich. Der Mitarbeiter wird Teil der Sendung. Eine entsprechende Rückkopplung läßt sich sehr einfach beispielsweise via ISDN-Bildtelefon, Videokonferenzsystem, Telefonleitung, Fax oder Datenleitung realisieren. Informationen über Hierarchien hinweg, im direkten Kontakt mit der Leitungsebene eines Unternehmens, fördern das "Wir-Gefühl". Durch Interaktion und gleichzeitige Information entsteht eine Unternehmenskultur, in der "Herrschaftswissen" der Vergangenheit angehören. Die "Chefsache" geht plötzlich jeden an.

Business-TV verbindet und optimiert aber auch die Vorteile herkömmlicher Kommunikationsmittel . Text, Ton, Bewegtbild und Dialog erregen hohe Aufmerksamkeitswerte. Dynamische Abläufe werden durch audiovisuelle Darstellung verständlicher. Einfache Print-Informationen lassen keine Rückfragen zu, haben geringeren Erinnerungswert und entsprechen nicht dem modernen Informationsverhalten des Empfängers. Vor allem erklärungsbedürftige Produkte verlieren mit dieser Plattform durch intensive Schulungssendungen etwas von ihrer Komplexität.

Letzlich schafft Business-TV auch neue und moderen Arbeitsplätze im Unternehmen. Auch wenn auf Professionalität Wert gelegt und auf das Angebot eines Full-Services (von der Redaktion bis zur Übertragung und Ausstattung der Empfangsstation) zurückgegriffen wird, wird es Mitarbeiter geben müssen, die für diese externen Firmen die Ansprechparter sind; quasi Schnittstellenfunktion übernehmen.

2.3 Gibt es Restriktionen von Business-TV?

Die Nutzungsmöglichkeiten dieses Mediums sind nicht unbeschränkt. Gerade im Aus- und Weiterbildungsbereich und hier insbesondere im Verhaltensbereich stößt es an Grenzen, da Verhaltensänderungen nicht "auf Distanz" und ohne persönlichen Kontakt bewirkt werden können.

Auch auf den Einsatz von Printmedien wird vorerst durch Business-TV-Sendungen nicht vollständig verzichtet werden können. Die Visualisierung komplexer Zusammenhänge führt zwar zur Vereinfachung, eine detaillierte Beschreibung hingegen, welche z.B. bei rechtlichen Zusammenhängen oftmals notwendig ist, kann aber nicht geboten werden. Es gilt, eine optimale Kombination der verschiedenen Kommunikationsarten innerhalb eines Unternehmens sinnvoll zu koordinieren und somit deren Vorteile effizient auszunutzen. Das darf aber nicht nur einmalig geschehen. Vielmehr ist dies ein permanenter Prozess. Täglich ist zu entscheiden, wie gebe ich diese Information an meine Mitarbeiter weiter.

2.4 In welchen Unternehmen lohnt sich der Einsatz von Business-TV?

Vom Grundsatz her kommen für Business-TV Unternehmen in Frage, die mit dezentralen Organisationseinheiten am Markt agieren. Zeitgleiche Information aller Vertriebseinheiten in derselben Ausführlichkeit sind Prämissen, die keinen anderen Schluss zulassen als den, sich mit dem Thema Business-TV lieber heute als morgen auseindanderzusetzen. Produktvielfalt und -komplexität sowie hoher Schulungsbedarf sind weitere Kriterien, die diese These unterstreichen. Herausforderung und zugleich Instrument für jedes Unternehmen mit einem bundes-, europa- oder gar weltweit gespannten Vertriebsnetz lassen Business-TV zu der Kommunikationsplattform der 90-er Jahre werden.

Stellt man einen Vergleich an, bei dem die jeweiligen Sendekonzepte verschiedenster Unternehmen gegenübergestellt werden, erkennt der unbedarfte Leser sehr schell, dass die Konzepte in ihrer Grundstruktur viele Gemeinsamkeiten aufweisen. Daraus läßt sich ableiten, dass sich Business-TV sehr gut eignet für

- Informationen von einer Stelle für viele "Gleichgesinnte",
- Marketing- und Vertriebsorganisationen,
- Produkteinführung, -schulung,
- Sachinformationen,
- PC-Aus- und Weiterbildung,
- Darstellung vorbildlicher Arbeitsweisen,
- Nachrichten, Telelearning, Tips,
- Präsentation von Partner-Unternehmen.

2.5 Technische Voraussetzungen

Hat ein Unternehmen ein Sendekonzept verabschiedet, ist die optimale Infrastruktur für den Transport der Informationen zu eruieren und zu schaffen. Zwischenzeitlich bieten sich den Anwendern verschiedene Möglichkeiten der Übertragung. Eine verschlüsselte Live-Übertragung beispielsweise aus einem eigenen oder angemieteten Sendestudio via Satellit oder Datenleitung ist eine der Alternativen. Die Visualisierung in den Empfangsstationen erfolgt dann zeitgleich, je nach Bedarf, via Großbildleinwand, Fernseher oder PC-Monitor.

Ebenso stellen Produktionen, die via video on demand bereitgestellt werden, keine Seltenheit mehr dar. Hier werden die Informationen auf einem - bzgl. Speicherplatz und Zugriffsgeschwindigkeit entsprechend dimensionierten - Server abgelegt und als Konserve dem Informationskonsumenten zur Verfügung gestellt. Der potentielle Zuschauer kann somit problemlos per Knopfdruck die Videoinformationen zu jeder Zeit an seinem Arbeitsplatz via PC abrufen und visualisieren. Er entscheidet selbst über den Informationszeitpunkt, -tiefe und das Thema an sich.

Andere Unternehmen machen sog. Vorproduktionen, d.h. diese zeichnen Sendungen auf und spielen diese dann oft mehrmals täglich zu bestimmten Zeitpunkten an bestimmten Lokationen ab. Auch diese Art von Übertragung kann jederzeit auch bis hin zum einzelnen Arbeitsplatz erfolgen.

In den letztgenannten Fallbeispielen geht allerdings der eigentliche Vorteil verloren, den Business-TV mit einer Livesendung mit sich bringt. Die Interaktivität (vgl. auch Rückkanal), d.h. die aktive Teilnahme der Zuschauer an der Sendung, finden bei dieser Übertragungstechnik keine Berücksichtigung.

Folgende Darstellung schafft einen schnellen Überblick über die notwendige Technik und deren Alternativen.

Studio:

Hier werden Live-Sendungen durchgeführt und/oder Sequenzen wie z.B. Interviews vorproduziert. Je nach Zielsetzung des Unternehmens kann es durchaus sinnvoll sein, ein eigenes Studio zu bauen oder aber sich fallweise ein Studio anzumieten.

Ausstrahlung:

Hier gibt es die Möglichkeit, via digitaler Fernsehtechnik über Satelliten auszustrahlen oder aber, die Sendung via Datenfernübertragung direkt dem Empfänger zur Verfügung zu stellen.

Empfang:

Bei der Ausstrahlung via Satellit benötigt der Empfänger eine Sat-Antenne, eine digitale Fernsehbox zur Entschlüsselung sowie ein Fernsehgerät oder einen Videoprojektor. Zum Empfang via Datenleitung wird ein Server bzw. PC benötigt.

Rückkanal:

Eine Interaktivität ist via Telefon, Bildtelefon, Videokonferenzsystem, Fax oder Internet jederzeit möglich.

Verschlüsselung:

Die digitale Übertragungstechnik bietet die Möglichkeit der Verschlüsselung vertraulicher Firmeninformationen, die via Business TV verbreitet werden. Die Entschlüssselung erfolgt durch geeignete und entsprechend freigeschaltete Decoder. Mit Hilfe dieser Verschlüsselung kann ein Unternehmen auch verschiedene Zielgruppen adressieren.

2.6 Wertschöpfungspotentiale von Business-TV

Durch eine gezielte Kommunikationsstruktur und den Einsatz von Business-TV sind deutliche Einsparungen im monetären Bereich zu realisieren. Allerdings ist eine langfristige Betrachtung der Wertschöpfung von größerer Bedeutung. Ein verbesserter Kundenservice, ein schnellerer und effizienterer Informationsfluss und der daraus entstehende Zeitvorteil begründen Wettbewerbsvorteile gegenüber den Mitbewerbern.

Die gezielte Einbindung des Aus- und Weiterbildungsbereiches bietet weitere Möglichkeiten der Wertschöpfung durch eine sinnvolle Kombination der Informationskanäle. Um eine dauerhafte Wertschöpfung zu erzielen, muss auch aus der Implementierung von Business-TV eine gezieltere und effizientere Kommunikations- und Informationsstruktur resultieren; auf ineffiziente Medien kann somit dauerhaft verzichtet werden; unkoordinierten Mehrfachinformationen und Informationsverlusten beim Empfänger wird durch direkte und authentische Information von kompetenter Stelle erfolgreich begegnet. Bestens informierte Mitarbeiter werden zu kompetenten Diskutanten und Entscheidungsträgern.

3. Die Bausparkasse Schwäbisch Hall setzt auf Business-TV

3.1 Die Bausparkasse Schwäbisch Hall AG

3.1.1 Das Produkt

Bei Bausparkassen handelt es sich um Einproduktunternehmen, die das Produkt Bausparvertrag in verschiedenen Tarifen anbietet. Dieser Vertrag beläuft sich auf eine nahezu beliebige Bausparsumme, die der Kunde zu einem bestimmten Zeitpunkt (nach Zuteilung) ausgezahlt bekommt. Rund die Hälfte dieser Summe muss er vor der Auszahlung zu einem festen Guthabenszinssatz angespart haben (Sparphase). Die andere Hälfte wird von der Bausparkasse als günstiges Darlehen zu einem festen Zinssatz zur Verfügung gestellt (Darlehensphase). Die Auszahlung des Darlehens ist unter anderem an die Bedingung gebunden, die Gelder für Wohnbau- oder Renovierungszwecke zu nutzen. Daran läßt sich ableiten, dass der Gesetzgeber, das allgemeine Zinsniveau und die Baukonjunktur bedeutenden Einfluss auf das Bauspargeschäft ausüben.

3.1.2 Das Unternehmen

Die Bausparkasse Schwäbisch Hall AG ist im genossenschaftlichen Verbund die Bausparkasse der Volksbanken und Raiffeisenbanken. Sie stellt Finanzdienstleistungen für Bau, Erwerb und Modernisierung von Wohneigentum zur Verfügung. Gegründet wurde das Unternehmen im Jahre 1931 in Köln und trägt heute den Namen der ehemaligen Reichsstadt Schwäbisch Hall, in der sich der Standort der Hauptverwaltung befindet. Dort baute sie in den vergangenen Jahren in enger Zusammenarbeit mit dem genossenschaftlichen FinanzVerbund die Führungsposition als kundenstärkste deutsche Bausparkasse weiter aus. Fast jeder vierte neue Bausparvertrag in Deutschland wird zwischenzeitlich bei Schwäbisch Hall abgeschlossen. Der Branchenprimus, die stärkste Kraft am deutschen Bausparmarkt, intensivierte seine Kontakte in den zurückliegenden Jahren zu Argentinien, Chile und weiteren Ländern. In China wurde Anfang 1999 eine Repräsentanz eröffnet.

3.1.3 Der Vertrieb

Der Erfolg im Finanzdienstleistungssektor liegt u.a. auch in der Qualität und Kundennähe seiner Vertriebseinheiten begründet. Mit nahezu 3000 Außendienstmitarbeitern und den Volksbanken und Raiffeisenbanken im genossenschaftlichen FinanzVerbund stehen der Bausparkasse flächendeckende Beratungskompetenz rund um die Uhr zur Seite. Der Vertrieb, die Schubkraft eines jeden Unternehmens, benötigt für die tägliche Arbeit vor Ort qualitativ hochwertige und zeitnahe Informationen. Hohe Informationsqualität zeugt von Kompetenz und hilft, den Kunden bedarfsorientiert zu beraten.

3.2 Schwäbisch Hall TV - eine neue Informationsplattform

Seit Ende 1995 setzt die Bausparkasse auf das Medium Business-TV und hob somit Schwäbisch Hall TV aus der Taufe. Kein anderes Medium spricht so schnell und umfassend eine so große Zahl von Mitarbeitern motivierend an. Der Zielsetzung, die Vertriebseinheiten über interessante Maßnahmen oder erfolgversprechende Arbeitsweisen anschaulich zu informieren, wird von keiner anderen Kommunikationsplattform besser entsprochen. Projektleiter präsentieren ihre Projekte selbst und bieten so kompetente Informationen aus erster Hand. Die besten Fachleute stellen neue Maßnahmen vor, diskutieren aktuelle Themen und geben Rede und Antwort auf alle Fragen, die den Mitarbeiter vor Ort beschäftigen. Somit lassen sich Know-how und Stärken an einer bestimmten Stelle einer Organisation beliebig vielen Empfängern an beliebig vielen Standorten professionell vermitteln. Schwäbisch Hall TV verbindet und optimiert die Vorteile herkömmlicher Kommunikationsmittel. Einzelne Bausteine wie Text, Ton, Bewegtbild und Dialog werden zu einer Art "Live-mosaik" zusammengefügt (vgl. nachfolgende Abbildung 1).

Abbildung 1: Schwäbisch Hall TV_Logo

3.3 Zielsetzungen von Schwäbisch Hall TV

Vor Nutzung und Einführung erfolgte auch in Schwäbisch Hall eine klare und detaillierte Zielformulierung. Aufwand, Nutzen und Vorteile für das Unternehmen und Nutzer dieses Mediums wurden eruiert und entsprechend bewertet. Für Schwäbisch Hall waren die Stärkung des Zusammengehörigkeitsgefühls im Unternehmen, Produktivitätssteigerungen durch gezielten Kommunikationsmix, Förderung der Motivation und nicht zuletzt die wirtschaftlichen Aspekte, besonders die Kosteneinsparung im Bereich der Information und Aus- und Weiterbildung die primären Beweggründe der Entscheidung.

Mit der Integration von Schwäbisch Hall TV erfolgte auch die Begrenzung der gedruckten Information im Wesentlichen auf eine im Monatsrhythmus erscheinende Zeitschrift innerhalb der klassischen Informationsversorgung für den Außendienst.

3.4 Das Informations- und Kommunikationskonzept bei Schwäbisch Hall

Den Grundsatz, die "richtige Information zur richtigen Zeit am richtigen Ort in nutzerfreundlicher Form" in die Tat umzusetzen und dabei allen möglichen Nutzern gerecht zu werden, ließen es geboten erscheinen, die Informationslogistik bei Schwäbisch Hall neu zu überdenken und zu reformieren. Auf der einen Seite wurde sehr früh erkannt, dass die etablierten Wege der Informationsbereitstellung und -übermittlung keine durchgreifende Besserung erwarten lassen. Aber gerade auf diesem Gebiet bieten die Veränderungen in der Medienwelt enorme Chancen. Immer schnellere Informationstechnologien ermöglichen heute einen sehr effektiven Datenaustausch und Kontakt weltweit. Instrumente wie ISDN, Internet, Intranet, Extranet, oder T-Online haben schon längst in unserem täglichen Gebrauch Einzug gehalten. Im Wettbewerb um die Gunst des Kunden setzt Schwäbisch Hall verstärkt auf innovative Informations- und Kommunikationswege. Umfassende multimediale Funktionen, wie zum Beispiel electronic banking, Homebanking, Tele-Shopping oder Talk Center sind durch die neuen Technologien möglich geworden. Multimedia ist zwischenzeitlich auch das Schlagwort für die Verbindung der Computer- und der Medienbranche; das Fernsehen kann heute schon Funktionen des Computers übernehmen und umgekehrt. Schwäbisch Hall TV ist als Informationsplattform von höchster Aktualität heute Teil eines Kommunikationskonzepts mit bester Resonanz und somit fest im Kommunikationskonzept der Bausparkasse verankert.

Ergänzt wird dieses Konzept durch intelligente Auskunftsprogramme, die dicke EDV-Listen gänzlich ersetzen. Wo früher ein Überangebot an Zahlen verschickt wurde, wird heute ausschließlich das tatsächlich benötigte Ergebnis elektronisch direkt in die PC der Außendienstmitarbeiter übertragen.

4. Schwäbisch Hall TV in der Praxis

Jeden Monat informiert die Bausparkasse Schwäbisch Hall via Business-TV ihre komplette Außendienstmannschaft. Fallweise geht die Bausparkasse auch auf Sendung, um bundesweit Mitarbeiterinnen und Mitarbeiter der Volksbanken, Raiffeisenbanken und Sparda-Banken zu informieren. Das ideale Sendekonzept für Schwäbisch Hall TV ist das Ergebnis einer facettenreichen Erprobungsphase und einer mittlerweile langjährigen Erfahrung aus zahlreichen Sendungen.

4.1 Umsetzung von Schwäbisch Hall TV

Professionelle Unterstützung bei der Realisierung eines solchen Vorhabens ist zumindest in der Anfangsphase unabdingbar und entscheidend für Erfolg und Qualität dieses Mediums. Die wenigsten Unternehmen, es sei denn sie kommen unmittelbar aus der Medienbranche, bringen irgendwelche Erfahrung in diesem Mediensegment mit. Schon allein daher ist externe Unterstützung mehr als notwendig. Die Akzeptanz und letzten Endes die damit verbundene Wirtschaftlichkeit ist nur dann zu gewinnen, wenn die Qualitätstandards von Fernsehen eingehalten werden. Visualisierung und Präsentation bestimmter Inhalte, sowie die Inhalte selbst, sind nach den allgemein definierten Fernsehstandards und den Zuschauergewohnheiten auszurichten.

4.2 Pilotierung

Bevor Business-TV zu einer festen Einrichtung werden konnte, wurde in einem Pilotprojekt zunächst unter Realbedingungen getestet, inwieweit die Vertriebsorgane der Bausparkasse für diesen innovativen Weg der Kommunikation bereit waren. Deshalb wurde Schwäbisch Hall TV in mehreren Pilotsendungen eingehend getestet. Die verschiedenen Testsendungen waren bewusst ganz unterschiedlich gestaltet. Die Bausparkasse variierte beispielsweise den Ablauf der Sendungen, konzipierte diese für unterschiedliche Empfängergruppen und arbeitete auch mit unterschiedlichen Sendern zusammen. Der Empfängerkreis der ersten Sendung bestand aus 200 Außendienstmitarbeiterinnen und -mitarbeitern aller Hierarchiestufen, die bundesweit auf 14 Empfangsstationen verteilt waren. Die zweite Sendung war speziell für die Führungskräfte im Außendienst konzipiert, diskussionsorientiert ausgerichtet und strategischen Themen gewidmet. Mit der dritten Sendung wurde zum ersten Mal der gesamte Außendienst gleichzeitig angesprochen. Hierfür wurden im gesamten Bundesgebiet über 100 Empfangsorte in Zusammenarbeit mit der Deutschen Telekom für Schwäbisch Hall TV geschaffen. Die Außendienstmannschaften aller Bezirksdirektionen konnten so vor Ort gemeinsam die Sendung verfolgen, anschließend die neu erworbenen Erkenntnisse aus der Sendung diskutieren und unmittelbar an die Umsetzung gehen. Die Erkenntnisse, die aus dieser Pilotierung gewonnen werden konnten, wurden in ein zwischenzeitlich ideales Konzept integriert. Aspekte wie Zielgruppen, Zielsetzungen, das eigentliche Sendekonzept, sprich die Sendeinhalte, die Sende-, Übertragungs- Verschlüsselungs- und Empfangstechnik, Personal für Redaktion und Produktion mussten hierbei eingehend diskutiert und entschieden werden.

4.3 Schwäbisch Hall on air

Jedes Unternehmen, welches sich mit einem Business-TV -Projekt beschäftigt, steht zwangsläufig einmal vor der entscheidenden Frage, ob auf einen Full-Service zurückgegriffen werden soll oder ob Teilaufgaben von Abteilungen des Unternehmens besser und effiezienter zu bewältigen sind. Im folgenden wird versucht, die angestellten Überlegungen der Bausparkasse zu skizzieren und somit Entscheidungshilfen zu liefern.

4.3.1 Technisches Konzept

Sendestudio

Die Bausparkasse entschied sich für den Bau eines eigenen Sendestudios. Sie investierte auch in die dazugehörige Medientechnik für die Produktion der Sendungen bzw. die Vorproduktion elektronischer Beiträge (Videoclips) sowie deren umfangreiche Nachbearbeitung. Heute ist das Sendestudio in das bauliche Gesamtkonzept vollständig integriert und unterscheidet sich nur unwesentlich von den anderen Gebäuden der Bausparkasse und von dem eines TV-Senders. Eine Spielfläche von annähernd 250 qm bietet Platz für vier Sets und für ca. 40 Zuschauer, die jede Sendung begleiten. Neben Regie-, Aufenthalts- und Maskenraum nimmt die sog. Haustechnik wie Strom, Klimaanlage und Wasserversorgung einen enormen Platzbedarf ein. Insbesondere der Klimaanlage kommt bei 100000 Watt Beleuchtungsleistung große Bedeutung zu. Schwäbisch Hall entschloss sich für den Eigenbau aufgrund der Infrastruktur, die diese Stadt in bezug auf ansässige Medienvertreter mit sich bringt. Die nächstgelegenen TV-Studios sind entweder in Stuttgart oder in Frankfurt bzw. München anzutreffen.

Für Unternehmen, die in diesen sog. Medienhochburgen am Markt agieren, ist die Überlegung durchaus angebracht, hier auf entsprechende Ressourcen zurückzugreifen und ein TV-Studio anzumieten. Aber allein der wirtschaftliche Gesichtspunkt sollte hier nicht alles entscheidend sein. Wird es notwendig, sofort und unmittelbar tagesaktuelle Entscheidungen am Markt zu plazieren, so ist in diesem Fall ein eigenes Studio sicherlich wertvoll. Es kann kurzfristig auf sich ändernde Marktsituationen mit Sondersendungen reagiert werden. Der zeitintensive Prozess für die Studiosuche entfällt. Um den Break-Even-Point und die Amortisationszeit bei einer Investition in einen Studioneubau so klein wie möglich zu halten, sind Überlegung einer Studiovermietung an weitere an Business-TV interessierte Unternehmer aus der eigenen Region durchaus angebracht. Vorausgesetzt, das eigene Sendekonzept läßt Spielraum für eine Weitervermietung.

Übertragung

Übertragungstechnik

Nach der Entscheidung für das Sendekonzept von Schwäbisch Hall TV musste die optimale Infrastruktur für die Übertragung der Informationen gefunden werden. Hierbei geht die Bausparkasse den Weg einer verschlüsselten Live-Übertragung aus dem eigenen Sendestudio via Satellit. Eine Visualisierung in den Empfangsstationen erfolgt dann je nach Bedarf ohne merklichen Zeitverzug via Großbildleinwand, TV-Gerät oder PC-Monitor.

Übertragungs-/Signalweg

Schwäbisch Hall-TV überbrückt ohne nennenswerte zeitliche Verzögerung riesige Distanzen. Bis die Information aus dem Sendestudio in Schwäbisch Hall den Zuschauer erreicht, hat sie eine Wegstrecke von 72.000 km zurückgelegt. Aus dem TV-Studio in Schwäbisch Hall geht es per Richtfunkstrecke nach München in das modernste Play-out-Center Europas, in dem die Signalcodierung erfolgt. Verschlüsselt geht die weite Reise ins All über den digitalen Satelliten ASTRA 1F, bevor das Signal dann in den eigens hierfür eingerichteten Empfangsstationen via d-box (Receiver) entschlüsselt wird. Richtfunkstecke, Verschlüsselung und die eigentliche Satellitenübertragung sind Dienstleistungen, die die meisten Unternehmen anmieten müssen. Die Bausparkasse Schwäbisch Hall arbeitet hier sehr eng mit der beta business tv mbh, mit Sitz in Unterföhring, zusammen. Aber auch andere Anbieter wie beispielsweise die Telekom sind in der Lage, diese Dienstleistung zu erbringen (vgl. Abbildung 2.)

Abbildung 2: Graphische Darstellung des Sendewegs

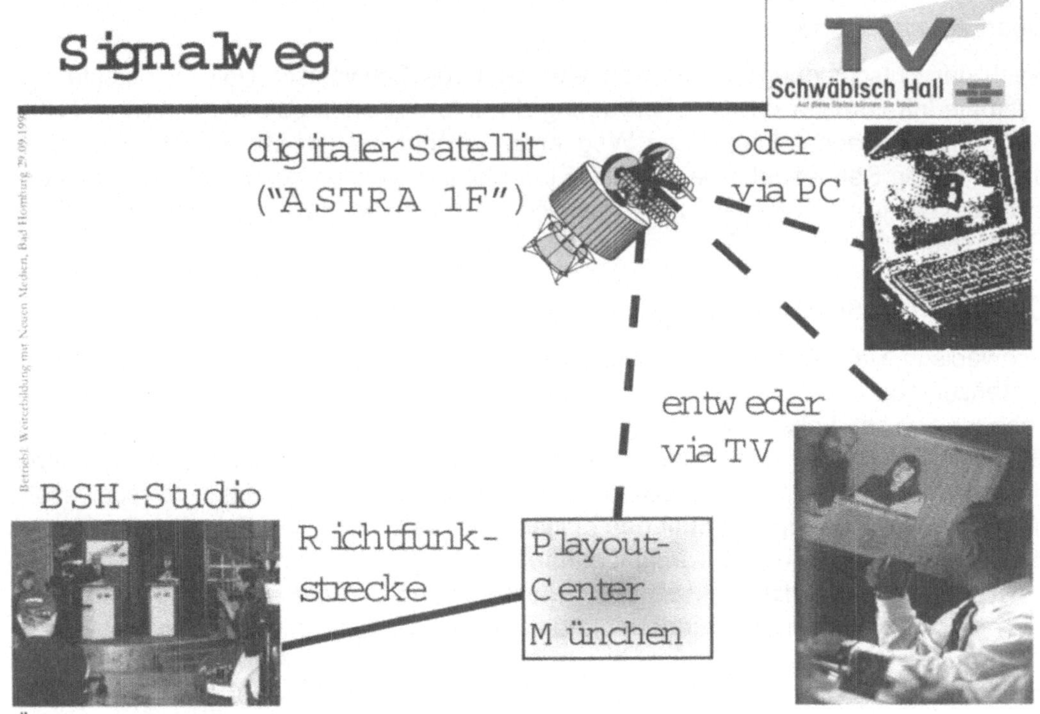

Signal-Empfang

Angeschlossen an die d-box ist eine konventionelle Satellitenempfangsanlage. Ein ganz gewöhnliches TV-Gerät genügt für den Empfang. Zur Visualisierung der Signale eignen sich aber auch Projektionssysteme oder speziell konfigurierte PC. Die Bausparkasse setzte auch unter der Prämisse, in Zukunft die Bausparer als Endkunden mit Kunden-TV zu versorgen, auf die d-box. Die d-box, die für die Entschlüsselung des codierten Signals eingesetzt wird, erfreut sich durch den Einzug des digitalen Fernsehens steigender Absatzzahlen. So stellt diese Plattform ein ideales Instrument dar, das der Kommunikation mit dem Kunden künftig neue Dimensionen eröffnet.

Mit nahezu 300 bundesweit verteilten Empfangsstationen ist Schwäbisch Hall-TV von Außendienstmitarbeitern in ganz Deutschland leicht zu erreichen und leicht zu nutzen. Diese sind in Hotels, Gaststätten, Volksbanken und Raiffeisenbanken und Büros der Bezirksdirektoren eingerichtet. Die Repräsentanzen in Luxemburg und Polen sind ebenfalls mit dieser Technik bereits ausgestattet. In Kürze sollen auch die genossenschaftlichen Partnerbanken Business-TV von Schwäbisch Hall oder anderen Verbundunternehmen empfangen können. Die GIS (Genossenschaftlicher Informations Service) zeigt sich diesbezüglich für den Aufbau der Infrastruktur bei den Kreditgenossenschaften verantwortlich.

Rückkanal/Interaktivität

Die Interaktivität, die zum Erfolg von Business-TV wesentlich beiträgt, wird bei Schwäbisch Hall problemlos über Telefon oder Fax realisiert. Im Call-In-Verfahren können parallel bis zu zehn Anrufer in der Leitung gehalten und dem Moderator im Studio zum Abruf bereitgestellt werden. Das Call-In gibt dem Zuschauer vor Ort die Möglichkeit, sich direkt mit seinem Anruf in die Sendung einzuschalten und Antworten auf seine Fragen zu erhalten. Das Bildtelefon oder Videokonferenzsystem kommt nicht generell zum Einsatz, sondern zielorientiert.

4.3.2 Sendekonzept

Ist sich ein Unternehmen über Zielsetzung der Einführung des Mediums klar geworden, steht die Erarbeitung eines Sendekonzepts als einer der ersten Aufgaben an. Im folgenden werden Punkte diskutiert, die bei der Umsetzung eines Sendekonzepts unbedingt Gegenstand der Überlegungen sein sollte.

Zielgruppenauswahl

Eine Analyse der Zielgruppen ist wichtig für die Akzeptanz dieser Informationsplattform. Für die Bausparkasse kristallisierten sich zunächst die zwei Zielgruppen Außendienst-Führungskräfte sowie die komplette Akqusitionsebene im Außendienst heraus. Schwäbisch Hall TV für Mitarbeiter aus Volksbanken und Raiffeisenbanken erweiterten zwischenzeitlich den Empfängerkreis. Aufgrund der Sendungsverschlüsselungstechnik ist es möglich, problemlos die unterschiedlichsten Zielgruppen zu definieren und entsprechende Empfangsberechtigungen zu vergeben. An dieser Stelle sei darauf hingewiesen, dass Business-TV im Allgemeinen nicht gänzlich alle Tagungen im Außendienst ersetzt und dies mit Sicherheit auch nicht will. Der persönliche Kontakt mit dem Mitarbeiter vor Ort muss erhalten bleiben und auch weiterhin gepflegt werden, wenn auch in reduzierter Form.

Sendeformat

Sendedauer/Sendeturnus

Eine professionelle Umsetzung und Produktion ist Voraussetzung für den Erfolg. So hat sich ein monatlicher Turnus, in dem Informationen über Satellit verschlüsselt transportiert werden als effizient herausgestellt. Ebenso ist die Sendedauer von max. 120 Minuten mit einer Pause von ca. 10 Minuten für eine Liveübertragung sowohl für die Informationskonsumenten als auch für die an der Sendung unmittelbar Beteiligten optimal.

Sendeinhalte

Die Information aus der Führungsebene eines Unternehmens steigert die Corperate Identity u.a. auch dadurch, dass der Zuschauer Informationen aus erster Hand bekommt. Um diesen sog. Platz in der ersten Reihe so interessant und abwechslungsreich wie irgendmöglich zu gestalten, kombiniert Schwäbisch Hall die verschiedensten Module entsprechend den Bedürfnissen. Diese sind beispielsweise

- Statements,
- Reportagen,
- Nachrichten,
- Talk mit Gästen,
- Interviews, Diskussionen,
- Produktfilme etc..

Der Bereich der Aus- und Weiterbildung komplettiert diese Palette. Gerade hier lassen sich erhebliche Kosteneinsparungen erzielen. Schwäbisch Hall praktizierte die Schulung von Mitarbeitern des Außendienstes und der Volksbanken und Raiffeisenbanken zum ersten Mal 1997 bei der Einführung eines neuen Bauspartarifs. Das Feeback hierzu war durchweg positiv. Aber auch eigenentwickelte PC-Programme wurden und werden auf diesem Wege dem Außendienstmitarbeieter vor Ort näher gebracht. Für Unternehmen, die die Schulung als den Wertschöpfungsprozess an sich ansehen, ist Business-TV unabdingbar. Physische Produkte können hervorragend vorgestellt, nutzerfreundlich erklärt und präsentiert werden. Bedingung für eine effiziente Schulung ist die konkrete Formulierung von Inhalten und Zielen, da nur eine auf die Bedürfnisse abgestimmte Aus- und Weiterbildung die Möglichkeit bietet, die Wettbewerbsfähigkeit des Unternehmens und die persönliche Entwicklung des einzelnen Mitarbeiters zu verbessern. Der Zeitaufwand der Teilnehmer muss hierbei immer in Relation mit dem tatsächlichen Nutzen stehen.

4.3.3 Personalkonzept

Ebenso spielen Überlegungen zu den bereitzustellenden Personalressourcen durchaus im Entscheidungsprozess eine bedeutende Rolle. Hier können die Unternehmen in bestimmten Bereichen auf bereits vorhandenes Personal zurückgreifen. Ein Mix zwischen extern angemietetem Personal und eigenen Mitarbeitern, die die Strukturen des Unternehmens kennen, ist sicherlich von Vorteil. Bei regelmäßigem Sendebetrieb ist es in jedem Fall effizient und wirtschaftlich, internes Personal einzusetzen. Die Bausparkasse hat eigens für Schwäbisch Hall TV ein Team integriert, das u.a. folgende Aufgaben bewältigt:

Das Team ist die Anlaufstelle, bei der alle Informationen zu Schwäbisch Hall TV zusammenlaufen. Dies gilt sowohl für externe Anfragen aus dem Außendienst als auch für Belange, die diesbezüglich hausintern auftreten. Insbesondere Themenvorschläge werden hier gesammelt, bewertet und für die Redaktionskonferenz vorbereitet. Diese setzt sich aus Teammitgliedern, aus den Referenten, die die einzelnen Beiträge präsentieren und dem Moderator zusammen.

Für die Redaktionskonferenz zeigt sich das Team - zusammen mit dem Moderator - ebenso verantwortlich. Es werden Sendeinhalte, Präsentationstechniken, Sendedauer, Sendeablauf, die Lokationen (Sets) innerhalb des Studios festgelegt. Im Anschluss daran erfolgt von diesem Team die Erstellung der Regiepläne. Ein Muster eines Regieplanes findet der Leser im Anhang. Minutiös wird die komplette Sendung geplant und vorbereitet. Damit jede Sendung ihr eigenes Profil und ein Gesicht erhält, ist es wichtig, dass unterschiedlichste Präsentationsformen und unterschiedliche Referenten, die die einzelnen Themen vortragen, im Wechsel eingesetzt werden.

Das Team informiert die Führungskräfte im Außendienst sowie Innendienstmitarbeiter aus den tangierten Bereich über Inhalte und Ablauf der Sendung via Lotus Notes, ca. 10 Tage vor der Sendung.

Die Referenten sind in der Regel interne Mitarbeiter, die laufende Projekte des Unternehmens vorstellen oder Außendienstmitarbeiter, die erfolgreich praktizierte Arbeitsweisen vorstellen. Externe Referenten, die Fachvorträge in visualisierter Form zum Besten geben, sind immer eine willkommene und lehrreiche Abwechslung. Jede Sendeeinheit bei Schwäbisch Hall besteht aus einem halben Tag für die Generalprobe und der eigentlichen Sendung. Die Teilnahme an der Generalprobe ist für alle Beteiligten Pflicht. So werden schon im Vorfeld Ängste und Nervosität abgebaut. Man darf hier nicht außer Acht lassen, dass es sich bei den Auftretenden um keine TV-erprobten Profis handelt, sondern um Mitarbeiter aus dem Innen- und Außendienst bzw. aus den genossenschaftlichen Banken. Ebenfalls werden am Tag der Generalprobe technische Vorbereitungen - wie beispielsweise das Einleuchten der einzelnen Sets - durch das Produktionsteam durchgeführt. Die Generalprobe ist ein wichtiger Erfolksfaktor von Business-TV.

Das Produktionsteam wird zu jeder Schwäbisch Hall TV-Sendung angemietet. Dieses besteht aus einem Ablaufregisseur, drei Kameraleuten, einem Beleutungstechniker, drei Kabelhilfen, jeweils einem Bild- und Tontechniker, einem Bild- und Toningenieur und einem Aufnahmeleiter. Ergänzt wird dieses Team durch einen Techniker, der sich für die Richtfunkstrecke nach Unterföhring verantwortlich zeigt, und einer Visagistin, die die Auftretenden im "rechten Licht" erscheinen lässt. Im Anschluss an die Probe werden noch Nachrichten in der sog. BLUE-BOX aufgezeichnet. Die Funktion der Nachrichtensprecherin wird ebenfalls durch internes Personal abgedeckt.

Das Schwäbisch Hall TV-Team in der Bausparkasse wurde um einem ausgebildeten Kameramann erweitert. Dieser produziert in Eigenregie Filmbeiträge im Hause von Schwäbisch Hall und übernimmt auch Produktionen für Beiträge vor Ort. Die zeitintensive Postproduction wie Schnitt und Vertonung wird in den Räumlichkeiten des TV-Studios erledigt. Das Einsparpotential ist gerade in diesem Bereich besonders hoch. Wirtschaftliche Überlegungen raten jedem Unternehmen, das regelmäßig auf Sendung geht, zu diesem Schritt. Auch die Bausparkasse erachtete den Einkauf von solchem Spezial-Know-How als gangbaren Weg. Spontane Produktionen, die sich aus aus besonderen Anlässen kurzfristig ergeben, stellen somit kein Problem dar. Im Vorfeld einer Sendung werden auch darüber hinaus Hintergründe für Nachrichten und Charts.

Der Moderator von Schwäbisch Hall TV, Autor dieses Kapitels, übt bei der Bausparkasse Schwäbisch Hall ebenso die Funktion des Bereichleiters Vertrieb aus. Die Erfahrungen, die der Autor bisher mit seinen TV-Auftritten sammeln durfte, lassen den Schluss zu, dass in der Ausübung dieser Funktion auf Professionalität unbedingt zu achten ist. Der Moderator trägt erheblich - neben den Sendeinhalten - zum Erfolg der Sendungen bei. Auch diese Personalressource stellt das Haus Schwäbisch Hall somit selbst. Es hat sich auch bisher in der Vergangenheit gezeigt, dass die Doppelfunktion, Leiter des Bereichs Vertrieb und Moderator, geradezu eine ideale Kombination darstellt. Neben Neutralität und Souveränität, lehrte die Praxis, dass es hilfreich ist, wenn der Moderator auch das notwenige Hintergrundwissen hat. Dies zeigt sich besonders deutlich beim Call-In. Hier bewährt sich eine intensive Vorbereitung des Moderators und der Fachreferenten. Detaillierte Moderationskarten sind für den Moderator unerlässlich, um den roten Faden in einem Gespräch bzw. in der ganzen Sendung beizubehalten. Diese werden im Vorfeld einer Sendung vom Team Schwäbisch Hall TV erstellt.

Im Sendestudio in Schwäbisch Hall finden ca. 40 Zuschauer Platz. Themenorientiert werden diese Plätze mit Referenten, Studiogästen, Bezirksdirektoren, die mit ihrer Mannschaft angereist sind, Mitarbeitern der genossenschaftlichen Banken und Mitarbeitern des Innendienstes besetzt.

Für die Betreuung der bundesweit verteilten Empfangsstationen vor Ort greift die Bausparkasse wieder auf internes Personal zurück. Mindestens 90 Minuten vor Sendebeginn übernehmen zwei Mitarbeiter aus dem Schwäbisch Hall TV-Team der Bausparkasse die Funktion einer Hotline. Diese steht für Fragen bei Empfangs- und Userproblemen kompetent mit Rat und Tat zur Seite. In schwierigen Fällen wird noch auf die Mitarbeit eines Technikers zurückgegriffen.

4.3.4 Konzept zur Qualitätssicherung / Controlling

Der Erfolg von Business TV-Sendungen steht und fällt mit der Akzeptanz der Zuschauer. Die Mitarbeiter müssen dem Medium positiv gegenüberstehen. Aus diesem Grund ist es unabdingbar, das Sendekonzept auf die Belange der Zuschauer abzustimmen. Hierzu gehört eine verständliche Form der Visualisierung von Themen genauso, wie eine der Zielgruppe angepasste Sendedauer und -häufigkeit.

Der Nutzen muss für die Betrachter deutlich zu erkennen sein. So sind Themen unter dem Aspekt des Zuschauerinteresses auszuwählen und vorzubereiten. Die optische Qualität ist daher unerlässlich zur Aufnahme und für das Verständnis der Zuschauer. Nicht zu unterschätzen sind die bisherigen Fernsehgewohnheiten der Mitarbeiter und deren damit verbundenen Ansprüchen an dieses Medium. Die gleichzeitige Unterhaltung steigert die Akzeptanz, da die Aufnahme von komplexen Zusammenhängen in einer unterhaltenden Verpackung wesentlich leichter fällt als die Aufnahme der schieren Information in Textform. Unterhaltung ist hier aber nicht im Sinne von "Freizeitunterhaltung", sondern im Sinne von sympathischer Verpackung der Information zu sehen.

Um diesen Ansprüchen Rechnung zu tragen, hat die Bausparkasse ein Außendienstredaktionsteam gegründet, das aus neun Außendienstmitarbeitern besteht. Dieses Team trifft sich zweimal im Jahr, um Optimierungsansätze gemeinsam zu erarbeiten und zu diskutieren. Im Anschluss an jede Sendung erhält jedes Außendienstredaktionsmitglied ein Videoband mit einem dazugehörigen Bewertungsbogen. Dieser Bewertungsbogen gibt Ressonanz auf die Darstellung einzelner Themen, auf die Auswahl der Inhalte, die Qualität der Moderation, die Visualisierungs- und Präsentationstechniken etc.. Auf diese Weise erhalten wir von Beobachtern aus den Reihen der Zielgruppe ein Feedback, das die Qualitätssicherung zum Ziel hat.

Um darüber hinaus ein repräsentatives Ergebnis zu erhalten, befragt die Bausparkasse zu jeder Sendung ein Drittel der Mannschaft mit Fragebögen. Hier eröffnet sich dem einzelnen Zuschauer die Möglichkeit, die Qualität der Sendung zu beurteilen und so Ansätze für Steigerungs- bzw. Optimierungspotentiale zu liefern.

Ergänzt wird das Konzept zur Qualitätssicherung durch eingehende und aktiv gestartete Telefongespräche. Ohne Aufforderung erhalten vorwiegend die Mitarbeiter des Schwäbisch Hall TV-Teams unverblümt konstruktive Kritik oder Lob. Zudem haben alle Außendienstmitarbeiter die Möglichkeit, über eine Rubrik in Lotus Notes, Anregungen und Wünsche mitzuteilen.

4.4 Bewertung von Schwäbisch Hall TV

Die Wirtschaftlichkeit des Einsatzes von Schwäbisch Hall TV ist unumstritten. Die Investionen, die Schwäbisch Hall für die Einführung von Business-TV tätigte, haben sich nach Berechnungen der Controllingabteilung bereits zu Beginn des Jahres 1998 amortisiert. Der Break-Even-Point wurde also bereits nach nicht einmal zwei Jahren erreicht. Diese gute Bilanz hängt u.a. auch von der Sendehäufigkeit ab. Im Jahr 1997 beispielsweise führte die Bausparkasse mit der Einführung ihres neuen Tarifs auch vermehrt zusätzliche Sendungen durch, um schnell und effizient zu schulen.

Die Akzeptanz im Außendienst und bei den Kreditgenossenschaften ist das elementare Erfolgskriterium. Dass Schwäbisch Hall auf dem richtigen Weg ist, zeigen einige Ergebnisse aus den Fragebögen. Über 1200 Entscheidungsträger der Volksbanken und Raiffeisenbanken bewerteten eine der Business-TV-Sendungen. Davon attestierten 89 Prozent der Befragten Schwäbisch Hall TV ein "sehr gutes" bzw. "gutes" Testurteil. Auch aus den Fragebögen, die von unserem Außendienst eingehen, lässt sich ein positives Resümee ziehen.

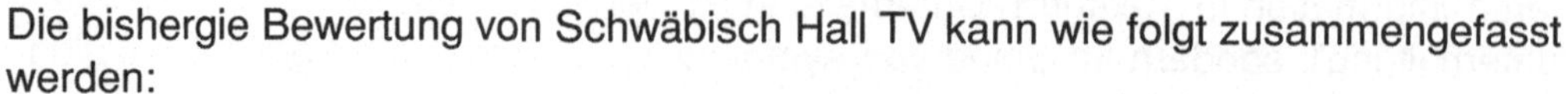

Die bishergie Bewertung von Schwäbisch Hall TV kann wie folgt zusammengefasst werden:

- Mitarbeiter des Innendienstes und Außendienstes kommen zu Wort und stellen fachmännisch und eigenverantwortlich ihre Ergebnisse einer breiten Masse vor. Dies schafft hohe Überzeugungskraft und Motivation.
- Komprimierter Informationstransport, der auf die Sehgewohnheiten der Zuschauer eingeht und sich zu Nutze macht, schafft hohen Erinnerungswert.
- Interaktion via Call-In und Faxservice lässt den Zuschauer zum aktiven Teilnehmer werden. Somit ist Schwäbisch Hall TV keine Sendung für, sondern mit dem Informationskonsumenten.
- Die neue Informationsplattform mit weniger "Drucksachen", weniger - aber gezielteren - Tagungen und deutlich mehr direkter Kommunikation stellt einen Kommunikationsmix dar, der angenommen wird. Allerdings kann dadurch der persönliche Kontakt nicht ganz ersetzt werden.

5. Quo vadis Schwäbisch Hall TV?

Der Wandel zur Dienstleistungs- und Informationsgesellschaft bedingt zwingend eine Veränderung der bisherigen Kommunikationsstruktur in Unternehmen. Die Qualifikation der Mitarbeiter wird zum zentralen Erfolgsfaktor im harten Wettbewerb. Dies erfordert eine Veränderung der Unternehmenskommunikation durch den Einsatz neuer Technologien, mit denen eine schnelle und umfassende Darstellung komplexer Sachverhalte und Hintergrundinformationen möglich ist. In der Zukunft ist es durchaus denkbar, jeden Außendienstmitarbeiter direkt via Schwäbisch Hall TV anzusprechen. Hierzu ist es jedoch notwendig, jeden einzelnen Mitarbeiter mit einer eigenen Empfangsmöglichkeit auszustatten. Dies würde sowohl eine erheblichen finanziellen als auch logistischen Aufwand bedeuten, der auf Dauer nur schwer zu koordinieren wäre. Neben der Aufwandsbetrachtung ist hierbei zu beachten, dass der Erfolg von Schwäbisch Hall TV auch in der anschließenden Arbeitstagung der gesamten Mannschaft und der daraus resultierenden Umsetzung begründet liegt. Bei einer Ausstattung aller Außendienstmitarbeiter wäre diese Philosophie neu zu überdenken.

Die Versorgung des Außendienstes mit Informationen stellt nur die erste Stufe in der jungen Geschichte von Schwäbisch Hall TV dar. In weiteren Ausbaustufen sind regelmäßige Sendungen für Bankmitarbeiter vorgesehen (erfolgen derzeit bereits unregelmäßig) sowie für Kunden und Bauspar-Interessenten denkbar (Spartenfernsehen). Die GIS (Genossenschaftlicher Informations Service) schafft dieser Tage die

Voraussetzungen, nahezu 2000 Kredigenossenschaften im genossenschaftlichen FinanzVerbund mit der digitalen Übertragungstechnik auszustatten. Somit würde nicht nur der Bausparkasse ein flächendeckendes Empfangsnetz für Bankensendungen zur Verfügung stehen, sondern auch weiteren Verbundpartner, die auf dieses Medium zurückgreifen.

Da der Bereich Schulung künftig eine immer größer werdende Rolle spielen wird, kann Business-TV optimal (insbesondere via Internet) eingesetzt werden, um komplexe Sachverhalte visuell darstellen zu können. Auch eine Art Feedback und Rückkopplung ist somit leicht zu realisieren. Bestimmte Beiträge, insbesondere Erläuterungen zu PC-Programmen oder erfolgreiche Arbeitsweisen im Außendienst sollen den Nutzern darüber hinaus im Bedarfsfall gezielt zur Verfügung gestellt werden.

Das universelle Weltnetz Internet hat auch Einzug in der Bausparkasse gehalten. Schwäbisch Hall stellt Überlegungen an, durch die RealVideo-Technik, interaktives Fernsehen über Computer-Netze auf PC zu übertragen. Da es im Internet keine Rolle mehr spielt, wo man sich aufhält, ist Kommunikation jederzeit und überall möglich, d.h. jeder Internetuser auf der Erde könnte theoretisch eine Schwäbisch Hall TV-Sendung live verfolgen. Selbstverständlich wird es möglich sein, die Zugriffe auf dieses Angebot zu steuern und so vor Missbrauch zu schützen. Hierbei ist zu beachten -zumindest nach heutigem Stand der Technik-, dass die Übertragung via Satellit Fernsehqualität bei bildschirmgroßer Wiedergabe zulässt. Im Vergleich hierzu hat das Internet einfach noch Nachteile zu verzeichnen.

TeleTeaching
Einsatz zur Information und Qualifizierung der Mitarbeiter bei der Deutschen Telekom

von Günter Lodholz*

Inhalt

* Günter Lodholz, Leiter Knowvice Telelearninggruppe, Deutsche Telekom AG, Freiburg

1. Die Konzeptidee der Weiterbildung bei der Deutschen Telekom

Die unternehmensübergreifende Einführung von Teleteaching als Unterstützung der effizienten Qualifizierung der Mitarbeiter basiert auf einer ausgeprägten Interaktion zwischen Mitarbeiter und Führungskräften.

Mit dem 1994 eingeführten interaktiven Business-TV, im Weiterbildungsbereich der Deutschen Telekom als "TeleTeaching" bezeichnet, werden allein im Bereich der Qualifizierung der Mitarbeiterinnen und Mitarbeiter pro Jahr z. Zt. etwa 60 Sendungen durchgeführt.

2. „TeleTeaching" in der Mitarbeiterweiterbildung der Deutschen Telekom

Nach bisher 176 Sendungen (Stand 31.3.99), die allein für die Qualifizierung seit 1994 produziert wurden, kann klar gesagt werden, daß das Konzept „TeleTeaching" die Akzeptanz der Mitarbeiter hat und zu einem festen Bestandteil in den Informations- und Qualifizierungskonzepten bei der Deutschen Telekom geworden ist.

Die realisierten Sendungen sind sowohl Qualifikation wie auch Weiterbildung durch Information, Kurzschulung und Anwenderforen, z. T. auch als festes Modul in einem Fortbildungskonzept integriert. Durch die Vielfalt der Sendethemen wurden die verschiedensten didaktischen Konzepte entwickelt, eingesetzt und optimiert. Die Anforderungen der Mitarbeiter an das Medium verändern sich synchron mit der allgemeinen Innovation am Arbeitsplatz und unterscheiden sich heute erheblich von den Erwartungen und Anforderungen der Mitarbeiter im Einführungsjahr 1994. Die Zahlen 1997 und 1998 beweisen es.

„TeleTeaching" legt die Schwerpunkte auf die mediendidaktische und ablauftechnische Konzeption, sowie die erfolgreiche Unterstützung der eingebundenen Experten. Die Wissensvermittlung erfolgt generell live durch Führungskräfte/Mitarbeiter der Deutschen Telekom mit der entsprechenden Entscheidung- bzw. Fachkompetenz oder, je nach Thema, auch durch externe Spezialisten. Grundsätzlich werden die Experten durch eine fach- und medienkompetente Moderation unterstützt.

Im Gegensatz zu manch anderen Business-TV Anwendungen legt die Weiterbildung der Deutschen Telekom bei „TeleTeaching" neben der praxisbezogenen Aufbereitung einen Schwerpunkt auf die erfolgreiche Interaktion der Mitarbeiter zur Sicherung des aktuellen Praxisbezugs sowie zur Annäherung zwischen dem zentralen Management und den Führungskräften /Mitarbeitern in der Fläche.

2.1 Die Sendetechnik über Business-TV

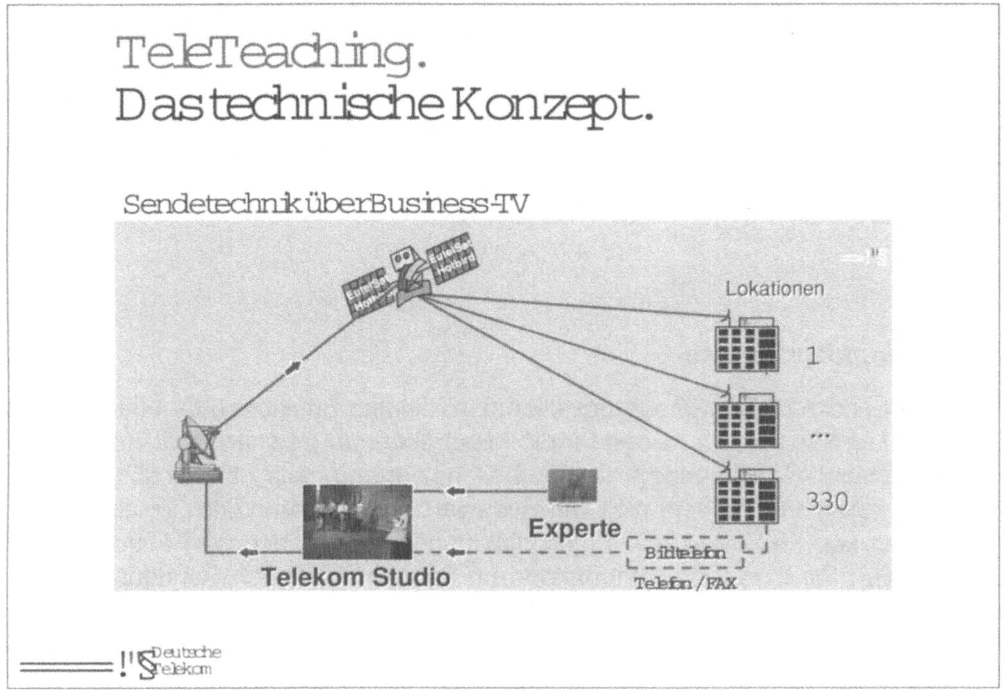

Die Video- und Audiosignale vom digitalen Studio der Telekom in der Zentrale Bonn werden über eine Fernsehleitung (5 MHz; künftig ATM, 4 Mbit/s) zur Erdfunkstelle in Usingen und von dort über den Satelliten „EutelSat Hotbird" bundesweit zu den im Business-TV Netz der Telekom eingerichteten 330 Empfangsräumen (Lokationen) geführt. Die Transponderbandbreite beträgt 4 Mbit/s und kann bei Bedarf auf 5 Mbit/s erhöht werden. Die Video- und Audiosignale werden dabei verschlüsselt ausgestrahlt.

Vielbeschäftigte Experten und Personen aus der Führungsetage der nationalen und internationalen Flächenorganisation können bei terminlichen Problemen auch über Videokonferenz 384 kbit/s, Bildtelefon 128 kbit/s oder Telefon mit für sie geringem Zeit- und Reiseaufwand von fast jedem Ort aus eingebunden werden. Damit wird eine hohe Fachkompetenz mit geringen Kosten bei „TeleTeaching" sichergestellt.

Die Interaktion ist ein zentraler Bestandteil des didaktischen Konzepts. Ebenfalls über Bildtelefon oder Videokonferenz 384 kbit/s, Telefon und Fax erreichen die Mitarbeiter die Experten im Studio oder die über Kommunikationsdienste zusätzlich eingebundenen Experten. Durchschnittlich werden während den Sendungen, die in der Regel zwischen 45 Minuten und max. 2 Stunden dauern, zwischen 5 bis 20 Telefonanrufe und zum Teil bis zu 40 Telefaxe (s. a. Kap. 3) mit Fragen angenommen.

Wir arbeiten mit bis zu 4 professionellen Studiokameras und setzen je nach Erfordernis bis zu 24 Tonkanäle für die Experten sowie die PC-, Video-, Videokonferenz-

und Telefoneinspielungen ein. Im allgemeinen wird ein Videokonferenzsystem mit 6 ISDN-Kanälen (384 kbit/s) zur Zuschaltung weiterer Experten und Mitarbeiter genutzt. Über das TWSC (Telekom World Service Center = Videokonferenzdienst der Telekom) in Münster werden die Videokonferenzverbindungen auch mit unterschiedlichen technischen Standards als Einzelverbindung oder als Mehrpunktverbindungen zugeschaltet. Das technische Konzept von „TeleTeaching" setzt soweit wie möglich nicht auf einer Sondertechnik, sondern auf kostengünstige und allgemein eingeführte Standardlösungen auf. 1 Telefonanlage (10 Telefonleitungen) mit Abfrageplatz und 2 Faxgeräte garantieren zur Zeit im Studio die Kommunikation aus den Empfangsräumen in der Fläche (Lokationen).

2.2 Der Empfangsbereich

Die Anzahl der Lokationen (Empfangsstellen) im Telekom Business-TV - Netz erhöht sich laufend, um kürzeste Laufwege für die Mitarbeiter zu erreichen. Die Kosten für die Empfangstechnik sind gering. Die Technik besteht aus einer handelsüblichen 85 cm Parabolantenne und einem digitalen Receiver. Durch Nutzung des „EutelSat Hotbird"-Satelliten und Satellitenzusammenschaltungen werden auch die Mitarbeiter an internationalen Standorten zur Information und Schulung erreicht. Sendungen wurden bereits mehrfach mit France Telekom realisiert. Mit dem genutzten Satellit „EutelSat Hotbird" lassen sich die an der Bundesrepublik angrenzenden Staaten ohne weiteres versorgen.

2.2.1 Die Lokationen (Empfangsräume)

Die Deutsche Telekom hat in allen Niederlassungen und Zentren (einschl. Außenstellen) wie bereits erwähnt derzeit ca. 330 Empfangsräume (Lokationen) eingerichtet. Die Räume werden multifunktional genutzt und fassen in der Regel zwischen 10 bis 20 Mitarbeiter. An vielen Standorten werden die Signale über das vorhandene interne Hauskabelnetz geführt. Somit ergeben sich mehrere Empfangsmöglichkeiten für größere Mitarbeiterzahlen oder Empfangsmöglichkeiten direkt in den einzelnen Ressorts.

Die Bild- und Tonqualität wird auch mit der genauen Justierung der Satellitenschüssel und richtigen Einstellung am Receiver bestimmt. In der bei jeder Sendung zur Sensibilisierung auf die Themen vorgeschalteten 15 minütigen Informationsphase können Bild-und Tonqualität überprüft und ggf. erforderliche Einstellungsänderungen noch durchgeführt werden (Hotline wird bereitgestellt).

Als Empfänger wird ein Fernseher mit 70 bis 77 cm sichtbare Bildschirmdiagonale eingesetzt. Die Größe der Bildschirmdiagonale bestimmt somit die Anzahl der Teilnehmer. Kann dem Mitarbeiter in der „letzten" Reihe" vor Ort keine ausreichende Bildschirmdeutlichkeit mehr geboten werden, wird eine Großbildprojektion eingesetzt (Ausnahme). Die Größe der Mitarbeitergruppe wird aber auch von didaktischen Zwängen bestimmt. Die örtliche Aufzeichnung zur zeitversetzen Vertiefung oder zur

Information der Mitarbeiter, die nicht an der Sendung teilnehmen konnten, erfolgt kostengünstig über einen VHS-Recorder.

Örtlich sind für den Empfang nur der Satellitenreceiver, der Fernseher und der Recorder zu aktivieren. Trotz der einfachen Bedienung kann die „technische Neugierde“ der Mitarbeiter durch Einstellungsveränderungen zu Empfangsstörungen führen. In der Praxis empfiehlt es sich, zur Prüfung und ggf. Korrektur der Einstellungen einen Ansprechpartner zu bestimmen. Diese Erfahrungen gelten für diese Technik übrigens auch im privaten Bereich, die Herstellerfirmen suchen deshalb noch laufend nach kundenfreundlicheren Lösungen bei ihren Geräten.

2.2.2 Die Interaktion der Mitarbeiter

Für die Interaktion der Mitarbeiter mit den Experten sind generell ein Telefon und ein Telefax im Empfangsraum vorhanden. Der Einsatz des Telekom-Bildtelefons T-View 100 ist eine Variante und wird zunehmend mehr. Wenn bei der live-Zuschaltung der Mitarbeiter gewisse Vorgaben zur Verminderung bzw. zur Vermeidung der Rückkopplungen beachtet werden, ist ein normaler Telefonapparat dazu ausreichend. Im einfachsten Fall muß die Gruppe in der Lokation aufgefordert werden, die meist zu hohe Lautstärke des Fernsehers herunterzuregeln. Bei einigen Standorten laufen z.Z. auch Tests mit dem Einsatz von speziellen Richtmikrofonen, die von mehr Mitarbeitern für ihre live-Zuschaltung benutzbar sind. Zur Zeit sind wir dabei, unsere zusätzlich bei „TeleTeaching“ eingebundenen 80 Lernstudios mit einer Mikrofonschaltung auszurüsten. Die Technik besteht aus ca. 5 Mikrofonen, die auf die Teilnehmerplätze verteilt werden können und mit einem Taster jeweils aktiv geschaltet werden. Gleichzeitig werden parallele Aktivierungswünsche von anderen Mitarbeitern blokkiert. Im Zeitalter der visuellen Kommunkation scheint die Mitarbeiterkommunikation über Telefon antiquiert. Die Erfahrungen und eine Bewertung im Vergleich „audio-video“ ist in Kap. 3 dargestellt.

2.3 Der Leistungsumfang

Die Leistungen des TeleTeaching-Teams der Deutschen Telekom (derzeit 4 Spezialisten) konzentrieren sich auf eine ausführliche Beratung des Kunden bzw. der eingesetzten Experten und auf den Themenkontakt zur Fläche. Beachtet wird dabei das Kosten-Nutzenverhältnis für die Realisierung des didaktisch notwendigen Ablaufs und die TV-gerechte Umsetzung, die mediengerechte Aufbereitung der eingesetzten Charts und Screenshows einschl. eingesetzter Videovorproduktionen sowie die zeitgerechte und damit praxisorientierte Information für die Mitarbeiter. Je nach Sendethema werden die eingesetzten Charts für die Mitarbeiter auch über eine Begleit- oder Lernunterlage aufbereitet und rechtzeitig über das Intranet verteilt.

2.3.1 Das TeleTeaching-Team

Die komplette Organisation zur Durchführung leistet das TeleTeaching-Team . Es besteht zur Zeit aus 4 Spezialisten, die eine hohe Erfahrung in den Bereichen Mediendidaktik, Informatik und fachliche Themenkompetenz besitzen. Die redaktionelle Aufbereitung wird in Partnerschaft mit den eingesetzten Experten und mit den Ergebnissen aus den Mitarbeiterkontakten erstellt. Der Einladungsversand an die Flächenorganisation zur Information für die Mitarbeiter (Nutzung des Intranets) einschließlich die bei jeder Sendung mit unterschiedlichem Aufwand durchgeführte Evaluation wird von Gruppen der Weiterbildungsorganisation für jede Sendung mit übernommen. Über den Ablauf der Sendevorbereitung, Probe und Ablauf der Sendung werden Qualitätsaufzeichnungen geführt und dem Kunden zur Verfügung gestellt.

Für „Special Events" von Kunden werden die Medienkomponenten der sechs bei der Deutschen Telekom vorhandenen Bildungszentren an den Standorten Hamburg, Leipzig, Neuss (bei Düsseldorf), Darmstadt, Stuttgart und München mit eingebunden. Zusätzlich werden für die Teilnehmer Kapazitäten für die Betreuung mit einfachem bis gehobenem Catering einschließlich Übernachtungskapazitäten bereitgestellt. Beispiele hierfür sind die Großveranstaltungen 1998 und 1999 „Schulen ans Netz" mit Übernahme der kompletten Organisation einschließlich dem Buchungsmanagement. Die didaktische Durchführung wurde mit den o.a. aktiven dezentralen Standorten und Anbindung über Videokonferenzen mit 384 kbit/s an das „Masterstudio" der Deutschen Telekom in Bonn realisiert. Für weitere Kunden wurden bei Sendungen die flächendeckenden Empfangsräume der Deutschen Telekom (derzeit 330 Standorte) zur Verfügung gestellt.

Der Videomitschnitt inklusive Versand in die Fläche (aus Kostengründen nur, wenn die eigene Aufzeichnung nicht erfolgreich war oder aus Qualitätsgründen keine Kopien für abgesetzte Mitarbeitergruppen gezogen werden können) dient zur Vertiefung des Themas bei Abteilungs- / Ressortbesprechungen oder zur Information von Mitarbeitern, die zum Sendezeitpunkt verhindert waren. Eine multimediale Kurzzusammenfassung gehört demnächst zum Leistungsangebot. Zur Sendungsnachbereitung gehört die bereits erwähnte einfache Evaluation in der „Heißphase", die ggf. auch auf Kundenwunsch zeitverzögert vertieft werden kann.

2.3.2 Die Unterstützung der Experten durch eine Moderation

Durch eine erfahrene Moderation werden die in die Sendung eingebundenen Experten des Kunden geführt und unterstützt. Damit können sich die in der Regel vor der Kamera unerfahrenen Experten voll auf ihren fachlichen Teil konzentrieren. Je nach Auftreten wird die Partie des einzelnen Experten individuell von der Moderation aufbereitet, damit die an die Sendung gestellten Ziele sicher umgesetzt werden können bzw. die hohe Fachkompetenz auch mit der Persönlichkeit verknüpft wird. Im Einzelnen hat die Moderation sofort im Sinne der Mitarbeiter zu reagieren, wenn die verständliche Sprache, die Spannung und Dramaturgie, die Zentrierung auf den Adressatenkreis sowie relevante Inhalte oder der Praxisbezug von den Experten vernachlässigt wird.

Ein fachliches Hintergrundwissen, wenn auch nicht bis in das letzte Detail, ist für die erfolgreiche Moderation ein sicherer Garant für die Akzeptanz bei den Mitarbeitern. Unsere Moderatoren werden laufend durch einen anerkannten Medienfachmann speziell geschult und im Agieren und Reagieren vor der Kamera trainiert. Eine wertvolle Unterstützung ist die sorgfältige Analyse der bereits moderierten Sendungen. Eine vom Kunden gestellte Moderation kann in den Moderatorentrainingsseminaren, die von der Weiterbildung der Deutschen Telekom organisiert werden, mit geschult werden.

2.4 Die Realisierungszeiten und die Anforderungen der Kunden

In der Regel werden Realisierungszeiten von ca. 4 bis 8 Wochen von den Kunden erwartet. Je nach Auslastung und Mitarbeit des TeleTeaching-Teams (zur Zeit 4 Spezialisten) sowie der Mitarbeit den eingesetzten Experten des Kunden (Lieferung der Inhalte und Chartvorlagen) können Sendungen innerhalb 1 bis 2 Wochen realisiert werden. Zu beachten sind die Buchungstermine des Studio (zusätzliche Nutzung für Business-TV, MAZ-Erstellungen u.a.), des Fernsehteams, der Moderation sowie des Satellitentransponders. Generell gilt die Vorgabe, so früh wie möglich die Komponenten zu buchen, um die Kundenwünsche erfüllen zu können.

2.5 Die Anwendungsbereiche

Die Anwendungsbereiche für „TeleTeaching" via Business-TV sind in der Weiterbildung der Mitarbeiter bei der Deutschen Telekom vielfältig. Die Erfahrung mit dem Medium zeigt, überall, wo kostengünstig die „just in time" - Information mit Interaktion an vielen Standorten gefordert wird, wo eine zeitgleiche Information bei allen Mitarbeitern erreicht werden muß, wo der aktuelle Praxisbezug dominieren muß, ist „TeleTeaching" die Lösung. Zur Transparenz einige Beispiele:

- Fachinformationen mit Feedback haben einen äußerst hohen Produktionsanteil. Beispiele sind die Vorstellung einer neuen Produktreihe oder neue organisatorische Konzepte. Hier werden die Vorteile von „TeleTeaching" gegenüber von Veröffentlichungen über Printmedien (dazu zählen auch nur Veröffentlichungen im Intranet) deutlich. Die Hintergründe und Zusatzinformationen können aktiver und motivierender dargestellt werden. Die Beantwortung der Fragen erfolgen live in der Sendung.
- Anwenderforen sind typisch, wie ein besserer Wissenstransfer bei den Mitarbeitern effizient erreicht werden kann. Ziel ist, daß auch Mitarbeiter Antworten auf Fragen von Kollegen geben können, daß sie aktiv in den Verbesserungsprozeß eingebunden sind.

- Typisch sind der Erfahrungsaustausch von Vertrieb und Service über ein neu eingeführtes Produkt oder auch örtliche Initiativen für den betrieblichen Service- und Verkaufserfolg.
- Kurzschulungen werden besonders im Rahmen von Weiterbildungskonzepten eingesetzt. Sie verbessern die Effektivität eines Seminars oder sind praxisbezogene Ergänzungen zu wichtigen Veröffentlichungen der einzelnen Fachbereiche. Die Seminartage können verkürzt oder z. T. ganz ersetzt werden.
- Bei Weiterbildungskonzepten ergeben sich sowohl Verbesserungen der Effektivität wie auch der Effizienz. „TeleTeaching“ ist jedoch immer ein Bestandteil eines Konzepts.
- Mit „TeleTeaching“ können Mitarbeiter erfolgreich in Selbstlernkonzepten betreut und vertiefend geschult werden. Erfahrungen hat der Weiterbildungsbereich der Deutschen Telekom mehrfach im Rahmen von EU-Projekten und in Kombination mit CBT-Selbstlernprogrammen im fremdsprachlichen Bereich für die Mitarbeiter der Deutschen Telekom gewonnen.

2.5.1 Das Sendevolumen im Weiterbildungsbereich der Deutschen Telekom

Die jährliche Sendeentwicklung im Weiterbildungsbereich zeigt die nachfolgende Tabelle:

1994	5 Sendungen
1995	11 Sendungen
1996	42 Sendungen
1997	46 Sendungen
1998	52 Sendungen
1999 (Stand 31.3.99)	20 Sendungen
geschätzt bis Ende 99:	*65 Sendungen*
Gesamtsumme 1994 bis März 1999:	**176 Sendungen**

Der Teilnehmerkreis für die Sendethemen sind Mitarbeiter und Führungskräfte.

Die Aufschlüsselung der Sendethemen läßt sich bis März 1999 unterscheiden:

- Kurzschulungen/Informationen direkt durch den Fachbereich, Geschäftsbereiche der Zentrale 122 Sendungen (69 %)
- TeleTeaching-Schulungen innerhalb eines Weiterbildungskonzepts 54 Sendungen (31 %)

2.5.2 Die Mitarbeiterakzeptanz

Grundsätzlich wird zur Zeit noch bei jeder Sendung mit den Teilnehmerunterlagen ein Feedbackbogen an die Lokationen zum Ausfüllen durch die Mitarbeiter versandt. Die Fragen sind im Rahmen des eingeführten Qualitätsmanagement in einem Katalog zusammengestellt. Setzt der Kunde keine eigenen Bewertungsschwerpunkte, werden folgende Schwerpunktbereiche durch normalerweise 8 Fragen von der Weiterbildung festgelegt:

- Informationsstand zum Thema vor der Sendung
- Bewertung der Information und Grad der Wissensvermittlung durch die "TeleTeaching"-Sendung
- Länge und praxisgerechte Themenaufbereitung, Umsetzung der Fachbeiträge
- Verständlichkeit der aufbereiteten Themen, Gestaltung
- Aufbereitungsform, Dramaturgie
- Konstruktive Kritik und weitere Themen aus der Praxis

Interessant ist die Gegenüberstellung der Aussagen zu den bereits vorhandenen Informationen vor der Sendung und den Aussagen zum Informationsgewinn nach der Sendung. Sie ergeben Rückschlüsse auf den vom Kunden gewählten Sendezeitpunkt und den Themenbezug zum Berufsalltag. Länge und praxisgerechte Aufbereitung des Themas ergeben eine Aussage über die eingesetzten Experten und zur Aufbereitung bzw. Moderation. Die Auswertungen zeigen durchweg sehr gute Ergebnisse beim vermittelten Informationsgehalt durch die Sendebeiträge. Die Werte „sehr gut" bis „ziemlich gut" liegen im Durchschnitt bei 70 bis 90 %. Für die Aufbereitungsform zeigt das Feedback noch bessere Werte.

Die Akzeptanzaussagen der Mitarbeiter sind ein Beweis für die Richtigkeit des eingeschlagenen Weges, das „TeleTeaching" der Deutschen Telekom sowohl mit eigenen, mediendidaktisch erfahrenen Experten mit Praxisbezug und einem professionellen Fernsehteam zu gestalten. Durch die oft aufkommenden Konflikte zwischen Didaktik bzw. Anforderungen aus Mitarbeitersicht und der Welt des kommerziellem Fernsehen (die Fernsehteams einschließlich Regie kommen aus dem kommerziellen Fernsehen) entstand gegenüber dem „Fernsehen" das sich immer wieder verändernde neue Bildungsmedium „TeleTeaching". Zur Sicherstellung des Praxisbezugs bieten sich mehrere Verfahren an (siehe hierzu Kap. 4).

3. Die Problemstellung als Herausforderung

Globaler Wettbewerb, der zunehmende Einsatz von Informations- und Kommunikationstechnologien und Straffung der Organisation sind einige Faktoren, die derzeit zu gravierenden Veränderungen in der Arbeitswelt führen. Die technischen Voraussetzungen hierfür liefern Internet/ Intranet und moderne Videokonferenzsysteme. Wissen und Können der Mitarbeiter bestimmt stark die Innovationskraft und damit die Wettbewerbsfähigkeit des Unternehmes. Gerade das Wissen der Mitarbeiter unterliegt aber einer immer kürzeren Gültigkeitsdauer und muß ständig weiterentwickelt werden. Die Herausforderung ist also die direkte und gleichzeitige Information an alle Mitarbeiter, eine Kommunikation mit so wenig wie möglichen Hierarchiebarrieren. Der steigende Weiterbildungsbedarf kann schon heute nicht mehr mit den traditionellen Lösungen gedeckt werden. Die Kostensituation zwingt zu Weiterbildungskonzepten mit verbesserter Effektivität und Effizienz.

4. Die didaktischen Konzepte

In den einzelnen Unternehmensbereichen der Deutschen Telekom wird „TeleTeaching" noch mit unterschiedlicher Intensität genutzt. Um mittelfristig bzw. langfristig interessant zu bleiben, muß für den Mitarbeiter ein klarer Nutzen für seine Tätigkeit erkennbar sein. Die erfolgreichere Aufgabenumsetzung, die klare Antwort auf seine Frage „Was bringt mir die Teilnahme an der Sendung" und damit auch der berufliche Erfolg sind die Maßstäbe, denen sich „TeleTeaching" mit einer gesamtheitlichen Lösung und gleichmäßig guten Qualität stellen und beweisen muß.

Die Erfahrungen zeigen, daß grundsätzlich eine Nachbereitung den Wert der „Wissensvermittlung" beim Mitarbeiter entscheidend prägt. Für praktische Lösungen sind die Führungskräfte vor Ort gefordert, damit klare Antworten zu Fragen betreff der örtlichen Umsetzung getroffen werden können (dies gilt selbstverständlich auch bei Seminarbesuchen der Mitarbeiter).

Je nach Thema und den Zielen der Sendung ist die inhaltliche und gestalterische Aufbereitung entscheidend. Es gibt Themen, da dominiert der reine Praxisbezug. Sind Mitarbeiter bereits umfangreich über Printmedien (dazu zählt auch das Intranet) informiert, muß „TeleTeaching" die Rolle der Einführung, der Sensibilisierung auf das Thema übernehmen - der Mitarbeiter muß die Bedeutung des Themas und den Nutzen für sich eindeutig erkennen. Sind noch keine Informationen in der Fläche, muß die Aufbereitung mit hohem visuellen Aufwand erfolgen, damit das Interesse zur individuellen Vertiefung über ergänzende Medien geweckt wird. Notwendig ist dann die exakte Angabe der themenvertiefenden „Adressen".

4.1 Das didaktische Grundkonzept

Da die Mitarbeiter von den Produkten des Medienzeitalters geprägt (verwöhnt) sind, müssen Standards des kommerziellen Fernsehens berücksichtigt werden. Ein Hauptpfeiler von „TeleTeaching" ist die Interaktionsmöglichkeit für den Mitarbeiter und die Ausrichtung des Sendeablaufs darauf. Fragen der Mitarbeiter beleben und vertiefen, erhöhen beträchtlich den Informationsgehalt und sichern den Praxisbezug. Entscheidend ist, was will der Kunde erreichen und welche Informationen benötigt der Mitarbeiter vor Ort.

4.1.1 Sendungen mit einem Sendethema

Die ideale Sendeablaufgestaltung setzt sich aus mehreren Informations- und ergänzenden Interaktionsblöcken zusammen. Die Gesamtgestaltung ist jedoch vom Thema abhängig und wird individuell variiert. Als vorteilhaft kristallisiert sich ein Informationsblock von 10 bis max. 20 Minuten heraus, der mit einem Interaktionsblock zur Vertiefung und Sicherstellung des Praxisbezugs abgeschlossen wird. Der Frageblock kann durchaus aus vorbereiteten Fragen bestehen. Entscheidend ist der Praxisbezug bzw. daß der Mitarbeiter sich damit identifizieren kann. Durch gute Recherchen vor der Sendung nimmt hier der Moderator die Vertreterrolle der „stummen" Mitarbeiter ein.

Bei neuen Themen muß dem Mitarbeiter Zeit gegeben werden, die Fragen zu formulieren. Ideal ist, wenn vor einem live-Fragenblock eine 10 bis 15 minütige Pause (idealer 15 Minuten) für die örtliche Diskussion mit Kolleginnen und Kollegen in der Lokation eingerichtet werden kann. Dabei erweisen sich kleinere, organisatorisch zusammenhängende Gruppen in den Lokationen durch die homogenere Zusammensetzung für eine fachbezogene Diskussion als vorteilhafter.

Ein nicht zu unterschätzender Faktor für eine aktive live-Interaktion ist die Sorge vor einer Abqualifizierung des Fragestellers durch die Kollegen selbst. Eine örtliche Diskussion und Abstimmung gibt deshalb mehr Sicherheit. Bei Sendezeiten unter 45 Minuten kann keine Pause eingerichtet werden. Hier muß die Definition des Wissensstandes und das Interesse zum Thema durch aktiv eingebundene Lokationen oder eine sorgfältige Abfrage vorab erfolgen.

Bei Anwenderforen bestimmt die Problematik vor Ort den inhaltlichen Ablauf. Fragen der Fläche sollen in der Sendung so beantwortet werden, daß das Tagesgeschäft des Mitarbeiters an Effektivität gewinnt. Es empfiehlt sich eine Fragenerfassung bereits vor der Sendung, damit eine sorgfältigere Aufbereitung und Abstimmung von den eingesetzten Experten und ggf. vom mit eingebundenen Projektmanagement durchgeführt werden kann. Dem Mitarbeiter muß dabei rechtzeitig deutlich gemacht werden, daß „er" den inhaltlichen Ablauf bestimmt und der Sendeinhalt nur so gut ist, wie die vorher erfaßten Fragen. Die Beantwortung aller Fragen kann, auf Grund von Zeitproblemen (Ende der Sendezeit) oder einer zu hohen Komplexität, innerhalb der Sendung nicht immer garantiert werden.

Von seiten der Experten wird oft die Sorge formuliert, daß Fragen nicht umfassend live beantwortet werden können und der Wunsch zur Aufzeichnung, wie sie auch im kommerziellen Fernsehen üblich sind, dominiert. Dagegen steht, daß die Spontanität und Spannung total verloren geht und damit ein wichtiges Element für die erfolgreiche und kostengünstige Gestaltung fehlt. Der gleiche Effekt tritt auch bei Wiederholungssendungen auf, die Sicherheit der Experten wirkt zu perfekt, der Ablauf gestaltet sich zu glatt.

Will man in einem Unternehmen Motivation bei den Mitarbeitern erzeugen, muß man sich unangenehmen Fragen stellen. Eine „Zensierung" der eingegangenen Fragen muß unter allen Umständen vermieden werden, das Medium muß ein offenes Forum bleiben. Hier ist vor allem auch die Moderation mit ihrer Erfahrung gefordert, Experten zu unterstützen. „Tödlich" für einen Experten ist, sich mit allgemeinen Statements der konkreten Beantwortung zu entziehen. Die Mitarbeiter haben dafür ein feines Gespür. Ein Lösung ist immer die ehrliche Aussage, daß die Frage nicht in der Sendung beantwortet werden kann, daß aber dem Fragesteller die Aktualität und Bedeutung seiner Frage bestätigt wird. Eine Beantwortung erst nach der Sendung über die allgemein den Mitarbeitern zur Verfügung stehenden Medien ist glaubhaft. Das Versprechen muß allerdings mit höchster Priorität eingelöst werden.

Eine Sendung soll nicht kürzer als 45 Minuten aber, um Konzentrationsmängel bei den Mitarbeitern zu vermeiden, auch nicht länger als 2,5 Stunden dauern (Ausnahmen sind themen- und expertenabhängig). Je länger die Sendezeit, desto aufwendiger muß die visuelle Aufbereitung sein. Eine begrenzte Anzahl von Mitarbeitern in den Lokationen (max. 15) erweist sich für die Aufnahme und vertiefende Diskussion des Themas als zweckmäßig. Auch ist darauf zu achten, daß die visuelle Wahrnehmbarkeit des Themas deutlich entfernungsabhängig vom eingesetzten Fernsehgerät ist.

Für die Pausen werden nach Möglichkeit den Mitarbeitern Themen zur Diskussion und Vertiefung vorgegeben. Wichtig sind Phasen für den Austausch von Mensch zu Mensch, daß sich die Mitarbeiter zum Thema verständigen und dadurch neue Fragen für die Experten entstehen. Mit den Begleitunterlagen hat der Mitarbeiter am Ende der Sendung eine persönliche Unterlage zur Nachbereitung oder zur Information weiterer Mitarbeiter.

4.1.2 Sendungen mit mehreren Sendethemen

Sendungen mit mehreren Themen haben in der Regel das Ziel, die Mitarbeiter für wichtige neue Themen zu motivieren, ihn auch einmal über den Tellerrand" schauen zu lassen oder gezielt auf vorhandene Umsetzungsprobleme vor Ort einzugehen. Für das einzelne Thema stehen in der Regel max. 15 Minuten zur Verfügung. Die Vertiefung erfolgt jeweils individuell über die nutzbaren Medien vor Ort.

Bei Sendungen die Themen für einen unterschiedlichen Teilnehmerkreis beinhalten, ist der Ablauf nach einem starren Zeitraster zu gestalten, damit die Mitarbeiter ggf. wechseln können bzw. der Mitarbeiter sich selbst entscheiden kann, ob er sich auch über ein Thema das seine Arbeit nur tangierent live informieren will.

Die Ablaufgestaltung ist in der Regel durch den hohen Motivationsanteil und dem vermehrten Experteneinsatz aufwendiger, so daß oft ein größerer Studioraum erforderlich wird. Durch verstärkten Einsatz von Videoeinspielungen und die sehr kompakte inhaltliche Aufbereitung entwickelt sich diese Art von „TeleTeaching" in Richtung des kommerzielles Fernsehen. Die Grenze zur reinen Selbstdarstellung der Experten (gerade bei der Vorstellung neuer Produkte oder wenn Pilotniederlassungen berichten) ist oft äußerst schmal. Bei dieser Sendeart ist es besonders wichtig, daß der Inhalt mit dem vorhandenen Angebot in anderen Medien eng verknüpft wird. Dies gilt zur Erzielung der notwendigen Motivation für die weitergehende individuelle Vertiefung mit gezielten Hinweisen zur effektiven Erarbeitung wie auch zum Abbau von Verständnisproblemen bei bereits eingestellten Inhalten. Die Informationsflut aber auch die geringe Aufbereitungsqualität im Intranet erzeugt heutzutage sehr oft beim Mitarbeiter den gleichen Effekt, wie seinerseits das Handbuch, das gleich nach dem Auspacken ins Regal gewandert ist. Im übrigen gelten auch die Aussagen des vorhergehenden Abschnitts.

4.1.3 Studio der Telekom Bonn – Ausstattung des Set

Die ideale Studiobesetzung besteht aus einem Moderator und gleichzeitig 3 bis 4 Experten. Bei höherer Experteneinbindung ist der Ablauf entsprechend zu gestalten, wenn nicht auf einen größeren Studioraum zurückgegriffen werden kann (Kostengründe). Die Deutsche Telekom besitzt ein Standardstudio für 5 bis 6 Personen mit Technik in der Zentrale Bonn. Aufgrund des technischen Konzeptes kann jederzeit von der Studiotechnik auf zwei weitere bis 300 m2 große Studioräume (multifunktionale Räume in gehobenem Design) zugegriffen werden.

Die Einspielung der Charts erfolgt über den PC. Eingesetzt wird dabei das bei der Deutschen Telekom eingeführte Präsentationsprogramm MS „Power Point". Effektiv eingesetzt entspricht es völlig den Anforderungen und ermöglicht eine kostengünstige Aufbereitung, da die Vorlagen von den Experten bereits in diesem Format geliefert werden.

Für spontane Erklärungen zu aufkommenden Fragen wird, um auch die „Seminarform" zu betonen und den Anspruch „Fernsehen" zu relativieren, gerne ein Flipchart eingesetzt (zum Graus der „Fernsehleute"). Bei der Probe ist allerdings schon darauf zu achten, daß sich der Experte an die Vorgaben wie beschreibbares Papierformat für das Fernsehformat 4 : 3 (Breite : Höhe) und der erforderlichen Schriftgröße hält. Eine weitere Möglichkeit ist, einen vorbereiteten Chartausdruck im Fernsehformat über die Kamera abzutasten. Notwendige Ergänzungen werden live mit Marker eingetragen. Der Beitrag des Experten wird dadurch lebendiger. Außerdem kann er sich zum Vergleich gegenüber Erklärungen zum PC-Chart viel deutlicher mit dem Thema identifizieren. Der Ausdruck kann über Plotter auf normalem Papier erfolgen (kostensenkend). Der Einsatz von weißem, glänzendem Spezialpapier, obwohl es im Studio optisch besser wirkt, hat sich für die Kameras als ungeeignet erwiesen.

4.1.4 Einsatz von verantwortlichen Führungskräften

Die Rolle der zu den Themen verantwortlichen Führungskräfte kann einerseits bei der Basis oft nicht überzeugen und wird nach den Erfahrungen andererseits von den Kunden oft überschätzt. Allgemeine und inhaltslose Statements müssen unbedingt vermieden werden. In der Regel können Experten der Basis die Inhalte sehr gut und teilnehmergerecht vermitteln. Bei noch offenen Fragen besitzen sie für Lösungen mit den Verantwortlichen das entsprechende zur Realisierung notwendige Gewicht.

4.2 Die didaktische Kombination

4.2.1 Getrennte Information und Interaktion

Erfolgreich ist das didaktische Konzept mit einer zeitlichen Trennung von Information und Interaktion über mehrere Tage oder ein bis max. zwei Wochen. Durch die zeitliche Aufteilung haben die Mitarbeiter die Möglichkeit, die Vertiefung des Themas und die Ausarbeitung der Fragen in einer örtlichen Diskussion zwischen der Sendung I und Sendung II durchzuführen. Durch ihre Fragen bestimmen sie den Ablauf der zweiten Sendung deutlich mit. Durch die Aufteilung entsteht die Sendung II mit einer für die Mitarbeiter sehr hohen Effektivität. In der Regel werden wesentlich bessere Antworten auf gestellte Fragen gegeben und allgemeine Statements vermieden.

Über die Teilnahme an beiden Sendungen entscheidet der individuelle Informationsstand des Einzelnen oder der Gruppe vor Ort. Damit entsteht gleichzeitig eine geringere Belastung für die Arbeitzeit. Durch die mögliche Sendekonzentration und den geringeren Aufbereitungsaufwand für die TeleTeaching-Gruppe kann die Sendung II kostengünstig produziert werden.

4.2.2 Virtuelle Studiosituation

Der Experte im Studio ist die einfachste, aber auch die teuerste Form. Bei vielen Sendethemen können Experten sehr effektiv über verschiedene Kommunikationsdienste wie Videokonferenz, Bildtelefon oder auch das Telefon zugeschaltet werden. Die visuellen Beiträge über Charts werden dabei synchron vom Studio-PC mit den verbalen live Ausführungen des „Remote-Experten" eingebunden. Dabei ist die technische Form der „Bild in Bild" - Einbindung sinnvoll.

Mit fortschreitender Qualitätsverbesserung der Systeme kann künftig verstärkt auf einen Studioeinsatz der Experten verzichtet werden. Dies macht die Sendungen äußerst effizient. Erste positive Erfahrungen wurden bereits gewonnen.

Technische Einschränkungen

Selbst bei 384 kbit/s Übertragungsgeschwindigkeit ist für die beim Mitarbeiter ankommende Bildqualität die mehrfache Umwandlung durch Kompressionsverfahren bei der Kopplung von „Videokonferenz" und „Business-TV" in MPEG 2 ein nicht zu vernachlässigender Faktor. Mangelhafte Ausleuchtung, ein zu hoher Informationsanteil des Bildhintergrundes, unnütze Zooms und Schwenks oder einen zu großer Kontrast zwischen Person und Hintergrund schmälern das „Ergebnis" dann beim Mitarbeiter unnötigerweise. Mit Beachtung der aufgezeigten Ursachen kann manches vermieden werden. Auswege sind hier u.a. auch die Wahl eines verkleinerten Bildausschnitts mit geschickt gewählten Hintergrund, die Bild in Bild-Formation (Studiobild mit integriertem zugeschalteten Experten) oder ein geschickt aufgebauter Ablauf und Dialog mit der Moderation.

4.3 Die Varianten zum Erfolg

„Business-Theater"

Mit „Business-Theater" können besonders erfolgreich Inhalte im Umgang mit Kunden umgesetzt werden. Erste Erfahrungen wurden bereits 1997 gemacht. Entscheidend ist, daß der Mitarbeiter sich im erzeugten „Spiegel" wiedererkennt und selbstmotiviert in eigener Verantwortung die notwendigen Verhaltenskonsequenzen zieht. Die Einspielungen sind live möglich, in der Regel werden sie als Aufzeichnung eingespielt.

Wiederholungen

Wiederholungssendungen werden für große Teilnehmerzahlen in der kostengünstigen Form als Aufzeichnung eingesetzt. Die Interaktion und Reaktion des Fachexperten muß aber grundsätzlich live sein, um jederzeit für Fragen der Mitarbeiter präsent zu sein. Aufgrund der hohen jährlichen Sendezahl können effiziente Produktionen unter konsequenter Nutzung der Standard-Kommunikationsdienste realisiert werden. Mehrkosten treten nur für den Satellitentransponder und die Leitungsführung zur Erdfunkstelle auf (ca. 10 % der live-Produktionskosten). Eine weitere effiziente Form ist die Einspielung über das „Play out-Center" der Deutschen Telekom. Hier werden für Kunden der Deutschen Telekom die unterschiedlichsten Beiträge zu einem gesamten Ablauf gemischt. Die Anteile bestehen aus „Video-Konserven" und aktuellen live-Beiträgen. Der von uns projektierte live-Anteil mit Zuschaltung der Experten über Videokonferenz, mindestens 384 kbit/s, ist derzeit in Deutschland noch neu. Wiederholungssendungen bieten die Möglichkeit, unter Berücksichtigung betrieblicher Belange eine hohe Anzahl der Mitarbeiter „just in time" zu erfassen und die verbesserte Interaktion (offene Fragen nach der Erstsendung werden in der Wiederholungssendung gestellt) zum Nutzen der Mitarbeiter zu gestalten.

Learning by doing

Unterstützendes „Learning by doing" bewährt sich vor allem bei Erklärungen zu Software-Updates oder zur Einführung neuer Endgeräte (Vertrieb und Service). Noch während oder in der Regel nach der reinen Informationssendung haben die Mitarbeiter vor Ort die Möglichkeit, direkt nach der Sendung die Informationen praxisbezogen umzusetzen. Noch offene Fragen können in einer am gleichen Tag angebotenen zweiten Sendung mit den Experten geklärt werden. Die PC-Monitorbilder werden dabei aus Qualitätsgründen direkt von der Kamera abgenommen, die Auschnittsgröße entspricht dabei der verminderten Fernsehauflösung von 640 x 480 Bildpunkten.

4.4 Exponierte Sendungen - Kurzzusammenfassung

Die Zukunft liegt in einer sinnvollen Kombination von Lernen am PC bzw. über Netze „TeleTeaching“ via Business-TV - und Präsenzveranstaltungen. Einige Beispiele aus der Praxis der Weiterbildung der Deutschen Telekom zur Verdeutlichung:

„TeleTeaching“ in Kombination mit Serverabruf über das Intranet

Die Qualifizierungsmaßnahme setzt sich zusammen aus dem Abruf der Schulungsunterlagen vom Server und Bearbeitung im Einzelstudium oder im Team vor Ort. Begleitend zu den einzelnen Lernstufen wird eine "TeleTeaching"-Sendung durchgeführt. Die Mitarbeiter haben die Möglichkeit, auf ihre Fragen aus den Modulen oder aus der Diskussion vor Ort die Antworten von den Experten zu erhalten - die Mitarbeiter steuern den Ablauf selbst mit.

Die Fragen müssen vor dem Sendetermin (Redaktionschluß 2 Tage vor Sendetermin) über den Server oder über Fax eingegangen sein, um in der Sendung berücksichtigt zu werden. Es ist allerdings darauf zu achten, daß die Fragenbeantwortung auch die Mehrheit der Mitarbeiter bei der Durcharbeitung der Lernmodule unterstützt. Einzelfragen werden individuell beantwortet, sie werden aber generell zur Information auf dem Server abgelegt. Während der Sendung können weitere Fragen über Telefon und Fax gestellt werden. Mit der Art der Fragen wird erkannt, welche Stoffinhalte besonders schwierig auf die betriebliche Praxis umzusetzen sind oder die Thematik ggf. nicht optimal in den Schulungsunterlagen aufbereitet wurde. Mit praxisbezogenen Beispielen kann eine wertvolle Unterstützung für die Erarbeitung der Lerninhalte geleistet werden, zumindest eine zusätzliche Motivation.

„TeleTeaching“ in Kombination mit „Wissensmanagement“

Die TeleTeachinginhalte sind mit Informationen im Intranet verzahnt. Dabei dient das Medium „TeleTeaching“ , um die internen Nutzer zu umwerben, zu begeistern und periodisch an die Angebote zu erinnern. Über die filmischen Möglichkeiten des Fernsehens wurden die Mitarbeiter auf den Erfolgsfaktor „Wissen“ und die künftigen Kompetenzprofile für die Arbeit der Zukunft sensibilisiert. Anhand von Beispielen am funktionierenden System wird gezeigt, wie der viel zitierte Produktionsfaktor „Information“ gestaltet werden kann.

„TeleTeaching“ in Kombination mit Seminaren

700 Führungskräfte waren innerhalb von 3 Monaten in einer Managementmethode zu schulen. Drei Seminartage mit 12 Teilnehmer pro Seminar waren gesetzt (Summe 58 Seminare, 1 hochdotiertes externes Trainerteam). Die Aufgabe war lösbar mit zwei "TeleTeaching"-Sendungen von je 3 Stunden, die Rollenspiele und örtliche Vertiefung wurde mit einem Seminartag vor Ort realisiert.

Die Vorteile waren:

- Realisierung in kürzester Zeit
- Teilnahmemöglichkeit der gesamten Führungsebenen, offene Teilnehmerzahl, dadurch eine bessere Umsetzung auf den Hierarchie-Ebenen vor Ort (bei Seminarbesuch nicht möglich)
- höhere Produktivität für das Unternehmen durch drastische Verringerung der Abwesenheitszeit vom Arbeitsplatz
- Durchführung des Coaching der Führungskräfte vor Ort (Rollenspiele)
- Einsparungspotential (Reisekosten, Seminarunterbringung, Ausfalltage, Trainerhonorar) in Größenordnung einer Million

Weitere Besonderheiten des Konzepts:

- Beachtung des Copyright (externer Dozent)
- aktive Zusammenarbeit mit den eingebundenen Lokationen während der Sendung über Videokonferenz und Telefon für Dialog und Feedback (virtueller Seminarraum bundesweit)
- Präsentation der Aufgabenlösungen durch die Gruppen über Videokonferenz und Telefon

4.5 Das Leitmedium

Die Zukunft der effizienteren Wissensvermittlung liegt in einer sinnvollen Kombination der zur Verfügung stehenden Medien, unabhängig vom Vorstoß in verbesserte qualitative Bereiche. Wie externe Nutzer im Internet umworben werden, muß auch der interne Nutzer für den Umgang mit den verschiedenen Medien gewonnen werden. Der Mitarbeiter muß begeistert und ständig an das Angebot für ihn erinnert werden. Über einen Medienverbund wird eine Wissenskompensation und die Individualisierung erreicht, die den Mitarbeiter noch stärker motiviert und aktiviert.

Mit „TeleTeaching“ via Business-TV wird die „just in time“ - Information mit gleichzeitiger Interaktion der Mitarbeiter erreicht. Der Einsatz neuer Medien setzt die Selbstlernkompetenz der Mitarbeiter voraus - „TeleTeaching“ entwickelt sich dabei wie aufgezeigt zum Leitmedium.

4.6 *Die Anzahl der Teilnehmer*

4.6.1 Die Wirtschaftlichkeit

Eine "TeleTeaching"-Sendung kann auch bei kleinen Teilnehmerzahlen wirtschaftlich sein, wenn durch die „just in time „ - Information ein betriebswirtschaftlicher Erfolg erreicht wird. Die Anzahl der Mitarbeiter, die live die Information einer Sendung verfolgen, liegt je nach Thema und eingebundenem Teilnehmerkreis zwischen 150 bis 3000 Mitarbeitern.

Aus didaktischer Sicht ist die Grenze nach oben noch nicht erkennbar geworden. Die Teilnehmerbegrenzung auf ca. 3000 Mitarbeiter ist bei der Deutschen Telekom eine ausgewogene Größe zu den betrieblichen Zwängen für die angesprochenen Mitarbeiter in den Ressorts.

Das Konzept mit vielen Mitarbeitern ist erfolgreich, da die Fragen einzelner immer die Fragen vieler sind. Aus den Ergebnissen der durchgeführten Evaluation ist zu erkennen, daß durch Fragen anderer viele Mitarbeiter noch besser in die Themen eingeführt werden. Stellt man den Vergleich zu Großveranstaltungen mit mehreren hundert Mitarbeitern oder zu Teilnehmern eines Seminars an - auch hier lebt der Dialog nur von Einzelnen - ergeben sich bei einer "TeleTeaching"-Sendung wesentlich bessere Feedbacks zum Nutzen der Mitarbeiter.

4.6.2 Die Interaktion durch die Mitarbeiter

Interaktion über Videokonferenz

Bei aktiv zugeschalteten Lokationen wird sinnvoll eine Videokonferenz mit 384 kbit/s eingesetzt. Eine große Bedeutung kommt dem Verhalten/Auftreten der Videokonferenzteilnehmer zu. Zu oft überwiegen bei mangelhafter Unterstützung/Vorbereitung auch allgemeine Statements oder die Selbstdarstellung der Gruppe dominiert. Das Ziel, die Erzielung eines allgemein gültigen Praxisbezugs wird damit verfehlt und die Mitarbeiter qualifizieren die Einbindung als reine Verlustzeit ab.

Grundsätzlich ist auf eine gute Ausleuchtung zu achten. Starkes und direktes, natürliches Licht muß unbedingt vermieden werden. Ein weiterer entscheidender Faktor ist der Bildhintergrund. Ein klarer Hintergrund entlastet das System, ein zu starker Kontrast muß vermieden werden. Für Einzelzuschaltungen eignet sich aufgrund seiner guten Bildqualität auch das Bildtelefon der Deutschen Telekom, T-View 100. Kombiniert mit der „Bild in Bild" - Technik lassen sich bei diesem Gerät auch mit 128 kbit/s sehr gute Ergebnisse erzielen.

Das Bildtelefon ist grundsätzlich für die breite Einführung geeignet, da es aufgrund seiner einfachen Bedienung die geringsten Akzeptanzprobleme bei den Mitarbeitern hat. Ohne Zweifel die visuelle Zuschaltung, wenn sie geschickt eingebunden wird, belebt.

Interaktion über Telefon / FAX

Nach wie vor wird jedoch bei der spontanen Interaktion das Telefon dominieren. Die Erfahrungen zeigen auch, daß in Abwägung des Kosten- Nutzenverhältnisses die Einführung von Bildtelefonen derzeit nicht zu forcieren ist, auf die stetige Einbindung als Demonstration der visuellen Kommunikation soll jedoch nicht verzichtet werden.

Nicht zu unterschätzen ist die persönliche Unsicherheit der Mitarbeiter bei einer telefonischen oder visuellen Einbindung. So dominiert noch stark das anonyme Fax. Erfreulich ist jedoch, daß mit zunehmender Nutzung des Mediums, d.h., „TeleTeaching“ für die Mitarbeiter eine feste und wichtige Größe geworden ist (Hinweis: Die Nutzung von „TeleTeaching“ ist bei den verschiedenen Unternehmensbereichen unterschiedlich), eine stetige Abnahme der Faxeingänge zu beobachten ist. Aktive und spontane Telefonkontakte mit Mitarbeitern beleben und ergeben den so wichtigen Austausch von „Botschaften“ aus Fläche und Zentrale. Im Vergleich zu den visuellen Aufbereitungstechniken ist die Einbindung über Telefon die preisgünstigste „Show“.

Die Nutzung des Dienstes „Telefonkonferenz“ ermöglicht die kürzeste Einbindungszeit bei vielen im Ablauf festgelegten Gruppen. Der Dienst wurde bereits mehrfach eingesetzt und eine echte virtuelle „Seminarsituation“ erreicht. Die Einbindung blieb nicht nur auf Fragen beschränkt. Im Ablauf war die Aufgabenbearbeitung in einer Kurzpause mit anschließender Ergebnisvorstellung sowie Dialog mit dem Experten ein fester Bestandteil des Konzepts. Durch die dynamische Ablaufgestaltung und dem Gewicht der Aussagen wurde dabei die fehlende Visualisierung überhaupt nicht bemerkt.

4.7 Die Experteneinbindung

4.7.1 Die Kommunikationstechniken für die Experteneinbindung

Experten werden live im Studio, über Standard-Kommunikationdienste und über vorgefertigte Videoproduktionen in die "TeleTeaching"-Sendungen der Deutschen Telekom eingebunden. Zeitgründe, technische Gerätedemonstrationen oder Sicherheitsgründe sprechen für eine Aufzeichnung und entlasten den im Studio anwesenden, in der Regel auch kameraunerfahrenen Experten. Die Aufzeichnungen werden vor Ort beim Kunden produziert und nachträglich geschnitten. Sie stellen die teuerste Lösung dar.

Die über Videokonferenz geeigneten Beiträge (in der Regel kurze Beiträge oder Dialoge mit der Moderation) stellen neben der Direkteinbindung auch als Aufzeichnung die kostengünstigere Lösung im Vergleich zu einer Videoproduktion dar. Schnittarbeiten sind kaum notwendig, da der Ablauf kurz und ggf. leicht wiederholbar ist. Die Lösung ist aus Kostensicht der Videoproduktion und wegen der besseren

Signalwirkung für die Top-Aktualität vorzuziehen, 0enn nicht Kunden und/oder inhaltliche Ansprüche entgegenstehen.

Von der Bildqualität der Videokonferenz ist die Akzeptanz bei Experten und Mitarbeitern sehr unterschiedlich. Ohne Abwägung der Kosten- und Nutzenaspekte wird generell die Studioqualität gewünscht. Mit der Einspielung durch einen digitalen Bildmischer (DVE) als „Bild in Bild“ wird auch bei Videokonferenzeinspielungen eine subjektiv positive Einstellung des Mitarbeiters erreicht. Außerdem ist die "Bild in Bild"-Einspielung den Mitarbeitern durch das kommerzielle Fernsehen bereits längst vertraut und signalisiert die geforderte Professionalität. Anzumerken ist, daß im kommerziellen Fernsehen seit einiger Zeit ebenfalls der Trend zur „Videokonferenzqualität“ festzustellen ist.

Bei der Einbindung von Experten über Telefon ist auf das synchrone Zusammenwirken der live Erläuterungen mit den Einspielzeitpunkten der Charts zu achten. Mit einer entsprechenden Abstimmung der ausführenden Person lassen sich verblüffend gute Ergebnisse erreichen. Weitere Möglichkeiten sind der direkte Dialog mit der Moderation, wobei der Moderator die „verbale“ Aussage durch die „visuelle“ Darstellung z.B. an einem Flipchart ergänzt. Auch hier liegen Beispiele vor. Direkte Kontakte mit weiteren Mitarbeitern (Dialog) ergeben trotz Beschränkung auf die verbale live-Aussage trotz fehlendem Bild eine sehr gute Dynamik. Die Einblendung von Bildern des über Telefon zugeschalteten Experten lockern zusätzlich auf (besser als Screenshow in verschieden Positionen, die den live Charakter subjektiv untermauern).

4.7.2 Der Einsatz der Experten

Die vom Kunden eingesetzten Experten besitzen in der Regel keinerlei oder wenig Erfahrungen im Agieren und Reagieren vor der Kamera. Der Zeit im Vorfeld der Sendeaufbereitung kommt deshalb eine große Bedeutung zu. Unter Rücksicht auf die jeweilige Person und den rhetorischen Fähigkeiten wird der Ablauf unterschiedlich entwickelt. Entscheidend ist, daß der Experte das Gefühl hat, total durch die Moderation unterstützt zu werden und er sich nur auf seinen fachlichen Teil konzentrieren muß.

Experten sollen auch bewußt mit Textkarten arbeiten, um eine glatte, kommerzielle Professionalität zu vermeiden. Den Mitarbeitern muß immer bewußt sein, daß sie im Dialog mit Kollegen stehen (gilt auch umgekehrt) und jederzeit über die Interaktion eingreifen können. Auch aus Kostengründen ist der Einsatz eines Telepromters die Ausnahme.

Die wichtigsten Hilfen vor der Kamera sind für die Experten in einer eigenen Broschüre zusammengefaßt und werden bereits in den Vorgesprächen den Experten ausgehändigt. Bei der Probe im Studioraum wird auf die Einhaltung der Regeln besonders geachtet, um den Experten die erforderliche Sicherheit während der Sendung zu vermitteln. Dadurch ergibt sich auch automatisch die Forderung, daß eine Teilnahme an der Probe für die Experten Pflicht ist.

4.8 Die Moderation

Von der „Qualität" der Moderation ist der Erfolg der Sendung unmittelbar abhängig. Die Einschätzung der Persönlichkeit, die Eignung zur Moderation für unterschiedliche Themen aufgrund des berufliche Erfahrungshintergrunds sind u.a. der Maßstab für die Auswahl auf Thema und Experten. Die Moderatoren der Weiterbildung der Deutschen Telekom sind in einem Pool zusammengefaßt und besitzen durch die hohe Einsatzfolge, die persönliche Erfahrung und durch die umfangreiche und konsequente Schulung durch einen anerkannten Medienfachmann eine professionelle Kompetenz.

Zu den wesentlichen Fähigkeiten eines Moderators gehören:

- positive Grundausstrahlung
- gute Ausdrucksweise und Rhetorik
- auf Menschen zugehen können
- Zuhören können, emotional kompetent
- Vermittlung von Sicherheit und damit Lockerheit
- Überblick über die zeitliche Situation und Wertigkeit
- Führung der Experten in kritischen Situationen, Übernahme der Aktivität zur spontanen Entlastung des Experten
- Fähigkeit zu spontanem, situationsbedingten Wechsel der Moderationsart
- thematische Einarbeitung zur Stellung von adressatengerechten Fragen
- Zivilcourage (Einbringung überraschender Fragen zu spontanen Reaktionen der Experten bzw. zur Ausfüllung der absoluten „Chefrolle" im Studioraum)
- Feeling in der Zusammenarbeit mit der Regie und Kunden/Experten

Im Gegensatz zum kommerziellen Fernsehen, wo oft spektakuläre Bildern, smarte Moderatorinnen und Moderatoren und aufwendige Computeranimationen die Teilnehmer locken sollen, setzt „TeleTeaching" auf praxisorientierte und fachliche Kompetenz und vor allem auf fachkompetente Bandbreite. „TeleTeaching" wirkt insofern seriös. Dies mag aber auch daran liegen, daß die Moderatorinnen und Moderatoren im kommerziellen Fernsehen z.T. hübscher sind. Die von „TeleTeaching" verstehen es aber besser, wovon sie reden. Gute Beispiele sind hier die Wissenschaftssendungen des öffentlichen / privaten Fernsehens.

5. Die Kosten

5.1 Die Gesamtsicht

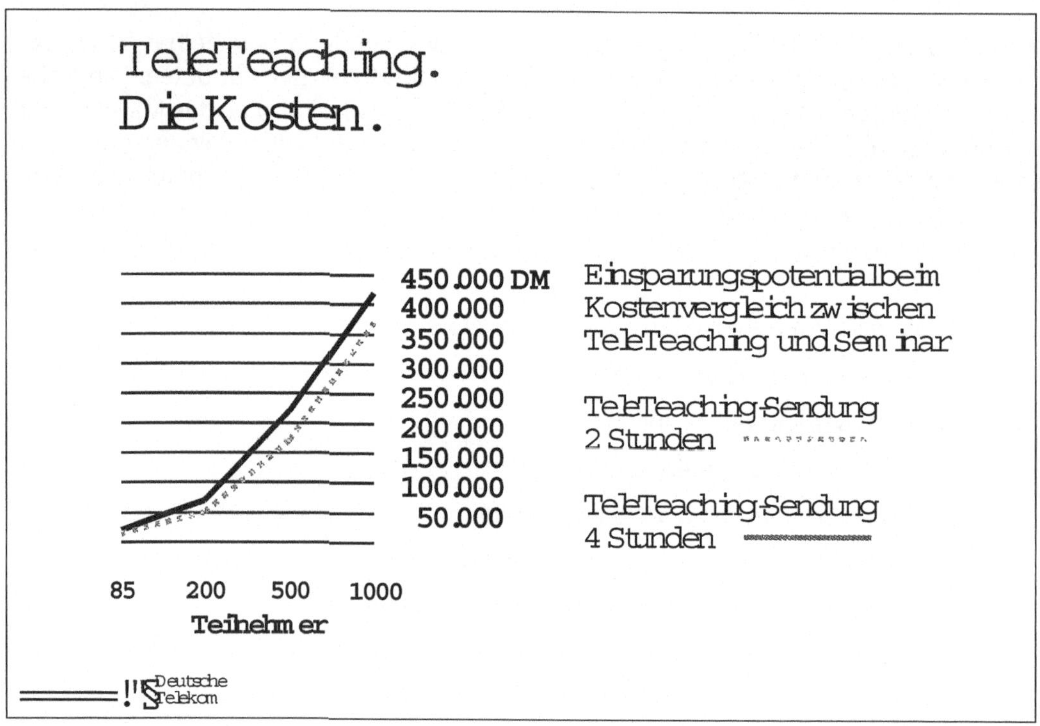

Für den Weiterbildungsbereich der Deutschen Telekom sind primär die erreichbare Effektivität gegenüber reinen Präsenzveranstaltungen bzw. -seminaren interessant. Wichtig ist, daß mit dem Einsatz von „TeleTeaching" bei den Weiterbildungskonzepten zumindest die gleiche Effektivität erreicht wird. Ziel ist, sie entscheidend mit geringeren Kosten zu verbessern.

Das Diagramm zeigt deutlich den Effizienzgewinn. Bei einer 2-stündigen Kurzschulung beträgt die Einsparung gegenüber einem Präsenzseminar bei 1000 Mitarbeitern ca. 450 000,00 DM. Zu betonen ist, daß eine 2-stündige "TeleTeaching"-Sendung durch die kompakte Aufbereitung und den hierbei vertretbaren Aufwand durchaus einem 4-stündigen Seminar in den Bildungszentren entspricht. Der „just in time" - Informationsgewinn ist bei dieser Betrachtung überhaupt nicht bewertet.

Die große Kosteneinsparung liegt in der Verkürzung der Abwesenheitszeit der Mitarbeiter vom Arbeitsplatz und damit in der Erhöhung der Produktivität. Die Einsparungen bei den Reisekosten sind dagegen vergleichsweise gering.

Die Kosteneinflüsse bei der §TeleTeaching"-Produktion sind:

- Art und Umfang der Vorproduktionen
- Größe des Fernsehproduktionsteams (abhängig von der Anzahl der eingesetzten Bildquellen)
- Anzahl der Produktionstage pro Sendung (1 oder 2 Tage für Studio und Team - abhängig von der Uhrzeit am Sendetag)
- Kosten für Studio und Fernsehteam
- Vorbereitungsaufwand durch die TeleTeachinggruppe (Ablaufgestaltung, technische Gestaltung, Erfassung / Ausarbeitung der Stellungnahme der Fläche, Charts-, Screenshowentwicklung, Unterstützung der Moderation und der Experten)
- Vorbereitungsaufwand durch die Moderation
- Art und Umfang der eingebundenen Kommunikation (Beratung)
- Transponderbelegungszeit

Die höchsten Produktionskosten entstehen bei Einzelproduktionen. In der Regel muß für eine vollständige Produktion für Studio und Fernsehteam, unabhängig von der Nutzungsdauer pro Tag, immer die volle Tagespauschale vergütet werden.

5.2 Die Kostensenkungsmöglichkeiten

Aufgrund des hohen Produktionsanteils sind zusammengefaßte Produktionen auf mehrere Tage und damit Kostensenkungen möglich. Momentan wird dies mit Zustimmung der Kunden (Bereitschaft zur Terminanpassung) bei ca. 55 % der Produktionen erreicht (2 Sendungen in 3 Tagen bzw. 3 Sendungen in 4 aufeinanderfolgenden Tagen). In Einzelfällen können auch 2 Sendungen in 2 Tagen durchgeführt werden. Bei einer Einzelproduktion wird die größte Einsparung mit Probe und Sendung an einem Tag erreicht. Die Kostenreduzierung liegt in der Größenordnung von 30 % der gesamten Produktionskosten für die Sendung.

Die Produktionskosten sind stark vom Aufwand zur Umsetzung des Sendethemas, von den Vorstellungen des Kunden, den Möglichkeiten zur Sendekonzentration und den Vorleistungen des Kunden durch die eingebundenen Experten abhängig. Voraussetzung bei einer Sendekonzentration ist, daß die vorgegebenen Zeiten für Abstimmung und Probe strikt eingehalten werden, um teuere Überzeiten zu vermeiden.

Mit verstärkter Einbindung der Experten über Videokonferenz kann die technische Produktion vereinfacht werden, in dem bei geringerer Studiobesetzung mit weniger Kameras bzw. stärker mit unbesetzten Kameras ohne wesentliche visuelle Qualitätseinbusen für die Mitarbeiter gearbeitet werden kann.

5.3 Die Sendestandards

Grundsätzlich erwartet der Mitarbeiter eine professionelle Fernsehqualität. Dieser Qualitätsstandard wird auch von den in der Regel im kommerziellen Fernsehbereich arbeitenden Filmteams unterstützt.

Die Vielfalt der Sendethemen zeigt im Laufe der Jahre deutlich, daß ein Spielraum in der Produktion vorhanden ist, um die Kosten zu senken, gleichzeitig aber den Aufwand für eine adressatengerechte Aufbereitung sogar noch zu erhöhen. Die verbale Aussage ist nach wie vor die entscheidende Größe für den Erfolg. Die visuelle Aufbereitung kann immer nur Mittel zum Zweck sein, sicher in sehr unterschiedlichem Umfang.

Zum Einsatz kommen 2 bis 3 Videokameras, die Charts werden vom PC professionell eingespielt. Entscheidend ist, daß dem Mitarbeiter jederzeit ein Bild vermittelt wird, das einen perfekten Ablauf über Videokonferenz (mit verbesserter Qualität im Audio / Video) signalisiert. Mit dem Standard 384 bis 512 kbit/s ist die Weiterbildung der Deutschen Telekom derzeit in der Pilotierung. Bereits durchgeführte reale Sendungen zeigen ein noch erhebliches visuelles Verbesserungspotential, wenn konsequent die Eigenschaften der digitalen Kompressionstechniken des Business-TV berücksichtigt werden.

Bei geeigneten Einsatzfällen - dies ist ganz entscheidend - führt dieser Standard mittelfristig auch zur notwendigen Akzeptanz, und dies bei deutlich geringeren Kosten. Thematische Beispiele für einfachere technische Lösungen sind:

- Gezielte Informationen als Vorbereitung zum Besuch eines Seminars oder zur Seminarnachbereitung
- Einsatz bei reinen „Interaktions"-Sendungen (s. Beispiel: Kombination von Informations- und Interaktionssendung)

Zur Unterscheidung ist jedoch ausdrücklich zu betonen, daß die Umsetzung eines „Motivationsthemas" mit diesem Standard nie möglich sein wird.

5.4 Die Sendetechnik via Business-TV für kleinere und mittlere Unternehmen (Zielgruppe KMU für das Marketing)

Wie die unter Punkt 5.1 aufgeführten Fakten zeigen, kann auch für kleinere und mittlere Unternehmen eine attraktive Preisgestaltung für eigene Produktionen erreicht werden. Kleinere eigenständige Unternehmen, die in überregionalen Ketten zusammengeschlossen oder Ketten angeschlossen sind, können die einzusetzende Technik auch für gemeinsame Informationen/Qualifikationen nutzen.

Insbesondere entsteht ein attraktiver Preis dann, wenn mit den verschiedenen Anwendern kooperiert wird und technische Ressourcen einschließlich das Know-how geteilt oder punktuell geleast wird. Inwieweit für innovative Themen auch Hochschulen sowie die Fernsehanstalten mit vorhandenen Modulen integriert werden können, ist derzeit noch offen.

Noch vor wenigen Jahren war für die Empfangstechnik ein professionelles Equipment notwendig. Heute lassen sich die Datenströme aus dem All (Business-TV) bereits mit Consumergeräten und günstigen PC-Einsteckkarten mit einer Datenrate bis 6 Mbit/s empfangen. Trotz Entwicklung von neuen Übertragungsverfahren über Kabel (Beispiel ADSL, ATM) wird bei „Point to Multipoint“ – Übertragung weiterhin, auch aus Kostengründen, die Satellitenübertragung die effizientere Lösung sein. Die Wirtschaftlichkeit wird allein von der Teilnehmerzahl bzw. der Anzahl der Teilnehmerstandorte geprägt. Mit handelsüblichen Set-Top-Boxen werden künftig auch kleinere Firmen günstige Datennetzwerke via Satellit aufbauen können.

6. Die weitere Entwicklung

Mit traditionellen Methoden lassen sich die Aufgaben schon heute nicht mehr lösen. Wenn Mitarbeiter aber aus den Medien einen direkten Nutzen ziehen können, dann werden sie auch bereit sein, selbst Nutzen (Inhalt) einzustellen. Ist dies erreicht, dann speisen sich die eingesetzten Medien in großen Bereichen selbst.

Künftig stehen, zum Nutzen für die Unternehmen, unterschiedliche Medien in Konkurrenz zueinander. Im Normalfall regelt sich bei der Konzeption von die geeigneten Mediem bzw. die effektive Kombination der zur Verfügung stehenden Medien durch die Relation von Attraktivität und den Kosten selbst.

Die Deutsche Telekom hat in Zusammenarbeit mit dem Hochschuldidaktischen Zentrum (HDZ) der RWTH Aachen ein Konzept zur strukturierten Entwicklung von Qualifizierungs- und Weiterbildungsdienstleistungen (QWD) entwickelt.

Im Unternehmen wurde für alle Bildungsmedien ein Bedarfsprofil mit den unterschiedlichen polaren Ausprägungen erstellt. In der Präferenzmatrix wurden alle Bedarfsprofile zusammengefaßt und stehen so für eine Gegenüberstellung mit dem Bedarfsprofil für den Kundenwunsch zu Verfügung.

Die Entwicklung dieser QWD erfolgt für jeden Kundenwunsch in 3 Schritten individuell:

Schritt 1	• Differenzierte Ermittlung des Kundenbedarfs anhand der Profilkriterien des Arbeitsblatts „Bedarfsprofil"
Schritt 2	• Vergleich des Kundenbedarfsprofils mit dem Typenprofil der vom Kunden gewünschten medialenVermittlungsform • Dokumentation und Analyse der polaren Differenzen zwischen Kundenbedarfsprofil und Typenprofil
Schritt 3	• Mit Hilfe der Präferenzmatrix erfolgt die Planung von Kombi-Angeboten, die dem Kundenbedarf (Kundenbedarfsprofi) entsprechen • Ergebnisorientierte Bildungsberatung des Kunden zu den Kombi-Angeboten

Um die Kundenwünsche bzw. das Kundenprofil und die Gegenüberstellung mit der Präferenzmatrix darstellen zu können, wurden entsprechende Vorlagen erstellt, um eine vergleichbar Art / Ausführung der Dokumentation zu erhalten.

Verknüpfung der Medien

Sicher wird sich auch einiges in der Entwicklung der Intranets nach der Anfangseuphorie relativieren. Wenn das Intranet attraktiv sein soll, wird es zwangsläufig wachsen müssen, auch für den Videoabruf. Damit entsteht aber neuer Bedarf für einen schnelleren Server, wesentlich mehr Speicher, größere Bandbreite für mehr Übertragungsgeschwindigkeit, Personal und Betreuung. Heute sind dies noch Probleme, für deren Lösung die derzeitigen Netze nicht konzipiert sind. Ganz abgesehen davon steht auch in absehbarer Zeit die notwendige Infrastruktur noch nicht flächendeckend beim Mitarbeiter.

Nicht zu unterschätzen ist der hohe Zeit- und Kostenaufwand, der mit der Erstellung von multimedialen Informations- und Lernprogrammen verbunden ist. Die Erfahrungen zeigen, daß man sich in der virtuellen Lernumgebung auch viel stärker selbst motivieren muß gegenüber traditionellen Seminare (Gesuche).

Für die Bereiche Organisation, Management, Personalmanagement und Technik wird sich eine Kombination zwischen „TeleTeaching" als Leitmedium zur informativen, interessanten und realitätsnahen Information und Wissensvermittlung in enger Verzahnung mit vertiefenden Informationen aus dem Intranet bzw. von den Wissensdatenbanken etablieren. Das nachbereitende Lernen, gleich mit welchem Medium, führt zum erwünschten Synergieeffekt. Die Mitarbeiter können sich unabhängig von einem Zeitraster und starren inhaltlichen Vorgaben das relevante Wissen aneignen und auch ihr Lerntempo selbst bestimmen. Das Lernen wird dadurch sehr viel flexibler (aber nicht einfacher).

Bei allen technischen Voraussetzungen und Möglichkeiten spielt aber nach wie vor die Unternehmenskultur und -organisation sowie der Lernumgebung für den Mitarbeiter eine Rolle. Nicht alles läßt sich am Arbeitsplatzrechner oder Fernsehmonitor erfolgreich aneignen. Es wird immer wieder erforderlich sein, Seminare und Workshops zu nutzen, um mit Kolleginnen und Kollegen aus anderen Bereichen in Kontakt zu kommen und Erfahrungen auszutauschen. Nur eines ist sicher, die Seminartage werden kürzer, die Seminardauer wird mit anderen Themen gefüllt.

Virtuelle Studios und Dauerinformationen vom Band sind nicht das Ziel der Weiterbildung der Deutschen Telekom - führen nach den Erfahrungen aus ca. 170 unterschiedlichen Sendungen nicht zum angestrebten Erfolg.

Business-TV zur Mitarbeiterqualifizierung bei Banken

von Matthias Pfeil und Joachim Hasebrook*

Inhalt

* Matthias Pfeil und Dr. Joachim Hasebrook, Bankakademie e. V. Frankfurt

1. Einführung

Virtuelle Banken und Web-TV sind mittlerweile zu gängigen Begriffen bei den doch eher als konservativ geltenden Bankern geworden. Die Kreditinstitute und Finanzdienstleister stehen jedoch erst am Anfang eines einschneidenden Veränderungsprozesses, der in den nächsten Jahren zu einem neuen Verständnis für Bankgeschäfte führen wird und die Mitarbeiter vor neue Herausforderungen stellt. Für die Unternehmen bedeutet dieses, die Mitarbeiter - oder wie sie heute in ihrer Gesamtheit gern genannt werden: Human Ressources - ständig zu qualifizieren, um wettbewerbsfähig zu bleiben. Wer den Anschluß an die Entwicklungen verpaßt, wird schnell ins Hintertreffen geraten.

Die rasante Entwicklung der Informations- und Kommunikationstechnologie verändert besonders das Tagesgeschäft der Finanzdienstleister. Neue Medien, Techniken und Anwendungen haben sich in dieser Branche in immer schnelleren Zyklen etabliert. Die Komplexibilität und der Bedarf an ständig aktuellen und multimedial aufbereiteten Informationen nehmen stetig zu. Ein schneller Zugriff auf Produktdaten und -informationen, auf Nachrichten und Hintergrundinformationen am Arbeitsplatz wird mittlerweile bei der Unternehmensleitung, bei Mitarbeitern und natürlich besonders bei Kunden als Selbstverständlichkeit angesehen. Der Arbeitsplatz entwickelt sich immer stärker zu einer Multimedia-Station mit nahezu weltweiter Verknüpfung; er wird zur Empfangs- und Sendesstation für Nachrichten, Informationen und Dokumente.

Die Kundenorientierung und das kompetente Auftreten der Bankmitarbeiter stehen immer stärker im Vordergrund, die "Abwicklungsmentalität" der vergangenen Jahrzehnte mußte weichen. Die Banken und Finanzdienstelister versuchen mit neuen Organisations- und Personalentwicklungskonzepten die Mitarbeiter den Anforderungen des Marktes entsprechend zu qualifizieren. Für einzelne Kreditinstitute wird es zunehmend schwieriger, diesen veränderten Anforderungen gerecht zu werden. Besonders kleinere Institute sind vielfach nicht mehr in der Lage, die notwendigen Investitionen für neue Informations- und Kommunikationstechnologien vorzunehmen bzw. aufgrund des fehlenden Know-hows die Entwicklung und Realisierung von Netzbasierten Kommunikations- und Informationssystemen voranzutreiben. Dadurch erhöht sich der Zwang zu Kooperationen, Fusionen oder Übernahmen im Kreditgewerbe. Internationationale oder gar weltweite Strukturen und Netzwerke sind heute sind die Ergebnisse der zunehmenden Globalisierung. Dienstleistungen werden heute weltweit und rund um die Uhr angeboten.

Darüber hinaus fällt die Verantwortung für die persönliche Qualifizierung - und damit auch für den Erfolg im Berufsleben - immer stärker dem einzelnen Mitarbeiter zu. Die Kreditinstitute reduzieren vielfach zentrale Personal- und Bildungsbereiche. Die Qualifizierung der Mitarbeiter geht zunehmend in die Verantwortungsbereiche der zuständigen Fachabteilungen über. Parallel dazu erfolgt eine Verringerung oder Verkürzung von Präsenzveranstaltungen durch verstärkten Medieneinsatz, wie z. B. Studienbriefe, Selbstlernprogramme (CD-Rom) oder Planspiele - und zunehmend auch Intranet-basierte Lernsysteme. Bei letzteren wird eine entsprechende Netzwerkstrukutur vorausgesetzt, die in vielen Kreditinstituten bisher jedoch noch unzureichend ausgebaut ist. Die Integration von Fernsehen, Telekommunikation und Computer wird in den nächsten Jahren eine der wichtigsten technologischen Entwicklungen sein. Für Unternehmen bedeutet dieses, "Hochgeschwindigkeits-Multimedia-Netzwerke" für Bildungszwecke aufzubauen (Bates, 1998).

Im Rahmen solcher Netzwerke ist Business-TV ein wichtiger Baustein. Es ermöglicht eine flächendeckende Informationsvermittlung auf höchstem Niveau innerhalb von kürzester Zeit an eine Vielzahl von Mitarbeitern. In Form von Videokonferenzen kann Business TV vielfach Dienstreisen zu Workshops oder Meetings überflüssig machen. Die Einsatzgebiete von Business-TV erstrecken sich bisher vor allem auf die Mitarbeiterqualifizierung im Bereich der Unternehmens- bzw. Produktpoltik und auf interne Informationen. Aber auch bei der Vermittlung von Fachwissen bietet Business-TV gegenüber herkömmlichen Medien deutliche Vorteile: Die visuelle Stimulierung durch Videobilder, Simulationen mit Hilfe von Animationen und der wechselnde Einsatz von Graphik, Text und Ton führen bei gezieltem Einsatz dazu, daß Informationen intensiver aufgenommen werden und auch nachweislich länger im Gedächtnis haften bleiben. Somit eignet sich dieses Medium hervorragend für den Einsatz in Lernprozessen (Behrendt, 1998).

Doch auch betriebswirtschaftliche Gründe erfordern ein Umdenken bei der Qualifizierung von Mitarbeitern. Damit die Kosten pro Mitarbeiter für dessen Qualifizierung nicht dauerhaft steigen, müssen Unternehmen Wege finden, zunehmend mehr Informationen kostengünstiger weiterzugeben. Das Institut der deutschen Wirtschaft hat diesen Trend - der sich weiter verstärken wird - bereits Mitte der neunziger Jahre dokumentiert. Zentrales Ergebnis dieser Erhebungen zur betrieblichen Weiterbildung ist, daß angesichts zunehmender Teilnehmerzahlen und gleichzeitig steigenden Qualifizierungsbedarf sowie höherem Wettbewerbs- und Kostendrucks die Steigerung der Effizienz und Qualität von Qualifizerungsmaßnahmen von herausragender Bedeutung sind. Rund drei Viertel aller Arbeitnehmer der untersuchten Wirtschaftszweige durchliefen im Jahr 1995 Fortbildungsmaßnahmen, was eine Zunahme von 10% gegenüber dem vorherigen Erhebungsjahr 1992 bedeutet. Gleichzeitig sanken die Ausgaben um 2,6 Milliarden DM auf 34 Milliarden DM und somit durchschnittlich 1670,00 DM pro Mitarbeiter (DIHT, 1998).

Eine weiterhin verbesserte Versorgung mit Qualifikationsangeboten bei gleichzeitig sinkenden Kosten soll insbesondere der Einsatz neuer Medien garantieren. Dabei setzen Banken und Versicherungen, die eine Vorreiterrolle bei der Mediennutzung einnehmen, zunehmend auf die neuesten technischen Entwicklungen, die verstärkt auch in Intranets ihre Anwendung finden. Erfolgsgeschichten, die den Intranet-Boom in der Weiterbildung anheizen, stammen vor allem aus US-amerikanischen Computerkonzernen, wie beispielsweise dem Marktführer für graphische Rechnersysteme Silicon Grapics: Rund 7,2 Millionen US-Dollar hätte die auf zwei Wochen angesetzte Schulungsmaßnahme zur Einführung einer neuen Rechnergeneration gekostet. Silicon Graphics überdachte das Konzept und führte anstelle der Seminarmaßnahmen vor Ort Schulungen an PCs durch und schaltete weltweite Computerkonferenzen mit Experten und Vorstandsmitgliedern. Bereits nach zwei Tagen hatte die Belegschaft das Programm erfolgreich durchlaufen. Die Zufriedenheit war bei allen Beteiligten groß und gegenüber der ursprünglichen Planung wurden rund 4,7 Millionen US-Dollar eingespart (ManagerMagazin, 1998). Der Bedarf, Mitarbeiter von weltweit operierenden Unternehmen gleichzeitig und dauerhaft zu qualifizieren wird auch bei Banken und Finanzdienstleistern deutlich zunehmen. Doch welche technischen Voraussetzungen sind dafür erforderlich? Im nachfolgenden Abschnitt wird über die technischen Systeme und Standards ein kurzer Überblick gegeben.

2. Entwicklung und Einsatz digitaler Rundfunk-und Fernsehsysteme als Basis für Business-TV

Die Entwicklung digitaler Sendestandards wie Digital Audio Broadcasting (DAB) und Digital Video Broadcasting (DVB) für Rundfunk- und Fernsehübertragungen haben kostengünstige Wege zur Ausstrahlung von Produktionen freigemacht, indem beispielsweise ein Satellitentransponder, der bisher einen Analogkanal übertragen konnte, nun – je nach Übertragungsqualität – zehn bis zwanzig Digitalkanäle überträgt. Sie bilden ein flexibles Grundkonzept, das die qualitativ und mengenmäßig unterschiedliche Übertragung von Sendungen ermöglicht.

Der ursprüngliche Ansatz für ein europäisches DAB war, digitale Rundfunkübertragungen auf getrennten Frequenzen parallel zu den herkömmlich ausgestrahlten Programmen anzubieten. Die EG stellte insgesamt etwa 141 Millionen DM für die Entwicklung von DAB zur Verfügung, ein Fünftel der Mittel kam vom Bundesforschungsministerium. Doch mit einem Beschluß der ARD-Intendanten 1993 wurde der ursprünglich für Anfang 1995 geplante, flächendeckende Einsatz von DAB wieder aufgegeben. Ungeklärt war vor allem die Weiterführung der herkömmlichen Radiotechnik, da mit der Einführung von DAB und den immer knapper werdenden Frequenzen unweigerlich das Ende des bisherigen Radio gekommen wäre.

Unter der Bezeichnung MPEG (Motion Pictures Expert Group) wurde 1988 eine Arbeitsgruppe internationaler Standardisierungsorganisationen zusammengetreten. Nach dieser Arbeitsgruppe wurden auch die von ihr weltweit entwickelten Standards zur Codierung digitaler Bild- und Tonsignale bezeichnet. Auf dieser Grundlage hat man 1993 in Europa die technischen Spezifikationen für digitales Fernsehen über Kabel und Satellit vom Lenkungsauschuß der European Lauchning Group für DVB (Digital Video Broadcasting) verabschiedet, in dem mehr als 200 Unternehmen und Organisationen zusammengeschlossen sind. Um die digitalen Signale für ein normales Fernsehgerät zu verarbeiten, ist ein Zusatzgerät erforderlich (Digital-Decoder, Set-Top-Box). Derzeit ist zumeist MPEG 1 in Gebrauch. Für digitale Fernsehübertragungen wird heute vielfach das MPEG 2-Format eingesetzt, etwa bei der Datenübertragung an die d-Box. Eine weitere bekannte Anwendung des MPEG 2-Standards ist DVD.

Der MPEG 2-Standard ermöglicht eine variablere Bildqualität, die bessere Ergebnisse liefert. So werden die Daten nicht nur verdichtet, sondern auch alle optischen und akkustischen Reize, die von menschlichen Sinnesorganen nie oder nur selten aufgenommen werden, ausgefiltert. Dieser Standard kommt in Amerikas digitalem Fernsehen "DirectTV" bereits seit 1994 zum Einsatz. Auch eine Weiterentwicklung des MPEG 1-Standards hat bereits erste Erfolge vorzuweisen. So erhält die Verbreitung von ganzen Musiktiteln über das Internet durch ein modifiziertes Kompressionsverfahren Auftrieb, das vor einiger Zeit vom Frauenhofer-Institut in Erlangen entwickelt worden ist. Dieses neue MPEG 1/Audio Layer 3-Verfahren - kurz "MP3" genannt - ermöglicht, das Datenvolumen digitalisierter Musikstücke ohne wesentlichen Qualitätsverlust um den Faktor 12 zu verkleinern. Dementsprechend können Musikstücke nun deutlich schneller als bei bisherigen Verfahren übers Internet übertragen werden (FAZ, 29.3.1999).

Für Unternehmen bietet sich hier u. a. die Möglichkeit, Text- und Musikbeiträge für Werbespots bereits in der Entwicklungsphase Mitarbeitern direkt am Arbeitsplatz via Intra- oder Internet zugänglich zu machen und sie z. B. in Form einer Befragung in die Testphase der Werbespots mit einzubeziehen. Darüber hinaus gibt es bereits seit Anfang des Jahres eine Generation von „MP 3-Rekordern", die - neben der Speicherung von Musiktiteln - mittels eines eingebauten Mikrofons als Diktiergerät genutzt werden können. Anschließend kann der gesprochene Text direkt in das firmeneigene Intranet eingespeist werden.

Der jüngste gebräuchliche Kodierstandard MPEG 4 geht sogar noch einen Schritt weiter. Obwohl die Rahmendaten für diesen Bild- und Tonstandard bereits seit einigen Monaten feststehen, wurde dieses erst Anfang April von den zuständigen Gremien verabschiedet. Kürzlich wurde die erste Videokamera mit diesem Standard vorgestellt. Sie zeichnet bewegte Bilder und Töne in der Form auf, daß sie unmittelbar ins Internet eingespeist werden können. Auf einer fast papierdünnen Smartmedia-Karte befindet sich ein Chip, der die Digitalinformationen entgegen nimmt. Daber werden die Bild- und Tondaten stark reduziert und die genaue Festlegung auf eine bestimmte Anzahl von Einzelbildern je Sekunde aufgehoben. Die Bildgröße ist frei skalierbar. Bewegungen werden auf dem Bildschirm so flüssig gezeigt, wie es die Stärke des Datenflusses erlaubt (Tunze, 1999). Daneben soll MPEG 4 neben digitaler Videokompression auch "digitale Wasserzeichen", ein nicht zu löschenden Copyright-Vermerk in den Filmdaten, und multimediale Informationsverknüpfungen im Film selbst unterstützen.

Durch diese Neuentwicklung können auch der Einsatz von Business-TV in Unternehmen in eine neue Dimension gelangen: Statt aufwendiger TV-Produktionen könnten Videos aus allen Bereichen des Unternehmens (z. B. Kundengespräche, Interviews, kurze Statements, eige Live-Berichte) bereits wenige Stunden oder sogar Minuten, nachdem sie aufgenommen wurden, ins Intranet eingespielt und damit den Mitarbeitern zugänglich gemacht werden.

Zwar sind die Verfahren der Datenkompression über MPEG und die Verschüsselungstechnik für Zahlprogramme über DVB standardisiert, nicht aber die Software des Betriebssystems und die Schnittstellen für andere Anwendungen. Auf dem europäischen Markt konkurrieren Systeme wie Open TV, Media Highway und d-box Network um mögliche zukünftige Standards. Dies bedeutet, daß die verschiedenen Systeme nur die vom Betreiber der jeweiligen Plattform angebotenen Programmpakete erreichen. Notwendig wird hier eine Funktion zur Freischaltung von Zahlprogrammen (Conditional Access/CA). Über das Telefonnetz als Rückkanal kann sich der Kunde bestimmte Sendungen freischalten lassen. Die frei angebotenen Programme können mit jedem DVB-kompatiblen Decoder empfangen werden.

Während Digitalfernsehen im Konsumentenmarkt eher stagniert, zeichnen sich beim Business-to-Business Einsatz dynamischere Entwicklungen ab: In den USA gibt es rund 150 Business-TV-Netzwerke, in Europa sind es etwa 50 und in Deutschland gibt es neben vielen Pilotprojekten ein gutes Dutzend Unternehmen, die Business-TV gezielt einsetzen. Dazu gehören die Mercedes Benz AG, die Bausparkasse Schwäbisch Hall, die Kaufhausketten Allkauf und Kaufhof, der Computerhersteller Compaq sowie Niederlassungen US-amerikanischer Firmen, beispielsweise Microsoft, Hewlett Packard und der Datenbankhersteller Oracle. Im Frühjahr 1998 startete der Kölner Versicherungskonzern Gerling das "Gerling interaktive Informations- und Schulungssystem" (GISS), ein auf Business-TV basierendes interkatives System mit Rückkanal.

Einen mehrtägigen Pilotversuch startete auch der Geschäftsbereich PC der Siemens Nixdorf Informationssysteme (SNI) mit "scenic.tv" während der CeBIT im März 1998. Via Business-TV wurden an 5 Werktagen die Mitarbeiter in den Werken Augsburg, München und Wien über die Aktivitäten des Bereichs PC auf der CeBIT informiert. Die über Satellit ausgestrahlten Sendungen waren etwa 30 Minuten später über das SNI-Intranet anrufbar. Bereits im Januar 1997 sammelte die Bankakademie - zusammen mit mehreren Großbanken - erste Erfahrungen bei einer von ProSieben in Unterföhring produzierten Sendung zum Thema "Anlageberatung/Versteuerung von Wertpapieren". Sie wurde über den Astra-1D-Satelliten ausgestrahlt und in den Studienorten Hamburg, Berlin, Frankfurt und München jeweils von einer "d-Box" empfangen.

Im vergangenen Jahr startete außerdem das Ministerium für Wirtschaft und Mittelstand, Technologie und Verkehr in Nordrhein-Westfalen eine Initiative zur Förderung des Einsatzes von Business-TV besonders bei mittelständischen Firmen, die eine hohen Informations- und Weiterbildungsbedarf haben. Hier wird besonders die Entwicklung von Konzepten und Organisationsmodellen unterstützt, die für Mittelständische Unternehmen effizient und kalkulierbar sind.

Business-TV - so wie es in diesem Beitrag dargestellt wird - richtet sich an einen bestimmten und begrenzten Empfängerkreis und nicht an die Allgemeinheit. Somit wird es aus medienrechtlicher Sicht nicht als Rundfunk eingestuft. Dadurch erspart sich ein Unternehmen aufwendigen Prozeß der Lizensierung bei den Landesmedienanstalten. Sobald aber das Unternehmen seine Programme an die Allgemeinheit, etwa an Kunden oder Aktionäre, senden möchte, stellt sich die Situation anders dar. Doch selbst wenn es gelingt, eine Lizenz für einen eigenen Kundenkanal zu erhalten, bedarf es der bereits geschilderten aufwendigen technischen Installationen, damit nur die gewünschte Zielgruppe in den Genuß der Programme kommt; es sei denn, die Verbreitung erfolgt via Internet und einem Zugangscode.

3. Erfahrungen der Kreditinstitute mit Business-TV

3.1 Übersicht Finanzdienstleister

Banken und Finanzdienstleister gehören zu den Vorreitern bei der Anwendung neuer Technologien. Nach einer Umfrage der Zeitschrift "Business Computing" (jetzt: IT Mangement) im Herbst 1996 setzten 30% aller Versicherungen und 15% aller Banken aktiv Multimedia ein und über 50% wollten es in der Zukunft tun. Die derzeitigen Anstrengungen in Richtung Online-Banking und digitale Zahlungssysteme verstärken den Trend zum Einsatz von Multimedia auch in der Qualifizierung von Mitarbeitern.

Viele Kreditinstitute begegnen den veränderten Rahmenbedingungen und dem zunehmenden Wettbewerb mit einer einschneidenden Umgestaltung der internen Organisationsstruktur, die über die bisherigen Optimierungsschritte weit hinausgeht. Dabei trifft man z. B. auf Maßnahmen zur Qualitätsicherung, wie Total Quality Management, oder die Optimierung der Wertschöpfungskette (Outsourcing, Standardisierung und Automatisierung) sowie eine neue Sicht der Markt- und Kundenbeziehung und damit verbunden einer geänderten Ausrichtung. Kundensegmentierung, nachfrageorientierte Filialstruktur, Anpassung der Betriebsgrößen, bedarfsgerechte Angebote und transparente Produktportfolios sind wesentliche Elemente einer deutlich stärkeren Markt- und Kundenorientierung.

Für die interne Mitarbeiterqualifizierung hat der Veränderungsprozeß in den Banken eine Reihe von neuen Ansätzen mit sich gebracht, auch in der Personalentwicklung. Dort wird die an Hierarchien orientierte traditionelle Laufbahnentwicklung durch strategie- und innovationsorientierte Modellentwicklungswege ersetzt. So hat beispielsweise die Deutsche Bank ihr Karriereverständnis in den letzten Jahren grundlegend gewandelt: Statt einer Titel-Hierarchie gibt es nun Verantwortungsstufen, die durch Funktionsbeschreibungen deutlich gemacht werden, so daß zielgerichteter qualifiziert werden kann; Teil dieses Konzepts ist ein flexibleres und stärker leistungsbezogenes Vergütungssystem (Svoboda/Woermann, 1996).

Beim Einsatz von Business-TV verfügen Banken teilweise über umfangreiche Erfahrungen.

Seit April 1997 betreibt die Bayerische Hypo- und Vereinsbank (begonnen wurden das Projekt vor der Fusion mit der Hypo von der Vereinsbank) ihren Fernsehkanal "VIA" (Vereinsbank Information Audio-visuell), der primär die derzeit ca. 400 angeschlossenen Filialen morgens 15 Minuten lang über aktuelle Entwicklungen informiert und den Vertriebsmitarbeitern als Motivationshilfe dienen soll. Alle Filmbeiträge werden per Satellit mit einer Bandbreite von 5 Mbit pro Sekunde in zwei Formaten übertragen: Für den Fernsehempfang wird MPEG 2 für eine professionelle Bildqualität verwendet, MPEG 1 wird für die Verwendung in speziellen PCs ausgesendet. Die Fernsehgeräte und die PCs befinden sich in eigens dafür eingerichteten Empfangsräumen. Die gleichzeitige Aussendung für Fernseher und PC erlaubt es den Mitarbeiterinnen und Mitarbeitern Fernsehmitschnitte am PC gezielt zu suchen und anzusehen. Mittelfristig ist eine komplette Einbindung in das Intranet der Bank geplant.

Am 5. Mai 1997 startete die Deutsche Bank mit einem großen Feldversuch in 100 Filialen, die über Satellit ausgesendete Nachrichten-, Magazin- und Bildungssendungen empfangen konnten. Deutsche Bank TV ist mittlerweile das größte Business-TV-Projekt in Europa wird von der TaunusFilm GmbH in Wiesbaden produziert. Als wesentliches Instrument der internen Kommunikation können täglich werktags von rund 42000 Mitarbeitern in über 1200 Filialen 12 Stunden Sendung empfangen werden. Satcom Gemini und DeTeSystem, das Systemhaus der Telekom, sorgen für Produktion und Aussendung des Deutsche-Bank-Kanals: In einem eigens für die Deutsche Bank in Frankfurt ausgestattetem Studio werden so z. B. das Nachrichtenmagazin IN, Liveübertragungen von Veranstaltungen, ein IBC Briefing (von Analysten für Händler) oder eine Informationsreihe über neue Produkte produziert, über Glasfaserleitungen zur DeTeSystem nach Neu-Isenburg geschickt und von dort per Satellit zu den angeschlossenen Filialen ausgestrahlt. Doch der Empfängerkreis muß sich nicht nur auf die Beschäftigten eines Unternehmens beschränken. So könnten externe Partner oder Kunden in diesen Informationsfluß einbezogen werden. Auch hier ist die Deutsche Bank Vorreiter und erprobt bereits Kunden-TV-Systeme, um möglichst ohne Streuverluste mit ihren Kunden kommunizieren zu können.

3.2 Pilotprojekt der Bankakademie

Bereits im Herbst 1996 haben die Vorstandsbanken der Bankakademie, BHF-Bank, Deutsche Bank, Dresdner Bank, Commerzbank, Hypo-Bank und Vereinsbank einen Arbeitskreis ins Leben gerufen, der unter Leitung der Bankakademie eine Pilotsendung zum Thema "Anlageberatung" erstellt hat. Am 21. Januar 1997 wurde die von ProSieben produzierte Sendung über den Astra-1D-Satelliten ausgestrahlt und an den Schulungsorten Hamburg, Berlin, Frankfurt und München von jeweils einer "d-box" empfangen.

Anlageberatung und Versteuerung von Wertpapieren war das Thema der knapp einstündigen Sendung, an der 43 Studierende und 10 Dozenten des Bankfachwirt-Studiums der Bankakademie teilnahmen. In der ersten halben Stunde wurde ein Fallbeispiel gezeigt und von Experten erläutert. Im zweiten Teil konnten die Studierenden anrufen und live Fragen an die Bankakademie-Experten im ProSieben-Studio richten. In den Räumen der Frankfurter Hochschule für Bankwirtschaft beobachteten Vertreter des Vorstands der Bankakademie die Sendung. In der Pilotsendung wurde ein im Computer erzeugtes, "virtuelles" Studio verwendet. Alle Schulungsräume waren mit einem Fernsehgerät, einer d-Box und einem Telefonanschluß ausgestattet.

Die Pilotsendung war nach der Ausstrahlung das aktuelle Thema des Internet-Auftritts der Bankakademie (www.bankakademie.de). Angeboten wurden die Erläuterungen der Experten (inkl. Grafiken und Formeln) aus der Sendung, die Lebensläufe der Experten sowie die Möglichkeit zur Teilnahme an Diskussionsgruppen. Zusätzlich sorgte eine Verbindung zur Gruppe Deutsche Börse für aktuelle Daten zur Kursentwicklung. Nach der Pilotsendung stiegen die Zugriffe auf den WWW-Rechner der Bankakademie stark an. Bis zu dreitausend Seitenanfragen pro Tag dokumentierten das Interesse.

Abb 1: „Ablauf der Sendung“

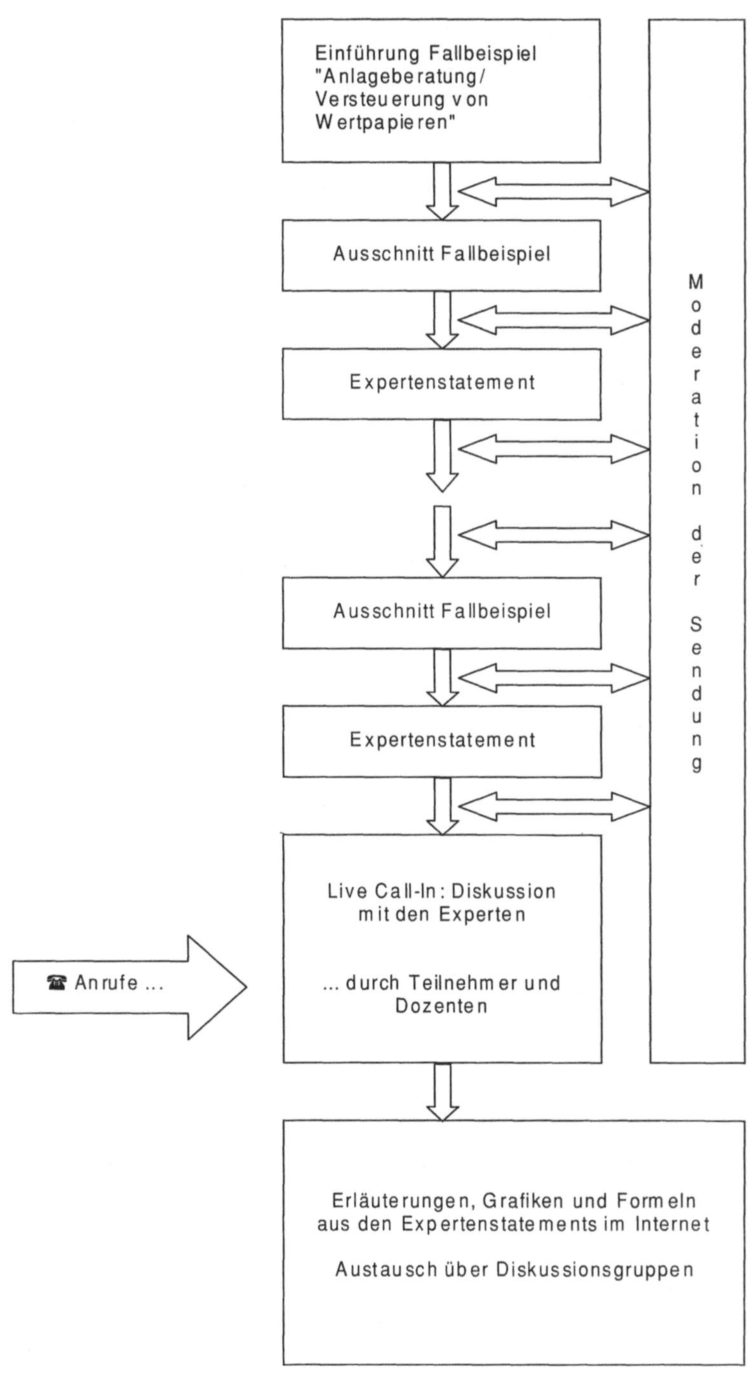

Die Teilnehmer der Pilotsendung wurden unmittelbar nach der Sendung zu ihrer spontanen, subjektiven Einschätzung befragt. Die Pilotgruppe wurde verglichen mit 38 Studierenden aus verschiedenen deutschen Städten, die das selbe Thema in traditionellen Seminaren erarbeitet hatten. Die Kontrollgruppen, die die Pilotsendung nicht verfolgt hatten, wurden instruiert, sich vorzustellen, wie Ihnen wohl eine Business-TV-Sendung gefallen würde. Sie schätzten die Möglichkeiten des Digital-TV weit skeptischer ein. Der Vergleich der mittleren Akzeptanzbeurteilungen beider Gruppen zeigt, daß Studierende, welche die Sendung nicht gesehen haben, dem Fernsehen kaum zutrauen, daß es praxisnahe und gut strukturierte Expertenerläuterungen vermittelt. Studierende, die die Pilotsendung verfolgt haben, sind davon weitaus mehr überzeugt. Beide Gruppen bewerten die Möglichkeit, einen Praxisfall beispielhaft darzustellen hingegen vergleichbar gut. Die Gesamtbeurteilung verdeutlicht, wie stark die Pilotgruppe das Business-TV positiver bewertet als die Kontrollgruppen: Die Kontrollgruppe vergibt im Mittel die Bewertung "eher schlecht", die Pilotgruppe hingegen "gut".

Abb. 2: „Renditeberechnung"[1]

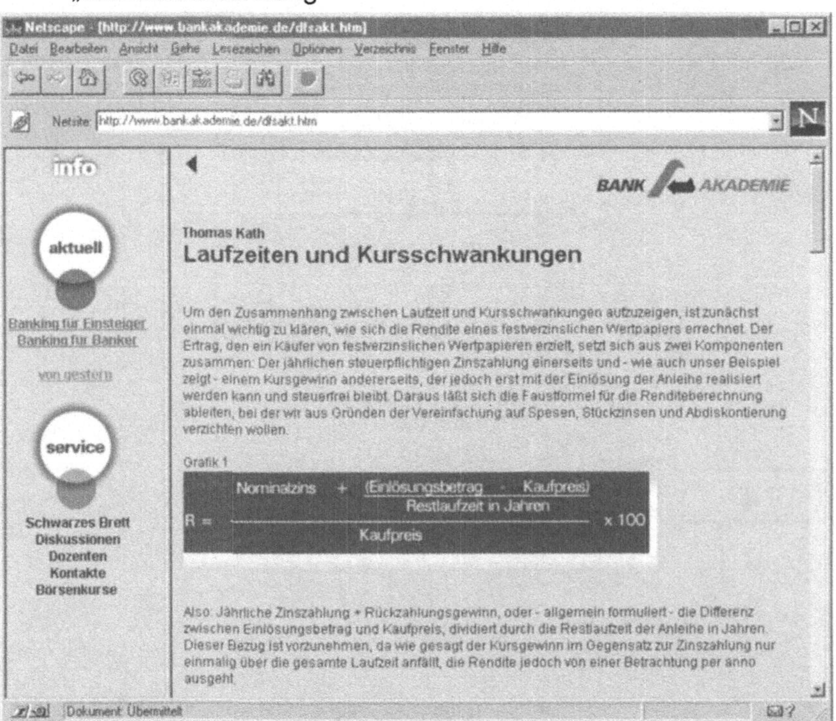

Die Lernergebnisse wurden in drei Abschnitten erfaßt:

1. Faktenwissen bestehend aus einzelnen Aspekten relevanten Fachwissens,

---

[1] Im World Wide Web sorgten Erläuterungen und Grafiken der Experten, Diskussionsforen sowie aktuelle Börseninformationen für eine gezielte Nachbereitung der Pilotsendung.

2. Zusammenhangswissen bestehend aus mehreren, miteinander verbundenen Elementen,
3. Verhaltensaufgaben, in denen aus beispielhaft vorgegebenen Verhaltensmustern jeweils das beste herausgesucht werden mußte.

Alle drei Fragebereiche wurden durch jeweils fünf Fragen abgedeckt; in jedem Bereich waren maximal zwanzig Punkte erreichbar. Die Berufserfahrenen haben im Vergleich zu den weniger Erfahrenen keine besseren Testergebnisse. Je besser die Bewertung der Sendung ausfiel, desto höher waren die entsprechenden Punktzahlen im Wissenstest. Die Pilotgruppe schneidet im Test deutlich besser ab als die Kontrollgruppe: Im Mittel erzielen die Teilnehmer der Pilotsendung eine Gesamtpunktzahl von 42 Punkten, die Kontrollgruppe hingegen nur 33 Punkte. Vergleicht man die Mittelwerte aus den drei Bereichen des Wissenstests, so zeigt sich, daß die Teilnehmer der Pilotsendung in allen drei Wissensbereichen –statistisch signifikant– besser abschneiden als die Kontrollgruppen.

Abb. 3: "Vergleich der Testergebnisse"

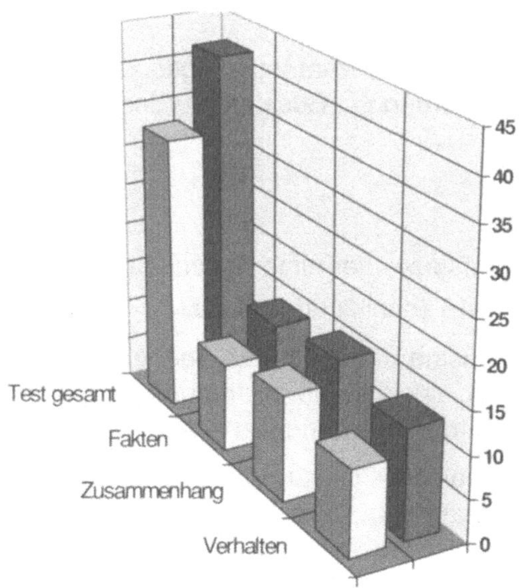

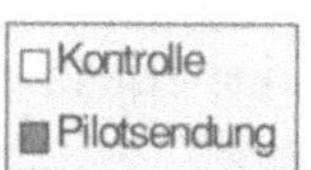

Vergleich der Testergebnisse Kontrollgruppen und TV-aufgeschlüsselt nach Fakten-Zus.- und Verhaltenswissen
Quelle: Evaluationsbericht Bankakademie zur

4. Einsatz von Business-TV und Videokonferenzen in der Mitarbeiterqualifizierung

4.1 Qualifizierung als unabdingbare Quarschnittsaufgabe

Die bereits genannten Ziele von Business-TV, wie schnelle und ansprechende Vermittlung von Informationen oder die Zeit- und Kosteneinsparungen bei der Mitarbeiterqualifizierung, sind zugleich die Vorteile von Business-TV. Dagegen stehen jedoch die hohen Produktions- und Aussendungskosten. Dieses erfordert in der Anfangsphase teilweise eine enorme Investition, die aber bei genauer Betrachtung vielfach zu einer effizienteren Form der Mitarbeiterqualifizierung führt. Dazu kommt bei den Mitarbeitern sicherlich das stärkere "Wir-Gefühl", da sie intensiver in die Unternehmenskommunikation einbezogen werden. Nicht zu unterschätzen ist beim Einsatz von Business-TV oder allgemein computergestützten Qualifizierungsmaßnahme aber, daß eine Ergänzung durch das persönliche Gespräch und durch verhaltensorientierte Trainings auch weiterhin notwendig sein wird. Präsentationen vor einer Gruppe können nur unzureichend via Business-TV simuliert werden. Es nehmen jedoch manche Mitarbeiter aktiver an Konferenzen teil, wenn sie als Videokonferenz durchgeführt werden und so eine etwas größere Anonymität und einen Abstand zu den Konferenzteilnehmern schaffen.

Eine ernst zunehmende Alternative zu den als Präsenzveranstaltungen durchgeführten Seminaren und Workshops ist die Qualifizierung via Business-TV jedoch nur dann, wenn Voraussetzungen, wie

- eine schnelle Qualifizierung auf Abruf,
- vollständig dargestellte Inhalte,
- der bedarfsgerechte Zuschnitt des Wissens bzw. der Informtationen und
- der effiziente Einsatz von Ressourcen, wie Technik und Software,

erfüllt sind. Es muß im Rahmen der Qualifizierungsmaßnahme z. B. über Rückkanal, eMail oder elektronische Diskussionsforen stets ein direkter Erfahrungsaustausch zwischen den Mitarbeitern (ggf. inklusive eines Tutors) gewährleistet sein.

Die Unternehmen legen immer größeren Wert auf die Qualifizierung in den Bereichen Persönlichkeitsentwicklung, Personalmanagement, Gestaltung der Unternehmenskultur und „Erfolgreiches Verkaufen". Hier werden intensiver Maßnahmen nachgefragt, die in kurzer Zeit einen großen Mitarbeiterkreis erreichen. Das funktioniert aber nur, wenn ein gut ausgebautes Netzwerk vorhanden ist. Bisher bedeutete diese, ausreichend und flächendeckend Trainer oder Partner für die Mitarbeiterqualifizierung zur Verfügung zu haben, um diese Maßnahmen zeitnah durchführen zu können. Doch neuerdings greifen Unternehmen stärker auf Intranet-, Extra- oder Internet-basierte Maßnahmen zurück. Und damit gewinnt Business-TV, wenn es denn in ein solches Netzwerk integriert wird, sicherlich weiter an Bedeutung. Die ersten Ansätze, die Mitarbeiter zu einem bestimmten Zeitpunkt an einem bestimmten Ort zu versammeln, um den Mitarbeitern eine Business-TV-Sendung vorzuführen, waren nicht sehr erfolgreich. Hier muß eine rasche Weiterentwicklung in Richtung "Net-TV" erfolgen. In Deutschland setzt in diesem Zusammenhang erst langsam eine Entwicklung ein, die in den Vereinigten Staaten bereits in vollem Gange ist: die Etablierung von Plattformlieferanten für große Autraggeber - Konzerne, die Weiterbildungsleistungen am Markt einkaufen. Sie wollen es nicht mehr mit vielen, sondern nur noch mit einem Lieferanten zu tun haben.

4.2 Evaluation und wissenschaftliche Ansätze

Die Evaluation dieser neuen Formen der Mitarbeiterqualifizierung ist jedoch nach wie vor ein sehr große oder zu große Herausforderung für die Unternehmen. Während sich Seminare noch relativ einfach bewerten und auswerten lassen, muß bei Business-TV oder netz-basierten Qualifizierungsmaßnahmen ein anderer Ansatz gewählt werden, zumal diese nicht immer abgeschlossene Aktionen sind, nach denen ein Erfolg direkt, z. B. in Form von höheren Verkaufszahlen, gemessen werden kann. In einer Umfrage für das Jahrbuch "Seminare 1999" erklärten rund 28 % der Anbieter von Qualifizierungsmaßnahmen, daß die Evaluation bei ihrer Arbeit keine Rolle spiele (FAZ, 29.3.1999). In den vergangen Jahren gab es verschiedene Projekte und Untersuchungen, die sich wissenschaftlich mit dem Einsatz und der Wirksamkeit von Multimedia allgemein, aber auch mit Business-TV und Videokonferenzen befaßt haben. Dabei wurde Mulitmedia mit Printmaterialien und Präsenzveranstaltungen verglichen. Es hat sich bei Kreditinstituten deutlich gezeigt, daß der stärkere Einsatz von Online-Banking-Diensten die Einführung von Technologien wie Business-TV und Intranet zur Mitarbeiterqualifizierung beschleunigt hat.

Aus ökonomischer Sicht zeigte sich bei einigen Projekten, daß die Kosten beim Einsatz von Multimedia drastisch reduziert werden können. Trotz vielversprechender Pilotprojekte wird jedoch der praktische Nutzen von Multimedia in der Weiterbildung und Qualifizierung von Mitarbeitern vielfach nicht deutlich hervorgehoben (Cummings, 1995). Van den Berg und Watt verglichen 1991 den Einsatz von Multimedia mit Präsenzveranstaltungen, und zwar ergänzend zu oder als Ersatz für Präsenzveranstaltungen. Sie kamen zu dem Ergebnis, daß objektiv gesehen die "akademische Performance" der Multimedia-Nutzer keine Unterschiede zu denen der Teilnehmer aufwies, die die Präsenzveranstaltungen besucht haben. Der Einsatz der Multimediatechnologie wurde aber positiv gesehen. Die Teilnehmer brachten zum Ausdruck, daß sie den Einsatz von Multimedia als Ergänzung zu Printmaterialien und Präsenzveranstaltungen befürworten.

Übersichtsarbeiten unterstützen Aussagen wie diese. Kulik und Kulik führten 248 Forschungsstudien über Computer-unterstützes Lernen durch. 150 Studien waren jedoch nicht geeignet, ein signifikanates Ergebnis zu zeigen. Die anderen Studien zeigten nur einen geringfügigen Vorteil von Multimedia gegenüber Printmaterialien oder Präsenzveranstaltungen: Fehlerraten von einfachen Gedächtnistests waren 5 bis 15 % niedriger, Verbesserungen beim Lösen von Aufgaben oder Problemstellungen konnten nicht erreicht werden und die Bearbeitungszeit konnte von 100 % auf Prozentsätze zwischen 80 und 20 reduziert werden - mit einer durchschnittlichen Reduktion der Zeit auf 70 %. In Anbetracht, daß alle Studien in die Übersichtsarbeiten einbezogen wurden, erreichte der Einsatz von Multimedia nur ein geringes positives Ergebnis (Hasebrook, 1995). Somit spart der Einsatz von Multimedia zwar einiges an Zeit ein und reduziert die Fehlerraten von einfachen Geächtnistests. Es konnte aber nicht bestätigt werden, daß Multimedia in der Weiterbildung als generelles „Problemlösungswerkzeug" sehr effektiv ist.

Clark und Craig (1992) untersuchten verschiedene Meta-Analysen und bezogen die Analyse von Kulik und Kulik mit ein (1991; Kulik, Bangert-Downs & Williams, 1983; Kulik, Kulik & Cohen, 1980). Sie kamen dabei zu folgenden Ergebnissen:

- Multimedia sind nicht die Faktoren, die das Lernen unmittelbar beeinflußen.
- Die gemessenen Lernerfolge sind sehr wahrscheinlich auf die veränderten Unterrichtsmethoden zurückzuführen.
- Audio-visuelle Medien führen nicht automatisch zu besserem Behalten, wie manchmal behauptet wird (Paivio, 1986).

Es gibt aber auch einige vielversprechende Studien, die zeigen, daß Mulitmedia möglicherweise den Lernprozess erleichtert. Die Software Publishers Association (1995) betrachtete rückwirkend die Unterrichtsmethoden im Rahmen von 133 Studien, die in verschiedenen us-amerikanischen Schulen zwischen 1990 und 1994 durchgeführt wurden. Dabei konnte gezeigt werden, daß es beim Einsatz von Multimedia insgesamt bessere Testergebnisse gab, eine Steigerung der Selbständigkeit und der Interaktion zwischen Lehrer und den Schülern zu verzeichnen war. Verschiedene andere Studien haben bestätigt, daß Multimedia-Applikationen das Lernen unterstützen, wenn die individuellen Fähigkeiten und Fertigkeiten den Anforderungen der Lernaufgaben und der Funktionalität des Multimediasystems entsprechen (z. B. Reynolds & Danserau, 1990; Barba & Armstrong, 1992; Barba, 1993; Mayer & Sims, 1994).

Audio-visuelle Medien in der Weiterbildung führen nicht automatisch dazu, daß sich die Nutzer die Inhalte besser merken (Salomon, 1984). Deshalb ist es notwendig, Strategien und Konzepte für Nutzer zu entwickeln, um Multimedia-Applikationen sinnvoll einzusetzen. Zusätzlich ist es nötig, das System an die individuellen Fähigkeiten und die gesamte Lernumgebung anzupassen (Schulmeister, 1996; Larkin & Chaby, 1992).

Schon Kinder betrachteten Fernsehen als ein Medium, mit dem sie einfacher lernen können als mit Printmaterialien. Sie müssen allerdings dazu angewiesen werden, bei der „Tätigkeit Fernsehen" etwas zu lernen. Die TV-Reihe Tele-Kolleg im öffentlich-rechtlichen Fernsehen war in den siebziger Jahren und Anfang der achtziger Jahre recht erfolgreich. Auch hier wurde bereits durch die Verknüpfung von gesprochenem und auf dem Bildschirm gezeigten Text und teilweise mit Videos angereicherten Darstellungen multimedial Wissen vermittelt.

Des weiteren wurden in der Forschnung zusätzliche Anforderungen formuliert, um den Einsatz von Audio-visuellen Medien wirksamer zu gestalten. So steigern beispielsweise „bewegte Bilder" das Begreifen oder Verstehen von Inhalten, wenn sie ähnlich aufgebaut sind wie erklärende Texte. Es gibt aber keinen positiven Effekt, wenn die Bilder starke Emotionen hervorrufen - z. B. wenn sie Gewalt und Krankheit zeigen. Auch wenn Videopräsentationen allein nicht das Lernen erleichtern, so wirkt sich doch der Wechsel von Präsentationsmethoden und -medien positiv auf das Verarbeiten und Behalten von Informationen aus (Brosius & Kayer, 1991; Brosius & Mundorf, 1990). Allerdings existieren bisher nur wenige aussagekräftige Studien über die Wirksamkeit auf das Lernverhalten der Nutzer bzw. Mitarbeiter und auf die Corporate Identity und die Kommunikationsprozesse innerhalb des Unternehmens (Sproull & Kiesler, 1992; Hasebrook, 1996).

Doch in einigen Feldstudien zum Einsatz von Videokonferenzen wurden auch die Grenzen deutlich. Es zeigte sich, daß 70% der Teilnehmer Probleme mit der Nutzung dieses Mediums haben, 80% berichteten von Schwierigkeiten, Augenkontakt per Videoübertragung herzustellen (Antoni et al. 1987). In Laborstudien fanden die selben Autoren heraus, daß Videokonferenzen im Gegensatz zu direktem Kontakt ein weniger positves Gefühl für die Gesprächssituation vermitteln und die Diskussionen mehr „problemzentriert“ sind. Videokonferenzen seien daher, im Gegensatz zu Computerkonferenzen, kürzer als persönliche Diskussionen. Williams (1987) bestätigte in einer Feldstudie die Ergebnisse von Bruce (1991), daß Videokonferenzen wenig Vorteile gegenüber einfachen Telefonkonfernzen haben. Weick (1987) dokumentierte, daß nicht nur soziale Signale, wie Status, sondern auch fast alle wichtigen körperlichen Signale durch eine Computer- oder Videokonferenz ausgeblendet werden, so daß Ergebnisse oft verfälscht werden, wenn es wichtig ist, Streß- oder Angstsignale des Gegenüber zu verstehen.

Unterschiedliche Studien vergleichen Kommunikation via eMail, Video-Konferenzen, Telefonkonferenzen und persönliche Kommunikation. Diese Studien fanden heraus, daß Video-Konferenzen stärker dem Telefonieren als der persönlichen Kommunikation entsprechen. Einfache eMail-Konferenzen können verschiedene Vorteile bieten, wie Sproull und Kiesler (1991; Kiesler, 1992) entdeckten: Sie nehmen zwar nicht weniger Zeit in Anspruch als persönliche Kommunikation, aber elektronische Post führt häufiger zu Verständigungen, Absprachen und Kontakten. Zusätzlich ermöglichen Konferenzen über eMail eine gleichmäßigere Beteiligung als dieses bei persönlichen Diskussionen der Fall ist. Diese Vorteile der Multimedia-Technologien versuchen auch die Banken immer intensiver bei der der Qualifikation der Mitarbeiter und der internen und auch externen Kommunikation zu nutzen.

Neuere Entwicklungen zeigen bereits die nächste Generation von Videokonferenzen. Zukünftig wird man sich bei Videokonferenzen nicht nur sehen und hören, sondern auch in Echtzeit zusammen arbeiten können. Jeder, der über seinem Personal-Computer audiovisuell mit anderen kommuniziert, kann an einem gemeinsamen Dokument arbeiten. Möglich wird dieses durch den neuen Standard für das sogenannte "Application Sharing" T.120, der die angeschlossenen Computer im Netzwerk synchronisiert. Um mitarbeiten zu können, wird eine interaktive Tafel (Whiteboard) angeschlossen, auf die man das PC-Bild projiziert und auf der ein Vortragender mittels eines elektronischen Stifts (ähnlich einer Maus) Eingaben machen kann, die dann alle Teilnehmer sehen.

5. Einbindung in ein Intranet-basiertes Informations- und Kommunkationsnetzwerk des Unternehmens

5.1 Business-TV als Teil des unternehmerischen Informations- und Kommunikationskonzepts

Die erfolgreiche Implementierung von Business-TV in die Organisations-, Informations- und Kommunikationsstrukturen des Unternehmens erfordert ein gut durchdachtes und abgestimmtes Projektmanagement bereits im Vorfeld des Projektes. Der Nutzen der im Rahmen des Business-TV-Projektes geplanten Investitionen muß sowohl für die Führungsebene des Unternehmens als auch für die Mitarbeiter und sicherlich auch für die Kunden transparent werden und für die Kommunikation und die Qualifizierung der Mitarbeiter eine deutliche Verbesserung bringen. Eine wesentliche Rolle spielt das Verhältnis des Unternehmensbereiches Informationstechnologie zu den anderen Abteilungen. Hier entscheidet sich das Maß an Zentralität bei der Auswahl der Produkte oder Beiträge für Business-TV- und Intranet-Projekte, beim Informationsmanagement und beim Betrieb der internen Web-Server (FAZ, 21.12.1998). Es müssen auch die bereits im Unternehmen eingesetzten Medien berücksichtigt werden. Vielfach wird durch den parallelen Einsatz mehrere neuer Medien und Plattformen im Unternehmen eine Informationsüberflutung erzeugt, die bei den Mitarbeitern eine Abwehrreaktion auslösen kann und zur Überforderung einzelner Gruppen von Mitarbeitern beim „Handling der Multimediatechnik" führt. Deshalb sollte das Business-TV nicht als reines "Konsumentenfernsehen" mit dem Zwang zum sofortigen gedanklichen Verarbeiten der Informationen, sondern als sinnvolle und modern aufgemachte Vermittlung von Wissen und aktuellen Informationen verstanden werden. Darüber hinaus muß ein mehrfacher Zugang zu den bereits ausgestrahlten Beiträgen möglich gemacht werden.

Durch den Einsatz von modernen Informations- und Kommunikationstechnologien, wie beispielsweise Business-TV, kann die Abwesenheit des Mitarbeiters vom Arbeitsplatz reduziert werden. Es werden also neben dem Prestigegewinn auch Kosten- und Zeitvorteile erreicht. Doch wie hoch ist der Nutzen von Business-TV sowohl für den einzelnen Mitarbeiter als auch das Unternehmen tatsächlich? Und aus unternehmerischer Sicht besonders interessant: wie läßt sich dieser Nutzen sinnvoll ermitteln? An welchen Faktoren kann der Einsatz und Erfolg (oder Mißerfolg) gemessen werden? Aufgrund des zunehmenden Kostendrucks bei der Qualifizierung von Mitarbeitern gewinnt ein effizientes Kosten- und Erfolgscontrolling zunehmend an Gewicht. Ein größes Problem ist hierbar nach wie vor die monetäre Nutzenquantifizierung. Banken müssen versuchen, für nicht quantifizierbare Erfolgsgrößen qualitative Ersatzgrößen zu definieren, mit den der Weiterbildungs- bzw. Qualifizierungserfolg gemessen werden kann (Kredelbach, 1998). Denkbar wären Kennzahlensysteme, die sich aber nicht nur an einem kurzfristigen Erfolg von Business-TV-Projekten orientieren dürfen. Vielmehr ist ein an unterschiedlichen Zielen und Zeitspannen bei teilweise parallel laufenden Projekten orientiertes Kennzahlensystem notwendig, um den Einsatz der neuen Informations- und Kommunikations-technologien betriebswirtschaftlich vernünftig fassen zu können. Die Basis hierfür bietet eine projektbegleitende Evaluation, die bei mehreren durchgeführten (und vergleichbaren) Projekten sicherlich zu einer höheren Bewertungsgenauigkeit führt. Außerdem kann so dokumentiert werden, ob das Medium von den Mitarbeitern und Kunden angenommen wird und sich in die Unternehmensstruktur einpaßt. Für diese Dokumentation muß ein einheitliches Untersuchungsdesign entstehen, daß im Rahmen der statistischen Auswertungsmöglichkeiten zu verläßlichen Aussagen führt und nicht nur Meinungen oder Trendaussagen unterstützt (Hasebrook, im Druck).

Eine große Bedeutung kommt natürlich auch der redaktionellen Arbeit für die Business-TV-Beiträge zu, die in Form eines über das Business-TV-Projekt weit hinausgehenden medienübergreifenden Redaktionssystem organisiert sein sollte. Dadurch wird verhindert, daß um des Selbstwillens jede neue Information möglichst über Business-TV verbreitet wird und die Gefahr besteht, dieses Medium überzustrapazieren. Im Interesse einer optimalen Nutzung der verschiedenen Medien im Unternehmen sollte ein ausgewogener Einsatz gewährleistet sein.

Bei allen Bemühungen, neue Qualifizierungssysteme in Unternehmen zu implementieren, ist immer wieder festzustellen, daß die damit verbundene notwendige Anpassung oder Weiterentwicklung der internen Organisation oftmals nicht stattfindet. Neue Konzeptionen, wie Business-TV oder auch Intranet-basiertes Lernen, verändern die Anforderungen an einzelne Mitarbeiter und die gesamte Organisation eines Unternehmens. Lernen bzw. Qualiifizieren bedeutet aber heute nicht mehr nur Wissenvermittlung, sondern in zunehmenden Maße auch der Erwerb von umfassenden Kompetenzen, wie z. B. Problemlösungs- oder Orientierungskompetenzen. Dieser Kompetenzerwerb ist nicht nur von Einzelen, sondern auch von ganzen Organisationen zu leisten. Das geschieht am Arbeitsplatz, via Internet oder auch autodidaktisch (Albrecht u. a., 1997). Vielfach ersetzen neue Medien einfach herkömmliche Bildungsangebote. Ein Überdenken der gesamten Bildungs- und Lernarchitektur, auch unter Kosten- und Nutzeneffekten, findet selten statt. Auch werden oftmals die Anwender und Nutzer nicht in die Implementierungskonzepte miteinbezogen.

5.2 Intranet-TV

Als die fortschrittlichere Variante von Business-TV gilt das Intranet-TV. Das Intranet, das sich zunehmend auch in Form des Extranets zwischen zusammenarbeitenden Unternehmen durchsetzt, bietet zukünftig den Informationaustausch und die schnelle, effiziente und kostengünstige Verfügbarkeit von Informationen sowie die Erweiterung, das Zusammenführen und Verdichten aller Wissensquellen innerhalb des Unternehmens und wird damit immer mehr zu einem der entscheidenen Wettbewerbsfaktoren (FAZ, 21.12.1998). Die Mitarbeiter sehen ihre Sendung direkt am Arbeitsplatz am PC. Das setzt eine Signalverteilung durch das EDV-Netz des Unternehmens voraus. Dementsprechend werden die Sendungen auf einem Mediaserver abgespeichert und können vom Arbeitsplatz individuell abgerufen werden.

Beim Intranet-TV werden alle Kommunikationsformen am PC gebündelt und somit vollständig in das bestehende System integriert. Der Mitarbeiter erhält neben den üblichen Programmen Textverarbeitung, Tabellenkalkulation und Grafikprogramm lediglich weitere Anwendungen auf dem Rechner. Ergänzend zu aktuellen Nachrichten und Informationen oder Qualifizierungsmaßnahmen können auch medial aufwendigere Materialien angeboten werden; dazu gehören beispielsweise Videoclips aus Fernsehsendungen, Tonmitschnitte und Animationen, die nicht unmittelbar zu den Qualifizierungsmaßnahmen gehören, aber mit den Themen verwandt sind.

Die Verfügbarbeit der digital ausgestrahlten und archivierten Beiträge am Bildschirm und die Möglichkeit, sämtliche Inhalte nach Bedarf abzurufen, ermöglichen eine individuelle Qualifizierungsplanung des Mitarbeiters. Diese Sendebeiträge bzw. Informationen können indexiert abgerufen werden, d. h. eine gezielte Themensuche mittels Stichwörtern ist möglich. Die Verzahnung der Module mit Dialogprogrammen auf jedem PC soll ein hohes Maß an Interaktivität gewährleisten. Die Aufbereitung, Indizierung und Bereitstellung der Module im Intranet der Bank soll dem Mitarbeiter einen zeit- und ortsunabhängigen Zugriff und damit den gezielten Informationsabruf für Fragestellungen in der Praxis garantieren (z. B. im Vorfeld von Verkaufsgesprächen oder bei der Entwicklung neuer Produkte).

Abb. 4: „Internet-Nachbereitung“

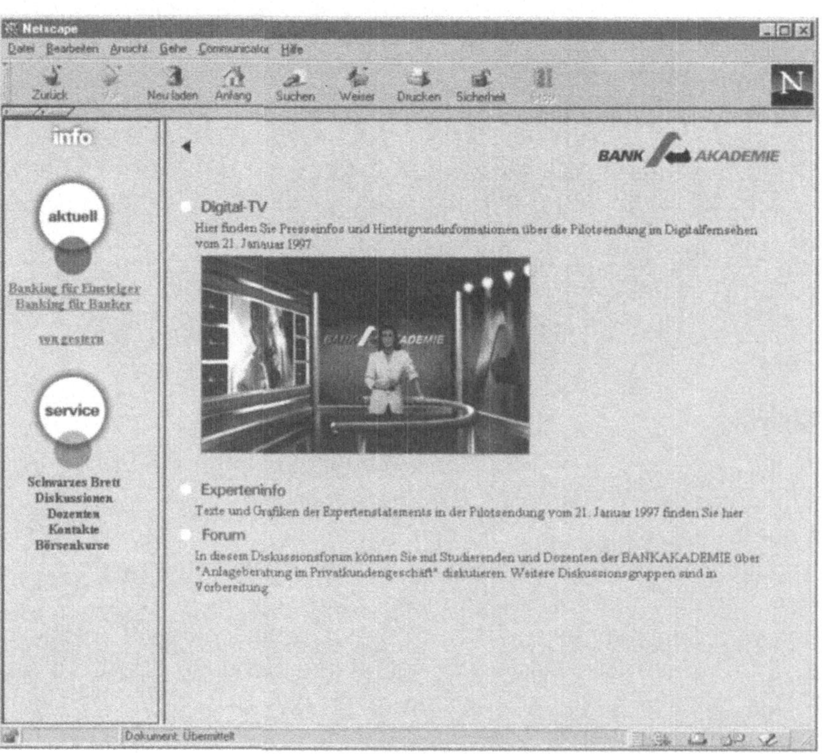

Die verschiedenen Formate, die über ein Business-TV-Programm im Intranet abgefragt werden können, lassen sich wie folgt charakterisieren:

- Live-Video: Übertragung von Live-Diskussionen, an denen der Mitarbeiter z. B. per E-Mail, Telefon oder einen Rückkanal teilnehmen kann (auch für komplexere Themen oder erklärungsbedüftige Produkte geeignet).
- Video-on-demand: Informations- und Produktvideos, die beispielsweise neue Produktentwicklungen vorstellen oder über neue Strukturen im Unternehmen informieren, können bei Bedarf abgerufen werden.
- Computer Based Training: Einzelne Module, z. B. aus Service- oder Produktschulungen, können individuell abgerufen und bearbeitet werden.
- Intranet als Mitarbeiterinformation: Unternehmensrelevante Informationen werden in elektronischer Form zur Verfügung gestellt, z. B. allgemeine Rundschreiben, neueste Daten zur Unternehmensentwicklung, Stellenausschreibungen.
- File-Transfer, File-Download: Erneuerung von Stammdaten der Produkte, Aktualisierung der Preise oder anderer Vertriebsdaten.

Als interessante Weiterentwicklung ist ein übergeordnetes Qualifizierungsnetzwerk für Banken oder auch Unternehmen anderer Branchen und Institutionen denkbar. Hier bietet sich eine technische und organisatorische Plattform für Netz-basierte Qualifizierungsmaßnahmen an, die zentral verwaltet und zur Verfügung gestellt wird.

Abb. 5: "Plattform"- Konzept

Modell eines Qualifizierungsnetzwerks für Banken (Konzept der Bankakademie)

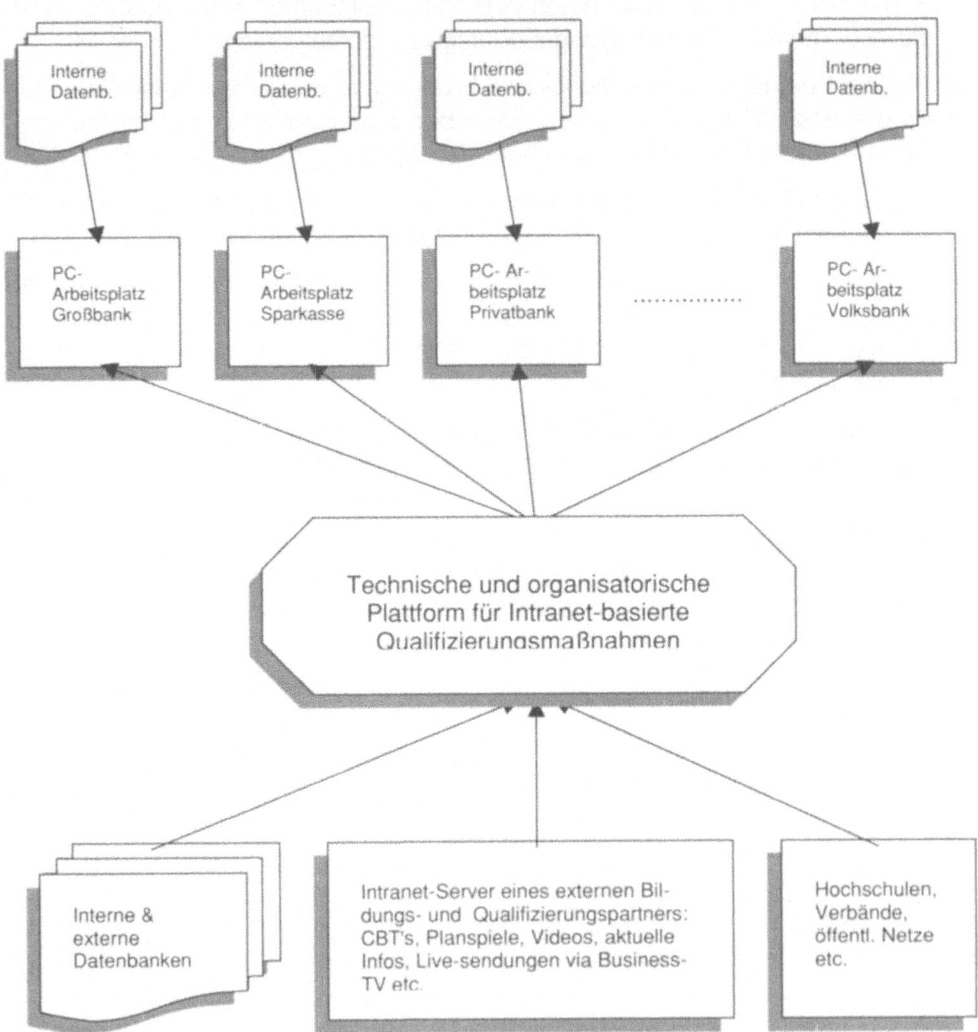

Über eine solche Plattform könnten verschiedene Unternehmen miteinander kommunizieren und gleichzeitig die Kosten für die Informationsbeschaffung, -verarbeitung und -allokation reduzieren. Die unterschiedlichen Anforderungen der einzelnen Unternehmen würden durch individuelle Nutzungsmöglichkeiten innerhalb des Netzwerkes berücksichtigt. Neben diesen individuellen Lösungen (eigenes Design, geschlossene Benutzergruppen etc.) könnten beispielsweise auch aufbereitete und für alle frei zugängliche Informationen in das Netzwerk eingebunden werden. Hier kommen z. B. Hochschulen, Verbände oder andere Institutionen auf dem Gebiet der Weiterbildung oder Mitarbeiterqualifizierung in Frage. Die seit einiger Zeit in Unternehmen ausgeprägte Tendenz zu Multimedia-Netzwerken und -Plattformen wird wohl dazu führen, daß solche Qualifizierungs-Netzwerke aufgebaut werden, bei denen Business-TV ein integrativer Bestandteil sein wird. Die Bankakademie hat dazu ein eigenes Konzept entwickelt und mit Bundesministerien und der im Aufbau befindlichen Digitalfernsehplattform "IQ-TV" des Südwestrundfunks (SWR) abgestimmt.

Literatur

Bates, R., J. (1999): Broadband Telecommunications Handbook, New York u.a.

Behrendt, E.: Multimediale Lernarrangements im Betrieb: Grundlagen der praktischen Gestaltung neuer Qualifizierungsstrategien, Bielefeld 1998

Clark, R.E. & T.G. Craig (1992): Research and Theory on Multi-media Learning Effects, in: Giardina, M. (ed): Interactiove Multimedia Learning Environments. Human Factors and Technical Considerations on Design Issues. (NATO ASI series, F: Computer and Systems Sciences, 93), Berlin

DIHT (1998): Informationen zur Weiterbildung, 1/1998

FAZ: Frankfurter Allgemeine Zeitung, Artikel in der genannten Ausgabe

Hasebrook, J. (1995): Lernen mit Multimedia (Learning with multimedia), in: German Journal of Educational Psychology, 9(2), p. 95-103

Ders. (1996): Short Assessment and Evaluation of two Reports about Tele-learning and Cooperative Learning in Europe. Expert Opinion in Charge of the Scientific and Technical Options Assessment (STOA) of the European Parliament, Brussels

Kulik, C. & J. Kulik (1991): Effectiveness of Computer-based Instruction: An update Analysis. In: Computer in Human Behavior, 7, p. 75-94

Lauterburg, Ch. (1980), Organisationsentwicklung - Strategie der Evolution, in: Management-Zeitschrift, 1, S. 49-53

ManagerMagazin (1998): Lernen ohne Limite - Internet Spezial, März

Paivio, A. (1986): Mental Representations. A dual Coding Approach, New York

Salomon, G. (1984): Television is "easy"and Print is "tough": The Differential Investment of Mental Effort in Learning as a Function of Perceptions and Attributions, in: Journal of Educational Psychology, 76, p. 647-658

Sproull, L. & S. Kiesler (1992): Connections - New Ways of Working in the Networked Organization, Boston

Svoboda, M./Woermann., C. (1996), Neues Karriere- und Vergütungssystem - von Titel zu Verantwortungsstufen, in: Die Bank, 11, S. 644-647

Tunze, W. (1999(: Die Unterhaltungselektronik geht ans Netz, in: FAZ vom 6.4.

Geno TV als wesentlicher Bestandteil eines Informationsservices im genossenschaftlichen Finanzverbund

von Franz Axtner und Sabine Amberger*

Inhalt

* Franz Axtner ist Geschäftsführer Genossenschaftlicher Informations Service GIS GmbH, Sabine Amberger ist dort Projektmanagerin Geno TV

1. Der GENO – Verbund

Mittelpunkt des genossenschaftlichen Finanzverbundes sind die bundesweit etwa 2.000 selbständigen Kreditgenossenschaften mit einem flächendeckenden Bankstellennetz. Dazu gehören die selbständigen Volks- und Raiffeisenbanken, die Sparda-Banken und überregional tätige Banken wie z.B. die Ärzte- und Apothekerbank und die Badische Beamtenbank.

Die Banken im genossenschaftlichen FinanzVerbund werden in allen Belangen des Bankgeschäftes unterstützt durch die DG Bank AG als Spitzeninstitut und durch die zwei Zentralbanken GZ-Bank und WGZ. Im Produktbereich tragen Spezialinstitute wie z.B. die Bausparkasse Schwäbisch Hall AG für das Bausspargeschäft, die R+V Versicherung AG für das Versicherungsgeschäft und die Union Investment Gesellschaft mbH für das Fondgeschäft zu einer erfolgreichen und wettbewerbsstarken Angebotspalette bei.

In diesem vielfältigen FinanzVerbund ist die einheitliche Verbreitung und die schnelle Verfügbarkeit von Informationen und Wissen ein wesentlicher Erfolgsfaktor. Ebenso ist eine markt- und kundenorientierte Anpassungsfähigkeit unerläßlich und setzt einen regelmäßigen Austausch von Informationen voraus. Auch und gerade heterogene Organisationen wie der genossenschaftliche FinanzVerbund müssen einheitlich handeln können wie ein Konzern.

2. Die Rolle der Genossenschaftlichen Informations Service GIS GmbH

Die GIS GmbH wurde 1986 mit der Zielsetzung gegründet, das Wertpapiergeschäft des gesamten genossenschaftlichen FinanzVerbundes zu unterstützen. Seitdem zählt die Realtime-Übertragung von Finanzinformationen, Börsen- und Wirtschaftdaten zu den Kernbereichen der GIS GmbH. In Kooperation mit den regionalen Rechenzentralen wurde ein bundesweites Satellitennetzwerk geschaffen. Diese einheitliche Broadcast-Infrastruktur gewährleistet die Versorgung der Mitarbeiterinnen und Mitarbeiter aller Kreditgenossenschaften mit wichtigen Kapitalmarktinformationen und maßgeschneiderten Servicen zur Unterstützung der qualifizierten Wertpapierberatung im FinanzVerbund.

2.1 Datenverteilung über Satellit

Das technische Zentrum der GIS GmbH in Frankfurt am Main ist zugleich das elektronische Herz des Informationssystems. Hier laufen die Datenströme aus aller Welt zusammen, werden gebündelt, veredelt und über das Sendezentrum via Satellit an die angeschlossenen Verbundunternehmen verteilt. Technisches Vehikel waren anfangs die Austastlücken diverser Fernsehsender. Ab 1997 wurden dann die Informationsdienste auf ein satelliertenbasiertes System (VSAT) migriert. Dadurch wurde eine eindeutige Qualitätssteigerung in der Datenverteilung möglich.

2.2 *Multifunktional – Multimedial – Verbundweit*

Der Genossenschaftliche Informations Service GIS GmbH bietet heute die weitreichendste Plattform für eine verbundweite, einheitliche Informationslieferung und wird in naher Zukunft eine fast flächendeckende Kommunikationsstruktur darstellen. Mit der weiterentwickelten Technologie stehen jetzt drei wesentliche Dienste parallel zur Verfügung:

- Eine noch bessere und breitbandige Versorgung der Banken mit Realtime- Informationen aus dem Verbund und aus dem Kapitalmarkt.
- Ein wirtschaftlicher Übertragungskanal für die zeitgleiche Verteilung großer Datenmengen oder neuer Programme.
- Die einheitliche Umsetzung eines verbundweiten Business-TV, dem Geno TV, zur Verbesserung des Informations- und Wissensstandes innerhalb des Verbundes.

3. Business-TV für den FinanzVerbund: Geno TV

Geno TV ist kein zentral gesteuertes Organ mit zentral aufbereiteten Inhalten. Vielmehr nutzt die GIS GmbH ihre bewährten Wege der Satellitenübertragung und bietet mit der Bereitstellung einer gemeinsamen technischen Plattform allen Mitgliedern des FinanzVerbundes die Möglichkeit, in den multimedialen Dialog zu treten. Geno TV versteht sich somit als ein Angebot, dass für eine zukunftsorientierte Informationslogistik genutzt werden kann. Dabei entscheidet jedes Verbundunternehmen selbst, ob es das moderne und schnelle Kommunikationsmedium TV als ein effektives .Transportmittel. für individuelle Anforderungen und Ziele gestalten und einsetzen möchte.

3.1 *Zielsetzungen Geno TV*

Ziel der GIS GmbH ist, bis Ende 2000 alle Hauptstellen der Banken mit den Empfangsstationen für die Sendungen im Geno TV auszurüsten. Damit steht in Kürze jedem einzelnen Verbundunternehmen die Möglichkeit offen, Geno TV als gemeinsame, flächendeckende Plattform für die verbundinterne Information, Kommunikation und Qualifikation zu nutzen.

Im gezielten Einsatz dieses Mediums zur Information und Weiterbildung der ca. 160.000 Mitarbeitern im Genossenschaftlichen FinanzVerbund liegt ein unschätzbarer Vorteil. Die Teilnahme vieler dezentraler Mitarbeiterinnen und Mitarbeiter am aktuellen Informationsfluß wird dadurch gewährleistet, sie erhalten die Informationen gleichberechtigt.aus erster Hand. Weitere Vorteile seitens der Sender auf Geno TV bestehen in der Wahl der anzusprechenden Zielgruppen im Verbund: sie können gezielt in den Kategorien verbundweit, regional, unternehmensintern, hierarchie- oder funktionsbezogen definiert werden.

Die Perspektiven sind vielversprechend: Zukünftig wird für die Mitarbeiterinnen und Mitarbeiter der Empfang von Geno TV auch am Computerarbeitsplatz möglich sein

(.IP-TV. im Internet/Intranet). Mit der fortschreitenden Digitalisierung werden spezielle Sendungen auf Geno TV bald auch die Kunden in den Schalterhallen der Kreditgenossenschaften informieren und schließlich werden im Spartenfernsehen (Zielgruppen-TV) auch die Kunden zu Hause erreicht werden. Mit diesen Optionen zur Ausweitung des Empfängerkreises auf die Endkunden der Verbundunternehmen bestehen klare Vertriebs- und Wettbewerbsvorteile.

3.2. Einsatzmöglichkeiten von Geno TV im FinanzVerbund

Die zahlreichen Einsatzmöglichkeiten von Geno TV entsprechen der Vielfalt des FinanzVerbundes und den unterschiedlichen Zielrichtungen der Kommunikation seitens der einzelnen Verbundunternehmen. Das Medium Geno TV bietet im Vergleich zu herkömmlichen Informationskanälen eine Reihe von Vorteilen für die interne Kommunikation wie z.B. die

- Bereitstellung von allgemeinen Informationen für den Beratungsalltag wie z.B. Steuer- und Rechtsfragen, Krisen- und Beschwerdemanagement.
- Bereitstellung von allgemeinen und aktuellen Informationen zum Tagesgeschäft wie z.B. Produktinformationen, Marketingaktivitäten und Finanzmarktthemen.
- Bereitstellung spezieller Informationen zur Vertriebsunterstützung.
- Aus- und Weiterbildung von Bankmitarbeitern.
- interaktive Diskussionsrunden und Informationsveranstaltungen.

4. Der Aufbau eines Kompetenzzentrums Geno TV

Die Notwendigkeit eines Kompetenzzentrums für Geno TV ist vor dem Hintergrund des Auf- und Ausbaus einer einheitlichen und integrierten Business-TV – Infrastruktur im FinanzVerbund unabdingbar. Aus Gründen der Wirtschaftlichkeit, der Komplexitäts- und Aufwandsreduzierung und der organisatorischen und technischen Realisierbarkeit muß das Kompetenzzentrum sowohl in konzeptionellen Phasen als auch im kontinuierlichen Sendebetrieb verantwortlich mitwirken.

Die Zentralisierung dieser Aufgaben hat neben den erwähnten qualitativen Aspekten den Vorteil einer Know-how Bündelung. Business-TV Know-how wurde bei der GIS GmbH seit 1997 sukzessive aufgebaut und kann allen Verbundunternehmen und Partnern zur Verfügung gestellt werden. Die GIS GmbH als zentraler Dienstleister steht für

- die Realisierung und Koordination des Technologiekonzeptes im FinanzVerbund.
- Know-how in den Bereichen Broadcasting, Entitlement (Empfangsadressierung) und bei der Verteilung digitaler Datenströme.
- die kontinuierliche Marktbeobachtung Business-TV und Know-how in den Bereichen Sendekonzeption und Fernsehproduktion.

Mit dem Aufbau und Betrieb eines Satelliten-Netzwerkes bietet Geno TV eine verbundweit einheitliche, optimal auslastbare Infrastruktur. Erst dieser zentrale Betrieb sichert enorme Kosteneffekte für alle Plattformnutzer.

4.1 Die Kosten / Der Nutzen

Durch den gebündelten Einkauf von Übertragungsleistungen sind deutliche Kostenvorteile zu erzielen. Ein verursachungsgerechtes Preismodell ermöglicht allen potentiellen Anbietern die Nutzung der Infrastruktur zu adäquaten Preisen. Somit kann jedes Institut im genossenschaftlichen Bereich als Sender auftreten. Durch die Mehrfachnutzung (Realtime-Dienste, Datenservice, Business-TV) verteilen sich zudem die Kosten für alle Teilnehmer.

4.2 Die technische Plattform

Über Satellit werden die Sendungen der Verbundpartner vom Sendezentrum verteilt. Somit gelangen flächendeckend die neuesten Finanzmarktdaten, Nachrichten, Produktpräsentationen und Schulungen zu den angeschlossenen Verbundunternehmen. Für den Empfang von Geno TV genügt derzeit ein herkömmliches Fernsehgerät mit digitalem Empfangsdecoder.

Der Betrieb eines einheitlichen Satelliten-Netzwerkes umfaßt die Programmdistribution, den Empfang sowie die Integration in die lokalen Prozesse. Dies bedingt eine zentrale Koordination und Verwaltung z.B. in der Vergabe von Transponderkapazitäten und Sendezeiten. Nur eine zentral angesiedelte Entwicklung erhält langfristig die Einheitlichkeit und Kompatibilität der technischen Plattform. Die GIS GmbH übernimmt die zentralen Aufgaben und damit die Qualitätssicherung der Geno TV - Plattform.

Auf der Übertragungsseite gehören hierzu:

- die Bereitstellung der für die Übertragung benötigten Satellitenkapazitäten
- die Sicherstellung der Empfangsadressierung
- die Gewährleistung der Netzverfügbarkeit

Auf der Empfangsseite gehören hierzu:

- der Aufbau, laufender Betrieb und die Wartung der benötigten Empfangstechnik
- Weiterentwicklung der technischen Plattform im Zuge des technischen Fortschritts.

Gerade die gezielte Weiterentwicklung der technischen Plattform hat eine große Relevanz für den Nutzen und die Akzeptanz von Geno TV. Eine Entwicklung oder Anpassung der Infrastruktur z.B. hinsichtlich einer Video-Server-Lösung kann im vielfältigen FinanzVerbund nur unter Aspekten der Einheitlichkeit, der Realisierbarkeit und der Wirtschaftlichkeit gewährleistet werden. Dann werden Szenarien wie z.B. .Geno TV am Computerarbeitsplatz. (IP-TV), .Video-on-demand. und der Ausbau von Geno TV zum Spartensender für den Endkunden schon bald Wirklichkeit werden.

4.3 Das zentrale Management

Die Aufgaben des zentralen Managements bestehen vor allem in der Organisation und Koordination von Abläufen und der Weiterentwicklung der technischen Plattform auf der Basis des zugrundeliegenden technologischen Konzeptes:

- Zentrale Verwaltung und Steuerung der Transponderkapazitäten und der Zielgruppenadressierung (Conditional Access) für den gesamten FinanzVerbund
- Zentrale Koordination von Gemeinschaftsproduktionen
- Koordination der Sendezeiten und langfristiger Sendeplanung
- Information der Sendezeiten und Sendeinhalte
- Technische Unterstützung (Hotline) bei Empfangsstörungen und bei technischen Fragestellungen zu Produktion und Distribution der Sendungen
- Beratung bei der Konzeption von geeigneten Sendeformaten und bei der Auswahl eines Dienstleisters für die Fernsehproduktion (u.a. Studio, Equipment, Kosten)

5. Einsatzbeispiele von Geno TV im FinanzVerbund

5.1 Einsatzmöglichkeiten im Verbund

Die Einsatzmöglichkeiten für den Verbund sind so vielfältig wie der Verbund selbst. Bei der Bausparkasse Schwäbisch Hall ist das Medium Business-TV zur Information der Kreditgenossenschaften und Unterstützung des gesamten Außendienstes bereits im langjährigen Einsatz. Weitere Verbundunternehmen, so die DG Bank, die Rechenzentralen GAD in Münster und RBG in München haben bereits erfolgreiche Pilotprojekte gestartet. Hier wird das neue Medium zur Produktförderung, zur Verkaufsunterstützung sowie für die Verbreitung organisatorischer und technischer Weiterentwicklungen eingesetzt. Weitere Verbundunternehmen befassen sich ebenfalls intensiv mit diesem Thema und bereiten Pilotsendungen vor.

Seit Dezember 1999 ist auch die GIS GmbH .on air.. Die Vermittlung von Produkt- und Serviceinformationen aus dem EDV-Bereich, aktueller Support und Softwareschulungen, lassen sich gerade über das bewegte Fernsehbild und den Möglichkeiten der bildhaften Darstellung und Interaktion äußerst wirkungsvoll, effektiv und vor allem zeitnah gestalten. Die GIS-Sendungen verstehen sich als begleitende Maßnahmen für die Bereiche Schulung und Vertrieb und bieten unterstützende Lern- und Informationsangebote.

5.2 .GIS TV-Training. und .GIS TV-Info.

Die zunehmende Komplexität der Produkte und ständige Weiterentwicklungen in der Informationstechnologie erfordern die schnelle, flächendeckende Information und Schulung der Anwender. Mit dem neuen Medium Geno TV, bzw. den GIS TV-Trainings und TV-Infos, kann den steigenden Anforderungen begegnet werden. GIS TV-Trainings sind keine einzelnen Sendungen zu bestimmten Themen, vielmehr sind sie Bestandteil eines ganzheitlichen Ausbildungs- und Informationskonzeptes bestehend aus

- Coaching vor Ort
- Präsenzseminaren
- Lern- und Informationssendungen
- Interaktive Sendungen
- Schriftliche Seminarunterlagen (Handouts mit Übungen und Lösungen)
- Computer Based Training (CBT)
- Internet (Seminarunterlagen, FAQ´s der Hotline, Schulungs- und Sendetermine)

Für die Gesamtkonzeption bedeutet dies, alle Ausbildungsmedien miteinander zu verknüpfen und die Lern- und Informationsangebote im jeweils bestgeeigneten Medium zu bieten. In der Praxis bedeutet dies eine enge Abstimmung aller beteiligten Abteilungen, wie z.B. Schulung, Entwicklung, Vertriebsunterstützung und Marketing.

6. Projektbeschreibung .GIS TV-Training.

6.1 Die Anforderungen

Ab Sommer 2000 wird bei den GIS-Kunden eine neue Finanzmarkt-Software sukzessive die bestehende ablösen. Bis zum Sommer 2001 sollen bundesweit alle betroffenen PC-Arbeitsplätze umgerüstet und ca. 4.000 Anwender geschult sein. Für die Schulung in Präsenzseminaren und Coaching vor Ort stehen im 2. Quartal 2000 ca. 800 Seminarplätze bei der GIS GmbH zur Verfügung. GIS TV-Info soll mit aktuellen Informationen die Ablösung der bisherigen Anwendung vorbereiten und mit GIS TV-Training die flächendeckende Anwenderschulung unterstützen. Die GIS TV-Trainings als integrierte Ausbildungsbestandteile sollen auch die Funktion eines .Coachings vor Ort. übernehmen und daher unbedingt die Möglichkeit zur Interaktivität bieten.

6.2. Die Ziele

GIS TV-Trainings sind ein Serviceangebot für alle GIS-Kunden. Im Vorfeld der Einführung werden alle Anwender aktuell über die neue Anwendung, das Rollout und die Schulungsmöglichkeiten informiert. Ab Sommer 2000 soll ein sofortiger Ausbildungsbeginn über GIS TV-Trainings ermöglicht und erhöhte Wartezeiten auf Präsenzseminare vermieden werden. Bei der inhaltlichen Entwicklung aller Ausbildungsmodule werden Synergien hinsichtlich der Ressourcen und Aufwände für GIS TV-Trainings und TV-Infos, Präsenzseminare und allen Begleitmaterialen geschaffen.

6.3. Die Umsetzung

Die Inhalte werden zielgruppenorientiert aufbereitet und in unterschiedlichen TV-Sendeformaten umgesetzt. Produziert werden die Sendungen zunächst als .klassiche. Business-TV Sendung im Fernsehstudio mit Moderator und Filmbeiträgen. Die Konzeption dieser Sendungen berücksichtigt allerdings die Einbindung in weitere Informations- und Ausbildungsmedien und sieht einen modularen Aufbau der Themen vor. Einzelne Themen der Sendung können so auf einem weiteren Speichermedium individuell zusammengestellt werden:

- .GIS TV-Infos. mit der Zielsetzung aktueller und komprimierter Information werden im Sendeformat Magazin mit Moderation, Filmen, Interviews und Studiogästen und Grafiken produziert. Die Magazinsendung wird aufgezeichnet und läßt keine Interaktionsmöglichkeit zu. Die Sendelänge beträgt maximal 15 Minuten.

  Inhalte sind z.B. aktuelle Produktinformationen, praktische Anwendungsbeispiele, organisatorische und technische Informationen.

- .GIS TV-Trainings. mit der Zielsetzung Wissensvermittlung werden in Lernformaten unter der besonderen Berücksichtigung mediendidaktischer Anforderungen in mehreren Lernmodulen, die inhaltlich aufeinander aufbauen, produziert. Auch dieses Format wird aufgezeichnet und läßt keine Interaktionsmöglichkeit zu. Die Sendelänge beträgt maximal 30 Minuten.

  Inhalte sind Wissensbausteine (Basiswissen, Aufbauwissen) und die passenden Anwendungsbeispiele.

- .GIS TV-Training live. mit der Zielsetzung Vermittlung von Handlungswissen wird als interaktive Livesendung produziert. Per Telefon und Telefax können die teilnehmenden Zuschauer ihre Fragen direkt an die Experten im Studio stellen. Im Vorfeld der Sendung wird im Internet eine Plattform für Fragen und Themenvorschlägen bereitgestellt, die in der Livesendung beantwortet, bzw. behandelt werden. Die Sendelänge kann je nach Zuschauerbeteiligung variieren, beträgt aber maximal drei Stunden.

  Die Inhalte sind durch die Zuschauer vorgegeben. Wichtiger Bestandteil ist die Livedemonstration am PC durch die Experten im Studio. Dies bietet die Möglichkeit, Tipps und Tricks anschaulich darzustellen und zu vermitteln.

Der modulare Aufbau der oben beschriebenen Ausbildungsreihe ist sicher erst ein Anfang. Die künftige Integration von PC- und TV-Medien in der Unternehmenkommunikation erfordert die Entwicklung sowohl eines Gesamtkonzeptes für die Nutzung digitaler Medien als auch eine multimediale Aufbereitung, Gestaltung und Vernetzung der Inhalte. Die Darbietung der Inhalte in Form einer klassischen Fernsehproduktion wird angesichts der Neuentwicklungen und den besonderen Anforderungen der PC-Netzwerk-Technologie zurückgedrängt werden. Vor diesem Hintergrund konzentriert sich GIS auf die technische Entwicklung und inhaltliche Vorbereitung der zukünftigen Standards in der Informationstechnologie. Die Zukunft hat begonnen!

MedLive – Spartenkanal für Zahnärzte und innovatives Fortbildungsmedium

Von Christian Mesenberg, Robert Golinski und Alexander Ammann*

Inhalt

* Chr. Mesenberg, Dr. R. Golinski und A. Amman sind bzw. waren zum Zeitpunkt des Beitragseingangs Mitarbeiter im Quintessenz Verlag, Neue Medien, Berlin

1. Informationsflut und „Neue Medien" - Status Quo der Wissensgesellschaft

Oft spricht man in diesen Tagen von der „Informationsgesellschaft" und meint damit ein geradezu explosionsartiges Anwachsen von verfügbarem Wissen. Doch diese Entwicklung hat ebenso viele Nachteile wie Vorteile. Während einerseits die Errungenschaften der Informationsgesellschaft gefeiert werden, steht man andererseits vor einer kaum noch überschaubaren Fülle an Daten und Fakten. Eine Unmenge an Fachzeitschriften und -büchern, sowie die zunehmende Multimedialisierung von Wissensinhalten und nicht zuletzt das Internet als „größte Infothek der Welt" führen zu einem Überangebot an Information, dessen inhaltliche Qualität oftmals zu wünschen übrig läßt und das der Einzelne nur noch als verwirrend betrachten kann. Täglich wird es somit schwieriger, sich den Zugang zu notwendigen und qualitätsgeprüften Inhalten zu erschließen und sich fachlich kompetent zu informieren. Erschwerend kommt hinzu, daß die zeitlichen Abstände zwischen Entstehung und Überholung von Information immer näher zusammenrücken, was zu einer enormen Schnellebigkeit von Wissen führt.

Auch die Berufsgruppe der Zahnmediziner sieht sich mit diesem Problem konfrontiert. Kompetente Entscheidungen in Diagnostik und Therapie erfordern relevantes Wissen, welches sich auf Grund des beschriebenen Zustandes oftmals dem direkten, schnellen Zugriff entzieht. Zusätzlich befindet sich die Zahnmedizin in Deutschland und international in einem Umbruch. Der Kostendruck auf die Praxen steigt, der Wettbewerb unter den Praxen nimmt zu, Strukturreformen in den Gesundheitssystemen zeigen Folgen, Patientenanforderungen werden höher, Praxisprofile müssen geändert werden. Als Folge lastet auf dem Zahnarzt von heute mehr denn je der Druck, sich permanent zu informieren, zu qualifizieren und ggf. zu spezialisieren. Daher müssen Konzepte und Hilfsmittel entwickelt werden, die ein effektives „Wissensmanagement" ermöglichen. Richtlinien zur Qualitätssicherung sind zu erarbeiten, zu verbreiten und möglichst weltweit zu akzeptieren. Dies bedeutet nicht, nationale Besonderheiten der Aus- und Fortbildung zu nivellieren. Es ist aber eine Definition und Harmonisierung der Mindeststandards notwendig. Zudem müssen Methoden entwickelt werden, welche die Einhaltung von Qualitätsrichtlinien fördern und erlauben.

Seit geraumer Zeit schon öffnen "Neue Medien" Wege in der Fortbildung, die vorher so nicht existierten: angefangen mit Videos, die sich ab ca. 1980 durchsetzten, gefolgt von der CD-ROM bis hin zur DVD (Digital Versatile Disc). Andererseits bestehen bis heute Standardisierungs- und Normungsprobleme, die es dem Nutzer erschweren, sich für ein System zu entscheiden. Zudem sind entsprechende Fortbildungsangebote inhaltlich schnell überholt, da ein erheblicher Produktionsvorlauf erforderlich ist.

2. MedLive - digitales Satellitenfernsehen als eine Lösung des Informations-Dilemmas

Angesichts der genannten Probleme und eigenen Erfahrungen hat die Quintessenz Verlagsgruppe seit einigen Jahren nach zukunftssicheren, kostengünstigen Wegen gesucht, um ihre langjährige innovative Kompetenz im Bereich der Neuen Medien zu nutzen und der zahnmedizinischen Fachwelt ein Forum zur Verfügung zu stellen, das eine echte Alternative darstellt. In Kooperation mit der Deutschen Telekom wurde hier mit dem Projekt „MedLive" eine Lösung gefunden, bei der durch die Kombination von klassischem Business-TV mit moderner Internet-Technologie eine Plattform zur effektiven Informationsübertragung und Recherche geschaffen wird.

Seit März '99 befindet sich MedLive in der für ein halbes Jahr angelegten Pilotphase. An insgesamt 30 Standorten werden Endgeräte und Übertragungsplattform auf Qualität und Funktionalität getestet. 15 Universitäten und 14 Praxen in Deutschland, sowie eine Universität in England (London) nehmen an diesem Pilotbetrieb teil.

2.1 MedLive – technische Realisierung

Mit dem digitalen Satellitenfernsehen sind Übertragungen in hervorragender Bildqualität zu erschwinglichen Preisen auch für kleine Zuschauergruppen (Abo-TV) seit einiger Zeit realisierbar. Ähnliche Konzepte sind für andere Zielgruppen sowohl im Unterhaltungsbereich (Massenmarkt, z.B. Premiere TV) als auch im Geschäftsbereich (völlig geschlossene Gruppen, Business-TV[1]) bereits verwirklicht und erprobt.

Die technische Besonderheit von MedLive besteht in der Kombination von Fernsehübertragung und abgestimmtem Internet-Angebot. Dazu wird das MedLive-Endgerät in der Lage sein, auch Internet-Inhalte auf dem Fernsehschirm oder einem Monitor wiederzugeben, im Idealfall in einer Bild-in-Bild-Darstellung (es kann also z.B. eine Fernsehübertragung laufen und gleichzeitig im Internet recherchiert werden).

---

[1] Vgl. K. Jungbeck, S. Ritter u. J. P. Goedhart: Business-TV in Deutschland; R.S. Schulz Verlag 1998

Abb.: MedLive-Übertragungsplattform

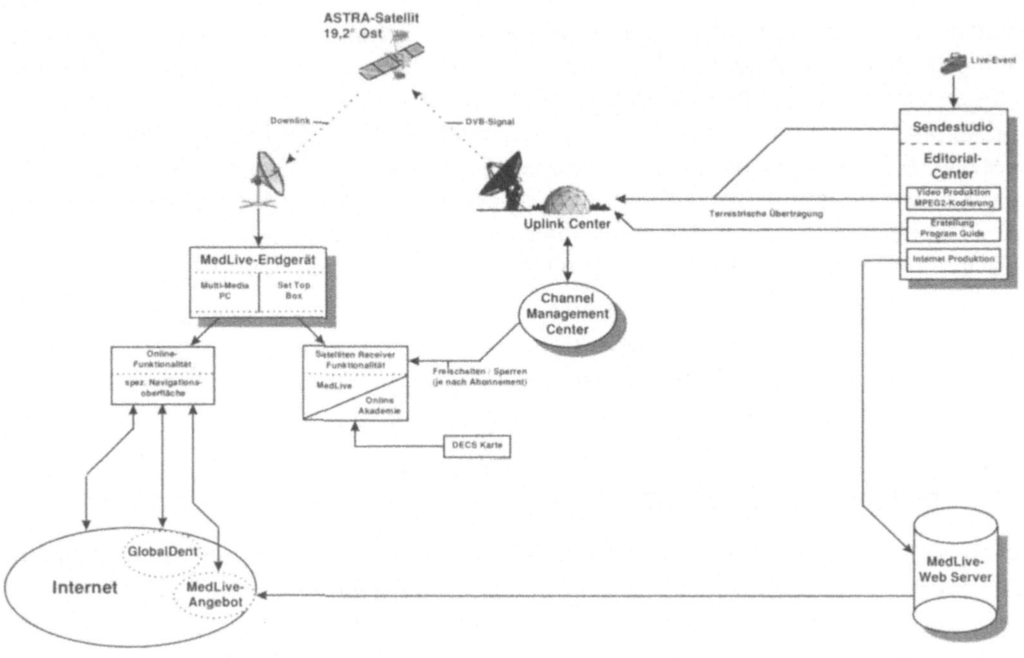

In den folgenden Abschnitten 2.1.1 bis 2.1.4 wird die Funktionsweise der MedLive-Übertragungsplattform im einzelnen erläutert.

2.1.1 Aufbereitung, Uplink und Downlink

Das über MedLive zu sendende Programm wird anders als beim konventionellen Fernsehen nicht in analoger, sondern in digitaler Form vorliegen, gemäß dem europäischen Standard für digitale Videoübertragung (Digital Video Broadcasting; DVB), codiert nach MPEG-2. Durch die dabei vorgenommene Kompression des Quellmaterials wird eine massive Verringerung der bei der Übertragung benötigten Bandbreite erzielt, ohne daß sich im Vergleich zum analogen Fernsehbild ein merklicher Qualitätsverlust einstellt. Typischerweise haben MPEG-2 codierte Fernsehsignale eine Bandbreite zwischen zwei und sechs Mbit/s. Zum Vergleich: Ein reguläres uncodiertes Fernsehsignal in RGB-Komponentenform (Studioqualität) weist unter Ausnutzung der sog. Austastlücke eine vielfach höhere Bandbreite von 167 Mbit/s auf.[1]

Das im Studio produzierte MedLive-Programm wird zum Zeitpunkt der Sendung terrestrisch zu einer Bodenstation übertragen und von dort in eine Satellitenübertra-

[1] U. Reimers: Digitale Fernsehtechnik - Datenkompression und Übertragung für DVB; Springer Verlag 1997

gungsstrecke eingespeist (Uplink). Dabei wird das Fernsehsignal zu einem Satelliten gesendet (Astra 19,2° Ost), welcher sich in einem geostationären Orbit (ca. 36000 km über dem Äquator) befindet. Prinzipiell sind dabei zwei Varianten des Sendebetriebes realisierbar: Der „Offline"-Betrieb und der „Live"-Betrieb. Bei erstgenanntem werden die Programminhalte bereits einige Zeit vor ihrer Ausstrahlung im Editorial Center „offline" produziert. Darunter ist eine Aufarbeitung von zumeist analogem Ausgangsmaterial zu verstehen. Anschließend erfolgt dessen Umsetzung in das DVB-Format und erst später die Ausstrahlung. Im Live-Betrieb hingegen handelt es sich um eine Echtzeitverarbeitung und -codierung des zu sendenden Fernsehsignals. Erforderlich ist in diesem Fall ein Realzeit-MPEG-2-Encoder, der die TV-Sendung in dieses Format umsetzt. Solch eine Live-Übertragung wird von einem speziell dafür vorgesehenen Ort, z.B. einem Studio oder einem Hörsaal mit entsprechend terrestrischer Anbindung an die nächste Uplink-Bodenstation, gesendet werden.

Parallel zum MedLive-Fernsehprogramm wird zudem eine Programmübersicht, ähnlich einem Electronic Program Guide (EPG), über diesen Kanal versendet werden. Entsprechende Informationen werden digital aufbereitet und in den MedLive-DVB-Stream eingebettet. Vom Satelliten wird das Programm schließlich wieder abgestrahlt (Downlink). Durch dessen großflächige Abstrahlcharakteristik ist eine Verteilung des Fernsehsignales in ganz Europa gewährleistet.

2.1.2 Die MedLive-Empfänger Hardware

Für Empfang und Decodierung des MedLive-Programms wird neben einer Satellitenempfangsantenne ein speziell konzipiertes Endgerät benötigt, welches eine Kombination von Internet- und Fernsehfunktionalität ermöglicht. Bei MedLive werden dabei zwei verschiedene Endgerätevarianten angeboten werden: eine sog. Set-Top-Box, die an ein vorhandenes Fernsehgerät angeschlossen wird, oder ein leistungsfähiger Computer (mind. Pentium II, mind. 350 MHz Taktrate) mit entsprechenden Einsteckkarten. Der MedLive-Teilnehmer benötigt zusätzlich eine Abonnementkarte zur Inbetriebnahme der Geräte (Dental Education Card System – DECS). Über eine spezielle Navigationsoberfläche, auf der die Funktionalitäten des Systems (Satellitenempfang, Internet, evtl. Zugang zu bereits eingerichteten Links etc.) symbolisch repräsentiert sind, werden diese verfügbar gemacht. - Über den Empfang des MedLive-Programms hinaus, wird auch der Empfang von anderen, nicht kodierten digitalen Programmen („Free TV") möglich sein, die über den gleichen Satelliten abgestrahlt werden.

2.1.3 Das MedLive-Abonnementsystem

Bei MedLive handelt es sich neben dem Informationsangebot im Internet primär um Satellitenfernsehen im Sinne eines Spartenkanals. Es muß daher gewährleistet sein, daß das ausgestrahlte Programm nur von der registrierten Zielgruppe empfangen werden kann. Diese Anforderung kann auf zwei verschiedene Arten realisiert werden, wobei eine abschließende Entscheidung für den Regelbetrieb derzeit noch nicht getroffen worden ist.

Im Rahmen des Pilotbetriebes wird zusätzlich zur Verschlüsselung des Fernsehsignals jedes MedLive-Endgerät mit einem individuell adressierbaren Satelliten-Receiver ausgestattet. Auf Betreiberseite wird korrespondierend dazu ein „Channel Management Center" eingerichtet, in dem u.a. die Verwaltung aller MedLive-Abonnements durchgeführt wird. Die Receiver-Adressen der registrierten Abonnenten werden von dort in den MedLive-Programmstream eingebettet und schalten auf diese Weise die Endgeräte frei. Man hat damit eine Möglichkeit, die Empfangsfähigkeit jedes MedLive-Endgerätes zentral zu beeinflussen.

Mit solch einem System der individuellen Freischaltung (und auch des individuellen Sperrens) von Endgeräten kann ein erweitertes Abonnementsystem in mehreren Stufen eingerichtet werden. Da die MedLive-Programmpalette ein breites Spektrum von zahnmedizinischen Fachbeiträgen abdeckt, liegt ein solches Vorgehen nahe. MedLive wird voraussichtlich drei verschiedene Abonnementstufen anbieten, die sich in Zeitvolumen und Programmcharakter unterscheiden werden. Die preisgünstigste Variante wird nur einen Teil des MedLive-Gesamtangebotes umfassen und in erster Linie von allgemein interessierenden Informationssendungen aus dem zahnmedizinischen Forschungs- und Wissenschaftssektor, sowie aus Industrie und Praxis geprägt sein. In der höchsten Abonnementstufe wird dem Teilnehmer das gesamte Programmangebot zugänglich gemacht werden, insbesondere auch die „Online Akademie", die zertifizierbare Fortbildungskurse anbieten wird.

Für den Regelbetrieb kann alternativ zu dem System einer zentralen Freischaltung durch das Channel Management Center die „Abonnement-Intelligenz" auch unmittelbar im Endgerät implementiert und somit dezentralisiert werden. Das jeweils ausgestrahlte Programm wird in diesem Fall lediglich mit einer Markierung versehen, die die Zugehörigkeit zu einer bestimmten Abonnementstufe signalisiert. Dementsprechend wird das Endgerät für den Empfang dieser Sendung ausschließlich lokal freigeschaltet oder gesperrt werden.

In beiden Fällen ist die erwähnte DECS-Karte, eine Einschubkarte im Scheckkartenformat, von besonderer Bedeutung. Im Falle einer dezentralen Lösung werden zudem alle relevanten Abonnement-Informationen auf die DECS-Karte aufgebracht, wodurch sie zum lokalen Träger der Intelligenz wird. Diese Lösung bietet den Vorteil, daß neben dem reinen Zeit-Abonnement (Pay per Channel), bei dem der Teilnehmer eine Gebühr für einen bestimmten Zeitraum bezahlt und entsprechend seiner Abonnementstufe freigeschaltet wird, auch die Realisierung eines Pay per View-Systems möglich ist. Dabei kauft der Abonnement ein bestimmtes Zeitkontingent bei MedLive ein, welches auf der DECS-Karte vermerkt wird. Bei Empfang des MedLive-Programms wird das verfügbare Guthaben um die jeweils konsumierten Einheiten vermindert. Entwertete DECS-Karten können per Satellit oder über die Telefonleitung wieder aufgeladen werden.

2.1.4 Das MedLive-Internetangebot

Parallel zu dem über Satellit übertragenen MedLive-Fernsehprogramm wird ein MedLive-Internetangebot eingerichtet werden, in dem weitergehende Informationen wie etwa Fallstudien, Abhandlungen, Bilddatenbanken, Literaturhinweise etc. bereitgestellt werden. Auch der bereits bestehende Onlinedienst des Quintessenz Verlages für Zahnmedizin und Zahntechnik, „GlobalDent" (http://www.globaldent.com), wird in diesem Zusammenhang als Informationsplattform zur Verfügung stehen. Um darüberhinaus die MedLive-Teilnehmer über das aktuelle Programmangebot zu informieren, wird es eine multimediale Programmzeitschrift geben. Neben zusammenfassenden Beschreibungen werden an dieser Stelle „Appetizer" übertragen werden, kurze Video Clips (Real-Technologie)[1], die Zusammenschnitte einzelner Beiträge darstellen. Aufgrund der geringen verfügbaren Bandbreiten im Internet müssen bezüglich Bildqualität und -größe natürlich Kompromisse eingegangen werden. Größere Bildformate als 176 x 144 Pixel (QCIF-Format) können hier nicht verwendet werden. Für einen Überblick über das MedLive-Programm sind solche Appetizer ausreichend.

Mit dem Zugang ins Internet wird dem MedLive-Teilnehmer zudem die Möglichkeit einer schnellen und unkomplizierten Kontaktaufnahme zu den an MedLive beteiligten Professoren gegeben. Fragen und Anregungen können hier per E-Mail formuliert werden. Auch ein Austausch mit anderen MedLive-Teilnehmern und Kollegen im Rahmen eines eigenen ‚Forums', in dem beispielsweise über die Inhalte ausgestrahlter MedLive-Programme diskutiert wird, ist geplant.

2.2 MedLive - ein neues, qualitätsgesichertes Inhaltekonzept

MedLive wird ein Programm verbreiten, das in verschiedene "Formate" eingeteilt ist. Diese sind im derzeitigen Planungsstadium

- *Journal* (Nachrichten, Reportagen, Portraits)
- *Workshop* (Live-OP's, neue Behandlungskonzepte, -methoden, -technologien)
- *Colloquium* (Vorträge, Expertengespräche, Diskussionsrunden mit Zuschauer dialog)
- *Video Forum* (Neue bzw. preisgekrönte Produktionen)
- *International Online Academy of Dentistry and Oral Medicine* (zertifizierte Fortbildungsprogramme)
- *Industry Report* (Produktinformation)

[1] B. Wong, M. Goldmann: Bild für Bild – Streaming Audio/Video; ZD Internet Professionell 10/97, S. 33-38

Für geschlossene Benutzergruppen aus der Dentalindustrie wird außerdem ein eigenes Business-TV angeboten. – Unterstützend können über das Internet folgende Inhalte abgerufen werden

- *Virtuelle Foren, Newsgroups* (Informationsaustausch)
- *Computer Based Training* (CBT, z.B. Fallstudiendatenbanken, Behandlungs simulationen, Multiple Choice Tests)
- *Prüfungsprogramme zur Erlangung von Zertifizierungen*
- *Recherchen* (z.B. in zahnmedizinischen Diensten wie dem *GlobalDent)*
- *Posterbeiträge* (z.B. *IPJ – International Poster Journal of Dentistry and Oral Medicine):* http://ipj.globaldent.com

Das eigene Studio, das sowohl mit einem kompletten zahnärztlichen Behandlungsplatz als auch mit einem Dentallabor ausgerüstet ist, erlaubt Aufnahmen, welche Studios mit herkömmlicher Ausrüstung nicht möglich sind. Der Programmdirektor ist u.a. Zahnarzt; Regisseure und Redakteure haben langjährige Erfahrungen in der zahnmedizinischen Fachwelt.

Ferner wird (in Deutschland aufgrund gemeinsamer Initiative und in Kooperation mit der Akademie Praxis und Wissenschaft der DGZMK) die International Online Academy of Dentistry and Oral Medicine (IOA) eingerichtet, die ausschliesslich strukturierte und qualifizierende Fortbildungsprogramme anbietet. Hinter der IOA steht ein internationales Konsortium aus z.Zt. 18 wissenschaftlichen Institutionen und Gesellschaften, das sich die Entwicklung harmonisierter Qualitäts-Richtlinien und -Standards für eine weitgehende gegenseitige Austauschbarkeit ihrer Angebote zum Ziel gesetzt hat.

Die Zukunft herkömmlicher Fortbildungskurse wird also so aussehen, daß ein großer Teil der bisherigen Seminare per digitalem Fernsehen übertragen wird, das Kursmaterial im Internet abrufbar ist und ergänzend die Hands-on-Kurse, bei denen persönliche Anwesenheit erforderlich ist, in der bisherigen Form ausgebaut werden. In "credit point"-Systemen können Fortbildungsleistungen und Prüfungen erbracht bzw. abgelegt werden.

2.3 MedLive - Vorteile und Grenzen

Das Angebot von MedLive erlaubt dem Nutzer eine permanente Versorgung mit aktuellsten Informationen. Es ist zeiteffektiv, da Reisen entfallen können, steigert die betriebswirtschaftliche Effizienz, weil Unterbrechungen des Praxisbetriebes seltener erforderlich werden und kann individuellen Wünschen angepasst werden.

MedLive hat auch Grenzen: Das kollegiale Fachgespräch auf einem Kongress ist unersetzbar. Die Fülle von Angeboten auf einer Messe ist nicht in wenigen Stunden Sendezeit pro Woche darstellbar. MedLive kann aber die Teilnahme an Demonstrationen, Operationen, Diskussionen und Entwicklungen ermöglichen, die sonst überhaupt nicht oder nur unter erheblichem Aufwand realisierbar geworden wäre. MedLive bietet eine Basis für kontinuierlichen, internationalen Informationsaustausch dort, wo bisher höchstens punktuell Kontakte möglich waren.

3. Ein Modell für die "Wissensgesellschaft"

Aufgrund seiner einzigartigen Konzeption zur Schaffung eines international harmonisierten, gesicherten Qualitäts- und Informationsstandards ist MedLive/IOA in das Global Healthcare Applications Project der G8-Initiative Information Society aufgenommen worden. MedLive ist weltweit das einzige Projekt aus der Zahnmedizin, das diesen Status als innovativer Leitbeitrag erhalten hat. – MedLive ist im Begriff, ein Modell für den Weg in die „Wissensgesellschaft“ zu werden.

Weitere Titel aus dem Programm

Michael E. Sträubig

Projektleitfaden Internet-Praxis

Internet, Intranet, Extranet und E-Commerce konzipieren und realisieren

2000. XVI, 289 S. mit 52 Abb. Geb. DM 98,00 ISBN 3-528-05701-7

Internet-Technologie im Unternehmen - Projekt Internet - Projekt Intranet - Projekt Extranet - Projekt E-Commerce - Zentrale Sicherheitsaspekte - Kommunikation in elektronischen Medien

Carl Steinweg

Projektkompass Softwareentwicklung

Geschäftsorientierte Entwicklung von IT-Systemen

2., überarb. Aufl. 1999. XII, 364 S. mit 101 Abb., 36 Tab. Geb. DM 98,00 ISBN 3-528-15490-X

Leitfaden für IT-Projekte - Geschäftsanalyse und Projektidentifikation - Anforderungsanalyse und Systemkonzept - Systemdesign und Umsetzung - Systemabnahme und Einführung - Qualiätsmanagement und Testen - Projektmanagement und Erfolgsfaktoren von IT-Projekten

Dirk Bauer

Telemarketing

Mit Database Management und neuen Vertriebsstrukturen zum Erfolg

2000. ca. 250 S. mit 40 Abb. Geb. ca. DM 98,00 ISBN 3-528-05692-4

Telefonmarketing - Telefonverkauf - Vertriebsunterstützung - Neue Strukturen des Vertriebs - Database Management - Kosten- und Nutzenaspekte der Vertriebsform

Abraham-Lincoln-Straße 46
65189 Wiesbaden
Fax 0611.7878-400
www.vieweg.de

Stand 1.4.2000
Änderungen vorbehalten.
Erhältlich im Buchhandel oder im Verlag.